（修订版）

“十三五”职业教育国家规划教材

园林规划设计

第2版

主　编　温　和
副主编　于志会　周罗军
参　编　徐　婧　纪金喜　代明慧　王　蕾
张　碟　崔　晶

机械工业出版社
CHINA MACHINE PRESS

本书共分为7个项目：古典园林及现代园林造园设计艺术解析、园林设计艺术原理解析、园林山水地形设计、园林道路与广场设计、园林建筑与小品设计、园林植物种植设计、园林方案设计。

本书可作为高等职业院校园林工程技术专业、园林技术专业、风景园林设计专业，高等专科院校、成人高校、民办高校及本科院校举办的二级职业技术学院中园林园艺类相关专业的教学用书，也可作为社会从业人士的业务参考书及培训用书。

本书配有电子课件，凡使用本书作为教材的教师可登录机械工业出版社教育服务网 www.cmpedu.com 下载。咨询电话：010-88379375。

图书在版编目（CIP）数据

园林规划设计/温和主编. —2版. —北京：机械工业出版社，2023.11
“十四五”职业教育国家规划教材：修订版
ISBN 978-7-111-74350-7

Ⅰ. ①园…　Ⅱ. ①温…　Ⅲ. ①园林—规划—高等职业教育—教材②园林设计—高等职业教育—教材　Ⅳ. ①TU986

中国国家版本馆CIP数据核字（2023）第227439号

机械工业出版社（北京市百万庄大街22号　邮政编码100037）
策划编辑：王靖辉　　责任编辑：王靖辉　陈紫青
责任校对：贾海霞　陈　越　　封面设计：马精明
责任印制：刘　媛
北京中科印刷有限公司印刷
2024年3月第2版第1次印刷
210mm×285mm · 17.75印张 · 482千字
标准书号：ISBN 978-7-111-74350-7
定价：69.80元

电话服务
客服电话：010-88361066
010-88379833
010-68326294

网络服务
机　工　官　网：www.cmpbook.com
机　工　官　博：weibo.com/cmp1952
金　　书　　网：www.golden-book.com
机工教育服务网：www.cmpedu.com

关于“十四五”职业教育国家规划教材的出版说明

为贯彻落实《中共中央关于认真学习宣传贯彻党的二十大精神的决定》《习近平新时代中国特色社会主义思想进课程教材指南》《职业院校教材管理办法》等文件精神，机械工业出版社与教材编写团队一道，认真执行思政内容进教材、进课堂、进头脑要求，尊重教育规律，遵循学科特点，对教材内容进行了更新，着力落实以下要求：

1. 提升教材铸魂育人功能，培育、践行社会主义核心价值观，教育引导学生树立共产主义远大理想和中国特色社会主义共同理想，坚定“四个自信”，厚植爱国主义情怀，把爱国情、强国志、报国行自觉融入建设社会主义现代化强国、实现中华民族伟大复兴的奋斗之中。同时，弘扬中华优秀传统文化，深入开展宪法法治教育。

2. 注重科学思维方法训练和科学伦理教育，培养学生探索未知、追求真理、勇攀科学高峰的责任感和使命感；强化学生工程伦理教育，培养学生精益求精的大国工匠精神，激发学生科技报国的家国情怀和使命担当。加快构建中国特色哲学社会科学学科体系、学术体系、话语体系。帮助学生了解相关专业和行业领域的国家战略、法律法规和相关政策，引导学生深入社会实践、关注现实问题，培育学生经世济民、诚信服务、德法兼修的职业素养。

3. 教育引导学生深刻理解并自觉实践各行业的职业精神、职业规范，增强职业责任感，培养遵纪守法、爱岗敬业、无私奉献、诚实守信、公道办事、开拓创新的职业品格和行为习惯。

在此基础上，及时更新教材知识内容，体现产业发展的新技术、新工艺、新规范、新标准。加强教材数字化建设，丰富配套资源，形成可听、可视、可练、可互动的融媒体教材。

教材建设需要各方的共同努力，也欢迎相关教材使用院校的师生及时反馈意见和建议，我们将认真组织力量进行研究，在后续重印及再版时吸纳改进，不断推动高质量教材出版。

机械工业出版社

前言

“园林规划设计”是园林工程技术专业的核心课程，是一门集科学、技术、艺术于一体的专业课程，课程的教学以园林规划设计工作过程为导向，以工作项目为载体，以能力培养为目标。

本书充分体现以培养学生职业能力为本位的开发理念，编写方式与“任务驱动、项目导向”的教学模式相匹配，面向“生态文明建设”和“美丽中国建设”引领的新时代背景下对园林绿化行业技术技能人才需求，对接园林设计师岗位需求和职业核心能力，对项目载体设计和教学内容进行重构，教学内容为7个循序渐进的项目、16个任务。

本书具有以下编写特点：

1. 归纳总结多年“园林规划设计”课程的教学实践经验，精心组织和编排教学内容。每个任务建立了以培养职业能力为核心的“教学目标→知识链接→案例分析→知识拓展→工作任务”五步内容体系：以“教学目标”清晰提出每个项目应达到的学习目的；以知识链接夯实基础；以案例分析理解设计理论的实践运用；以“知识拓展”开拓设计思维；以真实的“工作任务”提升设计实战能力。最后，每个项目以“过关测试”检验是否达成教学目标。本书循序渐进讲解知识、训练技能，体现“学做合一”的职业教育人才培养模式，为全面提高学生的综合设计能力、创新思维能力和专业素养打下良好的基础。

2.坚持以立德树人为根本任务，每个项目的“铸魂育人”内容中融入了家国情怀、文化传承、匠心造诣、职业信念等课程思政案例，使学生深刻领悟爱国情怀和民族精神，融知识传授、价值塑造和能力提升为一体，潜移默化地培养学生的爱国情、强国志、报国行。

3. 广泛收集国内外资料，囊括了本专业最新的发展趋势，突出时代特点。图文并茂，附有大量生动精美的图例和案例分析，为学生提供设计参考意向的同时提升学生的园林艺术品鉴能力、文化素养和审美情趣。

4. 本书采用多媒体资源呈现，在“学银在线”开放学习平台上配套有省级精品在线开放课和省级课程思政示范课“园林设计”，课程构建了包括课程思政案例视频、微课视频、动画资源、课件、工作任务单、设计参考案例、学生优秀成果等集视、听、读、练于一体的立体化MOOC教学资源库，可为学生提供高度参与性的、个性化的学习体验。

本书由黑龙江建筑职业技术学院温和任主编，北华大学于志会、广东科贸职业学院周罗军任副主编。本书具体分工如下：温和编写项目2，项目3，项目4的任务1，项目6；于志会编写项目1的任务3，项目 4的任务 2， 项目5的任务2；周罗军编写项目1的任务1、 任务2；黑龙江建筑职业学院徐婧编写项目5的任务1；中电建华东勘察设计院纪金喜、黑龙江职业学院代明慧编写项目7的知识链接；黑龙江建筑职业技术学院王蕾、张碟、崔晶编写项目7的案例分析、工作任务。

本书在编写的过程中，得到了黑龙江建筑职业技术学院领导的支持与鼓励，我们参考的国内外著作、论文、相关专业网站，未一一注明，敬请谅解，在此表示感谢。由于编者专业水平和业务能力有限，经验不足，书中错误和不当之处在所难免，欢迎专家、学者及同行批评指正。

编者

微课视频清单

序号	名称	二维码	序号	名称	二维码
1	走进园林		9	新中式景观	
2	大地艺术景观		10	点、线	
3	后现代主义景观		11	形、面、体、肌理与质感	
4	极简主义景观		12	多样与统一	
5	生态主义景观		13	对比与协调	
6	自然式园林		14	均衡与稳定	
7	规则式园林		15	比例与尺度	
8	混合式园林		16	节奏与韵律	

（续）

序号	名称	二维码	序号	名称	二维码
17	比拟与联想		25	山地与微地形设计	
18	景与景的感受		26	景石设计	
19	景的观赏		27	水体功能作用与景观特征	
20	主景与配景		28	自然式水体设计	
21	借景、对景、障景		29	规则式水体设计	
22	隔景、框景、漏景		30	园林水体景观构筑物设计	
23	夹景、添景、点景		31	园路的作用与类型	
24	平地与坡地景观设计		32	园路铺装设计	

（续）

序号	名称	二维码	序号	名称	二维码
33	园路的布局设计		40	孤植	
34	园路与其他景观元素		41	对植、行列式栽植、丛植	
35	园亭设计		42	群植、带植、林植	
36	长廊设计		43	乔灌木整形设计	
37	花坛设计 1		44	基地调查与分析	
38	花坛设计 2		45	方案概念设计	
39	花境设计		46	方案初步与深化设计	

目录

项目1

古典园林及现代园林造园设计艺术解析

铸魂育人

厚植爱国情怀，圆明园的民族记忆

圆明园是清代的一座大型皇家宫苑，经雍正、乾隆、嘉庆、道光、咸丰五位皇帝150多年的经营，集中了大批物力，倾注了千百万劳动人民的血汗，无数的能工巧匠把它精心营造成一座规模宏伟、景色秀丽的离宫。圆明园坐落在北京西郊，与颐和园毗邻，清朝皇帝每年盛夏就来到这里避暑、听政，处理军政事务，因此也称为“夏宫”。

圆明园占地350多公顷，其中水面面积约为140公顷，这里不仅营造了江南名园的胜景，还创造性地建造了西洋式园林景区，集当时古今中外造园艺术之大成。圆明园继承了中国的优秀造园传统，把不同风格的园林建筑融为一体，在整体布局上协调完美。乾隆皇帝说它是“实天宝地灵之区，帝王豫游之地，无以逾此”。圆明园以其宏大的地域规模、杰出的造园技艺、精美的古建筑群、丰富的文化收藏和博大精深的民族文化内涵而享誉于世，在世界园林史上占有重要地位。圆明园是中国园林艺术的顶峰杰作，被西方国家称作“万园之园”和“东方凡尔赛宫”。法国大文豪雨果曾经这样评价圆明园“你只管去想象那是一座令人心神往的、如同月宫城堡一样的建筑，圆明园就是这样的一座建筑。”

鸦片战争之后，由于西方列强的入侵和封建统治腐败，中国逐步成为半殖民地半封建社会，中华民族遭受了前所未有的劫难。咸丰十年，英法联军攻占北京后冲入圆明园，他们看见圆明园内的稀世珍宝，露出了贪婪的目光，将这些宝物洗劫一空。英国军队首领额尔金在英国首相的支持下，纵火焚烧了圆明园，这场火整整持续了三天三夜，这座世界名园化为一片废墟。大火烧毁的不仅是这座万园之园，更是我国劳动人民的心血。

近代以来，在民国时期和抗战时期，圆明园又受到了不同程度的破坏；直到新中国成立后，圆明园才被保护起来。1976年正式成立圆明园管理处之后，遗址保护、园林绿化开始恢复，西洋楼景区也开始整理。1983年，经国务院批准的《北京城市建设总体规划方案》，明确把圆明园规划为遗址公园，并对遗址进行保护性维修，恢复山形水系、园林植被、部分古建筑也将重新修复。1988年，圆明园遗址被国务院公布为全国重点文物保护单位。2010年，将圆明园遗址列入首批国家考古遗址公园，如图1-1所示。

图1-1 圆明园遗址公园

如今圆明园的残垣断壁，仿佛在诉说着侵略者的残暴行径，也承载了一段中华民族的屈辱历史。圆明园遗址公园是近代中国被侵略的历史见证，站在新的历史起点，饱经风霜的中华民族将以史为鉴、勇毅前行，以坚定的历史自信和文化自信，在新时代赢得更加伟大的胜利和荣光。

园林是在一定的地段范围内应用工程技术、艺术手段，通过改造地形或进一步的筑山理水、叠石、种植花草树木、营造建筑、布置园路等途径形成的自然环境和游憩境域。园林艺术包括园林立意、选材、构思、造型、形象和意境塑造等内容，是融文学、绘画、建筑、雕塑、书法、工艺美术等综合艺术体。因此，园林设计所涉及的知识面较广，包括文学、艺术、生态、工程、建筑等诸多领域。

古典园林艺术是传统文化的重要组成部分，它客观地反映了各国不同时代的历史背景、社会经济和工程技术及文化艺术水平，凝聚了中国知识分子和能工巧匠的智慧，蕴含着深邃的园林设计艺术原理。

任务1　中国古典园林艺术解析

教学目标

知识目标

- 了解中国古典园林艺术的发展历程。
- 掌握中国古典园林的艺术特点。

能力目标

- 具有皇家园林与私家园林的造园艺术区别辨析能力。
- 具有中国古典园林艺术鉴赏能力。

素养目标

- 传承中国古典园林美学精神。
- 树立文化自信，增强民族自豪感。

知识链接

园林是在一定的地段范围内应用工程技术、艺术手段，通过改造地形或进一步的筑山理水、叠石、种植花草树木、营造建筑、布置园路等途径形成的自然环境和游憩境域。园林艺术包括园林立意、选材、构思、造型、形象和意境塑造等内容，是融文学、绘画、建筑、雕塑、书法、工艺美术等综合的艺术体。因此，园林设计所涉及的知识面较广，包括文学、艺术、生态、工程、建筑等诸多领域。

古典园林艺术是传统文化的重要组成部分，它客观地反映了各国不同时代的历史背景、社会经济和工程技术及文化艺术水平，凝聚了中国知识分子和能工巧匠的智慧，蕴含着深邃的园林设计艺术原理。

中国园林艺术是中国古代文化的组成部分，是中国古代劳动人民智慧和创造力的结晶，也是中国古代哲学思想、宗教信仰、文化艺术等综合反映，它特色鲜明地折射出中国人的自然观和人生观。与西方园林艺术相比，中国古典园林突出地抒发了中华民族对于自然和美好生活环境的向往与热爱。其中，江南园林是最能代表中国古典园林艺术成就的一个类型，蕴涵了儒释道等哲学、宗教思想及山水诗、画等传统艺术。中国古典园林是灿烂辉煌的中华文化的重要组成部分，是全人类宝贵的历史文化遗产。

走进园林

1.1.1 中国古典园林的起源与发展历程

1. 中国古典园林的起源期

（1）殷、周

殷、周的园林主要是朴素的囿。中国最早有文字记载的园林是《诗经·灵台》篇中记述的灵囿。灵囿是贵族们在植被茂盛、鸟兽孳繁的地段，掘沼筑台（灵沼、灵台），作为狩猎、游憩、生活的境域，帝王的苑囿由自然美趋向于建筑美。

（2）春秋战国时期

这一时期，阶级、阶层之间的斗争复杂而又激烈，文化、艺术风格丰富多彩。诸侯势力强大，各诸侯都在都邑附近经营园林，规模不小。人与自然的关系由敬畏到敬爱，造园已用人工池沼、构置园林建筑和配置花木等手法，自然山水的主题和园林的主要要素都已具备。

（3）秦（公元前221—公元前206年）

秦始皇灭诸侯各国后，政治上统一立法及度量衡，经济上改革亩制，物质财富渐趋丰富；军事上，扩大疆域，筑万里长城；文化艺术上统一文字，订定文字为小篆。造六国宫殿、集各地富豪商贾于京城及其周边、修筑弛道、大造宫苑。秦王朝虽历时极短，但其宫殿建设为秦汉建筑宫苑的风格形成打下了坚实的基础。

（4）汉代（公元前206—公元220年）

随着儒家的发展，道教的产生和佛教的传入，对汉后寺院丛林的产生与发展有直接关系。此时，经济繁荣、国力强大，皇家造园活动达到空前兴盛的局面。

2. 中国古典园林的转折期与全盛期

（1）三国魏、晋、南北朝（公元220—589年）

三国魏、晋、南北朝是中国历史上的一个大动乱时期，也是思想十分活跃的时期。田园诗和山水画对造园艺术影响极大，初步确定了园林美学思想，奠定了我国自然式园林发展的基础，是中国园林发展史上的一个转折期。中国古典园林形成了皇家、私家、寺观三大类型并行发展的局面。

（2）隋唐（581—618—907年）

皇家园林的“皇家气派”在隋唐时期已完全形成，不仅表现为规模的庞大，而且反映在园林总体的布置和局部的设计处理上。皇家园林在隋唐三大园林类型中的地位，比魏晋南北朝时期显得更为重要，出现了像西苑、华清宫等具有划时代意义的作品。

3. 中国古典园林的成熟期

（1）五代（907—960年）、宋代（960—1279年）

五代时期园林风格细腻、洒脱，奇石盆景应用广泛。宋代的写意山水画技法成熟，园林艺术受绘画影响极大，园林与诗、画的结合更加紧密，创造富有诗情画意的自然山水园林。

（2）元代（1260—1368年）

元朝民族和阶级压迫，曾导致中国古典园林有一段时间停滞不前。元代汉族文人地位低下，不屑于侍奉贵族，为抒发情绪，在绘画、诗文方面形成独特的文人风格。士人追求精神层次的境界，园林便成为其表现人格自由、借景抒情的场所，因此园林中更重情趣。

（3）明代（1368—1644年）

明代的皇家园林有着两个较为显著的特点。第一是苑囿都设在皇城之中。第二是苑囿的布局都趋向于端庄严整。

明代私家园林极为普遍，社会上出现了许多专事造园叠山的工匠，同时还有一批生活悠闲而不思仕途进取的文人，促进了造园艺术的发展，并且也开始有人将造园这一工匠造作活动付诸文字，从而出现了《园冶》《长物志》等专门的造园专著。

（4）清代（1644—1911年）

清代园林分三个阶段：清初的恢复期、乾隆和嘉庆的鼎盛期及道光后的衰颓期。

清代前期经顺治、康熙、雍正的治理，经济稳定，社会财富增加，园林建设加强，主要整顿了南苑及西苑，初步建筑了畅春园、圆明园及热河避暑山庄。清初园林简约质朴，建筑多用小青瓦，乱石墙，不施彩绘。乾隆、嘉庆近百年间，国力强盛，园林建设达到顶峰。此时进一步改造西苑，经营西郊园林及热河避暑山庄。圆明园内新增景点四十八处，新建长春园及绮春园；整治北京西郊水系，建清漪园，对玉泉山静明园、香山静宜园进行扩建，形成西郊三山五园的宫苑格局。乾隆时期扩建避暑山庄，增加景点三十六处及周围的寺观群，形成塞外的一处政治中心。与此同时，私家园林日趋成熟，形成了北京、江南、珠江三角洲三个中心，尤以扬州瘦西湖私家园林最为著名。道光以后中国园林逐渐进入衰颓期。清末，西方文化涌入，园林进入近代园林阶段。

1.1.2 中国古典园林的类型

古典园林是人类文化遗产的重要组成部分，按园林基址的选择和开发方式的不同可分为人工山水园和天然山水园两大类型；按园林的隶属关系可分为皇家园林、私家园林、寺观园林这三个主要类型；按园林的艺术风格可分为规则式园林、自然式园林、混合式园林；按园林所处地域分布可分为北方园林、江南园林和岭南园林。

1. 皇家园林

皇家园林又称为苑、囿、宫苑、园囿、御苑，如图1-2所示。

（1）皇家园林的造园特色

皇家园林为皇家所有，是供帝王居住、活动和享受的地方。一般多建在京城，与皇宫相连。有些则建在郊外风景优美、环境幽静之地，多与离宫或行宫相结合，表现出明显的皇权象征。皇家园林的规模宏大，真山真水较多；建筑体形高

图1-2 北京北海公园

大，形式多样，功能齐全，富丽堂皇；集天下能工巧匠，收天下之美景，耗费巨资建成，尽显皇权威严。中国自奴隶社会到封建社会，连续几千年的漫长历史时期，帝王君临天下，至高无上，皇权是绝对的权威。与此相适应的，一整套突出帝王至上、皇权至尊的礼法制度，也必然渗透到与皇家的一切政治仪典、起居规则、生活环境之中，表现为皇家气派。

从公元前11世纪周文王修建的灵囿到19世纪末慈禧太后重建清漪园为颐和园，皇家园林已经有3000多年的历史，可谓源远流长。在这漫长的历史时期中，几乎每个朝代都有宫苑的建置。大内御苑一般建在京城里面，与皇宫相毗连，相当于私家的宅园；离宫御苑、行宫御苑大多数建在郊外风景优美、环境幽静的地方，一般与离宫或行宫相结合。

（2）皇家园林的艺术特点

1）规模宏大。皇帝能够利用其政治上的特权与经济上的雄厚财力，占据大片土地面积营造园林而供自己享用，故其规模极为宏大。皇家园林数量的多寡、规模的大小，也在一定程度上反映了一个朝代国力的兴衰。

2）园址选择自由。皇家园林既可以涵盖原山真湖（如清代避暑山庄，其西北部的山是自然真山，东南的湖景是由天然塞湖改造而成）；也可叠砌开凿，宛若天然的山峦湖海。

3）建筑富丽。从秦始皇所建阿房宫区、汉代的未央宫，到唐代的大明宫、清代的紫禁城，皇家凭借手中所掌握的雄厚财力，加重园内的建筑分量，突出建筑的形式美这一因素。作为体现皇家气派的最主要的手段，园林建筑的审美价值达到了无与伦比的高度，论其体态，雍容华贵；论其色彩，金碧辉煌，充分体现华丽高贵的宫廷色彩。

4）浓重的皇权象征寓意。在古代凡是与帝王有直接关系的宫殿、坛庙、陵寝，莫不利用其布局和形象来体现皇权至尊的观念。到了清代雍正、乾隆时期，皇权的扩大达到了中国封建社会前所未有的程度，这在当时所修建的皇家园林中也得到了充分体现，其皇权的象征寓意，比以往范围更广泛，内容更复杂。

5）全面吸取江南园林的诗情画意。康熙年间，江南著名造园家张然奉诏与江南画家叶洮共同主持西苑、静明园、畅春园的规划设计，江南造园技艺开始引入皇家园林。而对江南造园技艺更完全、更广泛的吸收，则是乾隆时期。

2. 私家园林

私家园林（图1-3）。古籍里称为园、园亭、园墅、池馆、山池、山庄、别墅、别业等，主要是一些王公贵族、官吏富商、文人雅士等私人投资建造供自家居住享用的园林，分布于全国各地，数量可观，尤以江南（太湖流域）为多，苏州、扬州、无锡一带最具代表性。

图1-3　私家园林

（1）私家园林的造园特色

私家园林的特点是规模较小，多建于城市中，常用假山假水；主题突出，很注重构图；建筑小巧玲珑，色彩淡雅素净，注重诗情画意；受环境及园主经济条件所限，对造园者的艺术造诣和技巧要求更高，其效果达到了“虽由人做，宛自天开”的境界。

（2）私家园林的艺术特点

1）规模较小。私家园林一般只有几亩至十几亩。造园者的主要构思是“小中见大”，即在有限的范围内运用含蓄、扬抑、曲折、暗示等手法来启动人的主观再创造思维，造成一种曲折有致的，似乎深邃不尽的景境，从而扩大人们对于实际空间的感受。

2）水面建设。多以水面为中心，四周散布建筑，构成一个个景点，几个景点围合成景区。

3）修身养性。以修身养性，闲适自娱为园林主要功能。

4）清高风雅。园主多是文人学士出身，能诗会画，善于品评，园林风格以清高风雅，淡素脱俗为最高追求，充溢着浓郁的书卷气。

3.寺观园林

寺观园林（图1-4）是指佛寺、道观、历史名人纪念性祠庙的宗教、祭祀园林，是寺观、祠堂等与园林相结合的产物，遍及我国的名山大岳，就现存数量，为皇家园林和私家园林的几百倍。寺观园林狭者仅方丈之地，广者则泛指整个宗教圣地，其实际范围包括寺观周围的自然环境，是寺观建筑、宗教景物、人工山水和天然山水的综合体。

图1-4　西湖雷峰塔

（1）寺观园林的造园特色

其特色是环境静穆，景色优美，多建于自然山林；布局严谨，多为轴线对称；广植特定品种树木，突出肃穆、庄严、神秘气氛，体现佛、道、儒、俗文化相融合的特点。寺观园林是中国园林的一个分支，论其数量，它比皇家园林、私家园林的总和要多几百倍；论其特色，它具有一系列不同于皇家园林和私家园林的风格；论其选址，它突破了皇家园林和私家园林在分布上的局限，可以广布在自然环境优越的名山胜地；论其优势，自然景色的优美，环境景观的独特，天然景观与人工景观的高度融合，内部园林气氛与外部园林环境的有机结合，都是皇家园林和私家园林所望尘莫及的。

（2）寺观园林的艺术特点

1）公共游览性质。寺观园林除了传播宗教以外，带有公共游览性质。宗教旨在“普度众生”，对来庙游客不管其贵贱贫富、男女老少、雅逸粗俗，一概欢迎，绝不嫌弃。

2）园林寿命。帝王苑囿常因改朝换代而废毁，私家园林难免受家业衰落而败损，而寺观园林具有较稳定的连续性。一些著名寺观的大型园林往往历经若干世纪的持续开发，不断扩充规模，美化景观，积累着宗教古迹，题刻下历代的吟诵、品评，从而饱含历史文化价值。

3）选址规模。不限在选址上，寺观可以散布在广阔的区域，有条件挑选自然环境优越的名山胜地，“僧占名山”成为中国佛教史上规律性的现象。不同特色的风景地貌，给寺观园林提供了不同特征的构景素材和环境意蕴。寺观园林的范围可小可大，小者处于深山老林一隅的咫尺小园，取其自然环境的幽静深邃，以利于实现“远者尘世，念经静修”的宗教功能。大者构成萦绕寺院内外的大片园林，甚至可以结合周围山水风景，形成闻名遐迩的旅游胜地，如泰山、武当山、普陀山、五台山、九华山等宗教圣地。

4）寓园林于自然。由于寺观园林主要依赖自然景貌构景，在造园上积累了极其丰富的处理建筑与自然环境关系的设计手法。传统的寺观园林特别擅于把握建筑的“人工”与自然的“天趣”的融合。为了满足香客和游客的游览需要，在寺观周围的自然环境中，以园林构景手段，改变自然环境空间的散乱无章状态，加工剪辑自然景观，使环境空间上升为园林空间。

1.1.3 中国古典园林的艺术特色

1. 布局效法自然

古典园林采取自然式的构图布局，地貌地形任其自然，有起伏高低；水体的轮廓也为自然曲线，大多是自然界的溪流、瀑布、池沼、河流的艺术再现；植物“必以虬枝枯干，异种奇名，枝叶扶疏，位置疏密；或水边石际，或一望成林，或孤株独秀”，构成了一幅草木峥嵘、鸟啼花开的天然画景。我国古典园林这种追求自然美的布局，历史悠久，自成体系，独具风格。

2. 景点设计寓情于景

造园如同绘画，不仅要形似，更要神似，最好达到现实主义与浪漫主义相结合的境界。评论一个园林不仅要看它的景致如何优美，还要看是否有诗情画意，能否寓情、寓意于景，使人能见景生情，因景联想，把思维扩大到更广阔、更久远的境界中。

3. 以小见大

私人的园林空间有限，为了在咫尺之地能再现自然的山水之美，用“以小见大”的手法在有限的空间里创造出丰富园景的艺术效果，这就是我国古典园林的空间组织手法，它主要是将有限的空间分隔，划分为若干景区，各区都有自己的主题和特色。同时利用巧于因借的处理扩大园林的心理空间，丰富园林景观，如北京颐和园西望可见玉泉山和西山。

颐和园造园艺术分析

1. 颐和园的概况

颐和园前身为清漪园，坐落于北京市海淀区，距北京城区15公里，占地约290公顷，是中国现存规模最大、保存最完整的皇家园林，是中国四大名园之一，如图1-5所示。颐和园是利用昆明湖、万寿山为基址，以杭州西湖风景为蓝本，汲取江南园林的某些设计手法和意境而建成的一座大型天然山水园，被誉为皇家园林博物馆。

2. 颐和园的历史沿革

（1）金朝

贞元元年（1153年），金主完颜亮在此设置金山行宫。

（2）元朝

定都北京后，水利学家郭守敬开辟上游水源，引昌平白浮村神山泉水及沿途流水注入湖中，使水势增大，成为保障宫廷用水和接济漕运的蓄水库。

（3）明朝

弘治七年（1494年），明孝宗乳母助圣夫人罗氏在瓮山前建圆静寺，后荒废，此后瓮山周围的园林逐渐增多。明武宗在湖滨修建行宫，称为好山园，为皇室园林。明武宗、明神宗都曾在此泛舟游乐，明熹宗时，魏忠贤曾将好山园据为己有。

（4）清朝

乾隆十五年（1750年），为了筹备崇德皇太后（孝圣宪皇后）的60大寿，乾隆帝以治理京西水系为借口下令拓挖西湖，拦截西山、玉泉山、寿安山来水，并在西湖西边开挖高水湖和养水湖，以此三湖作为蓄水库，保证宫廷园林用水，并为周围农田提供灌溉用水。乾隆帝以汉武帝挖昆明池操练水军的典故将西湖更名为昆明湖，将挖湖土方堆筑于湖北的瓮山，并将瓮山改名为万寿山。1860年，清漪园被英法联军大火烧毁。1884年至1895年，慈禧太后退居，以光绪帝名义下令重建清漪园。由于经费有限，便集中财力修复前山建筑群，并在昆明湖四周加筑围墙，改名颐和园，成为离宫。光绪二十六年（公元1900年），颐和园又遭八国联军洗劫，所存珍宝被侵略者抢掠一空，不少建筑再遭焚毁。翌年，慈禧从西安回京后，再次动用巨款修复此园。颐和园尽管大体上全面恢复了清漪园的景观，但很多景观的质量有所下降。许多高层建筑由于经费的关系被迫减矮，尺度也有所缩小。如文昌阁城楼从三层减为两层，乐寿堂从重檐改为单檐，也有加高的建筑，如大戏楼。苏州街被焚毁后再也没有恢复。由于慈禧偏爱苏式彩画，许多房屋亭廊的彩画由和玺彩画变为苏式彩画，在细节上改变了清漪园的原貌。

（5）近现代

1924年，颐和园被批为对外开放公园。1961年3月4日，颐和园被公布为第一批全国重点文物保护单位，与同时公布的承德避暑山庄、拙政园、留园并称为中国四大名园，1998年11月被列入《世界遗产名录》。

3. 颐和园的造景分析

颐和园占地面积达293公顷，主要由万寿山和昆明湖两部分组成。各种形式的宫殿园林建筑3000余间，大致可分为行政、生活、游览（万寿山及明湖景区）三个部分。

（1）行政区

行政区是万寿山东部仁寿殿组群，为朝会及居住的宫廷区。这部分建筑布局谨严，具有静穆的气概。

（2）生活区

生活区在万寿山的前山东部，主要建筑有乐寿堂、玉澜堂及宜芸馆，是皇帝起居之所。这里面对昆明湖，视野开阔，依山面水，环境雅致。

（3）游览区

1）万寿山景区。该景区主要是万寿山，后山和后湖，如图1-6所示。万寿山主要的观赏建筑皆云集于前山，其中以体形高大的排云殿和佛香阁为重心，周围布置十几组小建筑群。佛香阁平面为八角形，高四层，建于高大的石台上，地位突出，与下面金碧交辉的排云殿建筑群共同构成万寿山的主轴线，把前山大小建筑统一起来。在主轴东西两侧，安排了转轮藏、慈福楼及宝云阁、罗汉堂两条次要轴线以为辅翼。山下有长达728米的长廊环围湖边，联络东西，更突出统一的效果。后山和后湖区的山形陡峻，河湖狭窄，空间封闭，在景观营造上以幽、邃、静为基调，除后山中部的藏传佛教寺观及中段后湖两岸的买卖街以外，其余园林建筑皆属于小型体量，以达到树木葱郁，风景幽静深奥的意境，与前山景观环境形成强烈对比。

2）昆明湖景区。该景点主要集中在昆明湖的南湖和西湖。湖中岛屿上有形式不同的建筑及桥梁，尤以十七孔桥及西堤六桥最为著名，如图1-7所示，在湖堤翠柳衬托下，宛如江南的水乡景色。

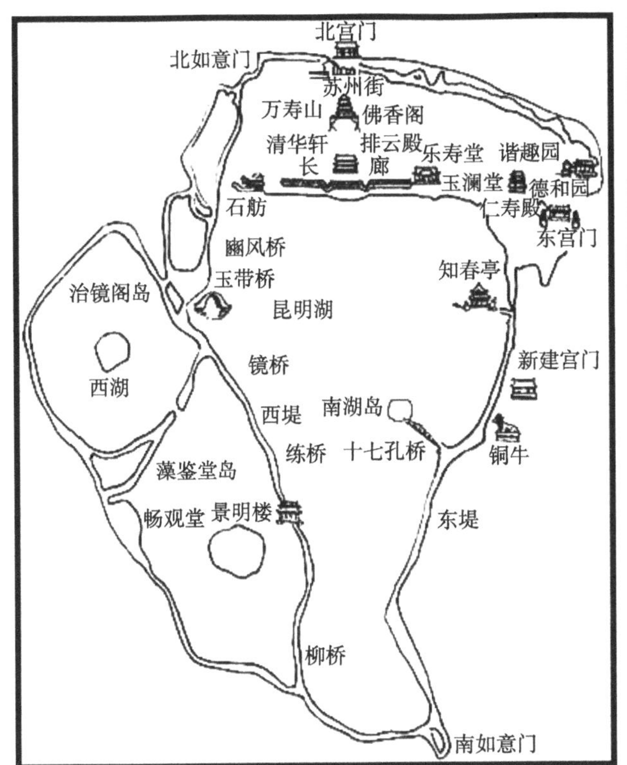

图1-5　北京颐和园平面图

图1-6　北京颐和园万寿山

图1-7　北京颐和园十七孔桥

知识拓展

北京皇家园林之“三山五园”

1. 三山五园的概况

自辽、金以来，北京西郊即为风景名胜之区。西山以东层峦叠嶂，湖泊罗列，泉水充沛，山水衬映，具有江南水乡的山水自然景观，因此，历代王朝皆在此地营建行宫别苑。三山五园便是北京西郊一带皇家行宫苑囿的总称。三山五园始建于清康熙时期，兴盛于乾隆时期，毁于1860年第二次鸦片战争。最早有关三山五园的具体所指，目前公认的说法为香山、万寿山、玉泉山三座山及三座山上分别所建的园：清漪园（颐和园）、静宜园、静明园，再加上附近的畅春园和圆明园，统称五园，如图1-8所示。

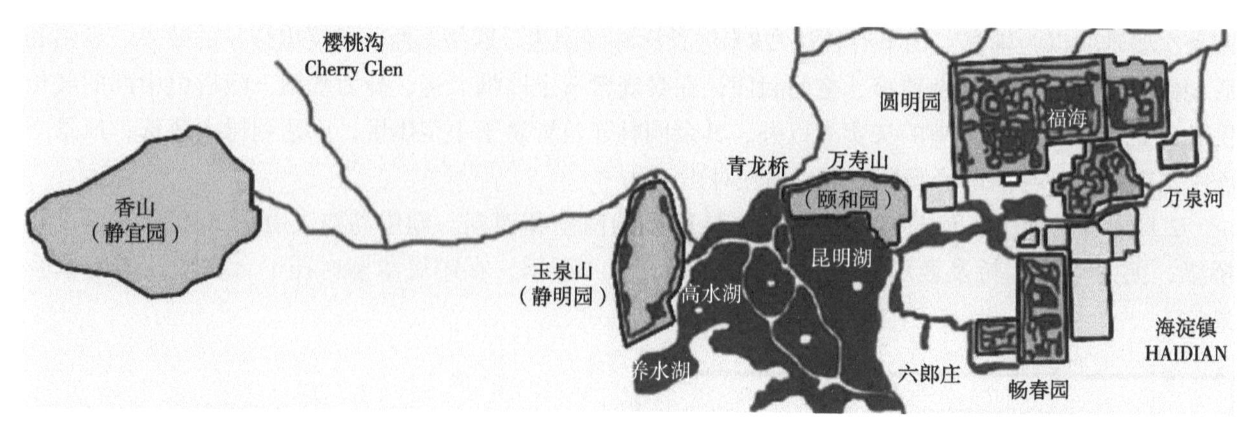

图1-8　三山五园平面图

2. 三山五园的简介

（1）三山

1）香山。香山是中国四大赏枫胜地之一，全园面积160公顷，顶峰香炉峰海拔557米，是北京著名的森林公园。香山之名源于佛教经典据载，佛祖释迦牟尼出生地迦毗罗卫国都城（即父城）近处有座香山，为大悲观世音菩萨得道的地方。佛教传入中国之后，香山之名也随之传入，所以，中国以观音为主祀的佛教寺观大都名为香山寺。

2）玉泉山。玉泉山位于颐和园西，是西山东麓的支脉，在“山之阳”，它最突出的地方是“土纹隐起，作苍龙鳞，沙痕石隙，随地皆泉”。因其泉水“水清而碧，澄洁似玉”，故此称为“玉泉”。明初王英有诗形容“山下泉流似玉虹，清泠不与众泉同”，这座山也因此称为“玉泉山”。

3）万寿山（略，详见颐和园分析）。

（2）五园

1）畅春园。畅春园位于北京海淀区，圆明园南，北京大学西。原址是明朝明神宗的外祖父李伟修建的“清华园”。园内有前湖、后湖、挹海堂、清雅亭、听水音、花聚亭等山水建筑。根据明朝笔记史料推测，该园占地1200亩左右，被称为“京师第一名园”。畅春园以园林景观为主，建筑朴素，多为小式卷棚瓦顶建筑，不施彩绘。园墙为虎皮石砌筑，堆山则为土阜平冈，不用珍贵湖石。园内有大量明代遗留的古树、古藤，又种植了腊梅、丁香、玉兰、牡丹、桃、杏、葡萄等花木，景色清幽。其追求自然朴素的造园风格影响了避暑山庄和圆明园（乾隆扩建之前）等皇家宫苑。

2）静宜园。静宜园位于北京西北郊的香山。全园结构沿山坡而下，是一座完全的山地园，分为三部分，即内垣、外垣、别垣。内垣在东南部的半山坡的山麓地段，是主要景点和建筑荟萃之地，包括宫廷区和古刹香山寺、洪光寺两座大型寺观，其间散布着璎珞岩等自然景观，其西北区黄栌成片，每至深秋，层林尽染，观西山红叶成为静宜园的重要景观。外垣是香山的高山区，面积广阔，散布着十五处景点，大多为欣赏自然风光之最佳处和因景而构的小园林建筑。别垣是在静宜园北部的一区，包括有昭庙和正凝堂两组建筑。

3）静明园。静明园位于北京市海淀区玉泉山小东门外，颐和园昆明湖西，占地75公顷，其中水面13公顷。金代始建芙蓉殿（亦名玉泉行宫），明正德年间（1506—1521年）建上下华严寺，清康熙十九年（1680）建行宫，初名澄心园，三十一年（1692）更名静明园。乾隆年间大规模扩建，形成“静明园十六景”，时为静明园鼎盛时期。

4）圆明园。圆明园坐落在北京西郊，与颐和园毗邻。圆明园始建于康熙四十六年（公元1707

年），由圆明园、长春园、绮春园三园组成，为西洋兼中式皇家风格园林，建筑面积达16万平方米，是清朝三代帝王在150余年间创建的一座大型皇家宫苑，有“万园之园”之称，是中国古代修建时间最长，花费人力物力最多，景观最为宏伟壮丽的皇家园林。圆明园继承了中国3000多年的优秀造园传统，既有宫廷建筑的雍容华贵，又有江南园林的委婉多姿，同时又汲取了欧式园林的精华，把不同风格的园林建筑融为一体，被法国作家雨果誉为“理想与艺术的典范”，可惜1860年毁于英法联军。

5）清漪园——颐和园（详见颐和园分析）。

工作任务

中国古典园林的艺术分析

一、工作任务目标

通过抄绘颐和园平面图以及拙政园平面图，分析皇家园林的造园手法及艺术特点；分析私家园林文人园的造园手法及艺术特点，理解皇家园林与私家园林的区别。

1. 知识目标

1）掌握皇家园林的造园手法和艺术特点。

2）掌握私家园林的造园手法和艺术特点。

2. 能力目标

1）具有皇家园林艺术分析能力。

2）具有私家园林艺术分析能力。

3. 素养目标

1）感悟中国古典园林美学精神。

2）传承与发展中国古典园林文化。

二、工作任务要求

1）抄绘颐和园平面图以及拙政园平面图，如图1-5、图1-9所示。

2）分析颐和园及拙政园的艺术手法。

3）小组讨论北方皇家园林及江南私家园林的区别。

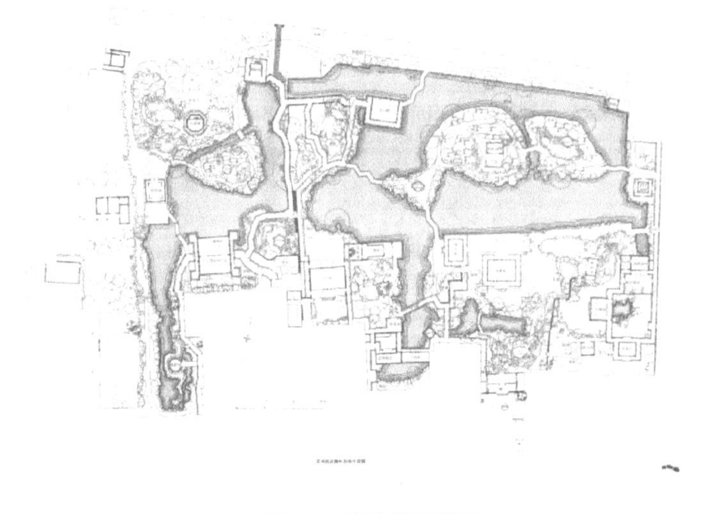

图1-9　拙政园平面图

三、工作顺序及时间安排

周次	工作内容	备注
第1周	教师下达颐和园、拙政园平面图抄绘工作任务（个人完成）	30分钟（课内）/90分钟（课外）
	教师下达分析北方皇家园林、江南私家园林艺术手法的PPT制作工作任务（小组完成）	
第2周	小组PPT演示分析北方皇家园林、江南私家园林的艺术手法	35分钟（课内）
	教师评价、学生互动评价	25分钟（课内）

任务2　外国古典园林艺术解析

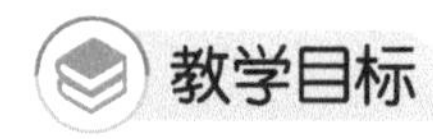

知识目标

- 了解外国古典园林的起源与发展。
- 掌握外国古典园林的艺术特点。

能力目标

- 具有外国古典园林的类型及艺术特点分析能力。
- 具有外国古典园林艺术鉴赏能力。

素养目标

- 培养对外国古典园林景观认知与艺术鉴赏能力。
- 拓展国际视野，厚植家国情怀。

知识链接

1.2.1　意大利古典园林

1. 意大利古典园林的起源与发展

意大利多山地和丘陵，夏季闷热，属于地中海气候，但在山丘上，白天有凉爽的海风，晚上有来自山林的冷空气。另外，文艺复兴使西方摆脱了中世纪封建制度和教会神权统治的束缚，城市里的富豪和贵族到乡间建造别墅，既获得良好的视线效果，又使宅院沐浴在高爽的和风中。他们依据地形，采用连续几层台地的布局方式，形成独具特色的意大利台地园。

（1）文艺复兴时期

庄园多建在佛罗伦萨郊外风景秀丽的丘陵坡地上，地址选择十分注重周围的环境，一般要求有可以远眺的前景。园地顺山势辟成多个台层，但各个台层相对独立，没有贯穿各台层的中轴线。建筑物往往位于最高层以借园外之景，建筑风格尚保留有一些中世纪的痕迹，如菲埃索罗的美第奇庄园。

（2）全盛时期

造园要素为石、树木和水。石材包括台阶、栏杆、挡土墙、道路以及与水结合的池、泉、渠和大量雕像。造园布局严谨，以整个园林做统一的构图，有明确的中轴线贯穿全园和联系各个台层，使之统一成为整体，别墅起统率作用。中轴线上以水池、喷泉、雕像及造型各异的台阶、坡道等可加强远视线的效果。树木以常绿树为主，有些经过修剪后，形成绿墙、绿廊的植物景观，台地布满由黄杨或柏树构成图案的植坛；水与石景结合，成为建筑化的流动水景，如喷泉、壁泉、溢流、瀑布、叠水等。运用光影的对比、水的闪烁、水中倒影和流水声音造园，比较著名的有法尔奈斯庄园（图1-10、图1-11）、埃斯特别墅和朗特别墅。

图1-10　法尔奈斯庄园

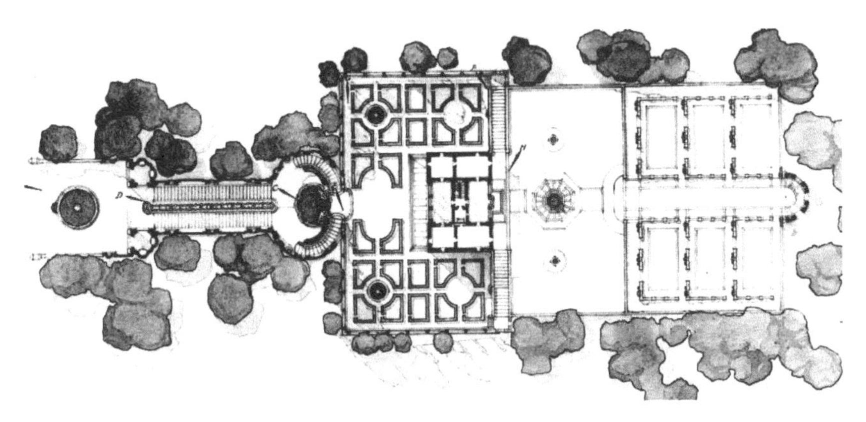

图1-11　法尔奈斯庄园平面图

（3）巴洛克时期

造园艺术逐渐衰落，这时期的园林追求新奇、夸张和大量的装饰。园林中的建筑物体量大，居于统率地位。林荫道纵横交错，“绿色雕刻”的植物修剪技巧复杂：波浪起伏的绿墙，花纹曲线繁复的剪树植坛，高大绿篱的天幕绿色剧场，同时喜欢利用绿墙、绿廊、丛林等造成空间和阴影的突然变化。另外水的处理手法也异常丰富：利用水的动、静、声、光，结合雕塑，建造水风琴、水剧场和各种机关水法。比较著名的有兰特庄园（图1-12）、阿尔多布兰迪尼别墅（1598—1603年）和迦兆尼别墅。

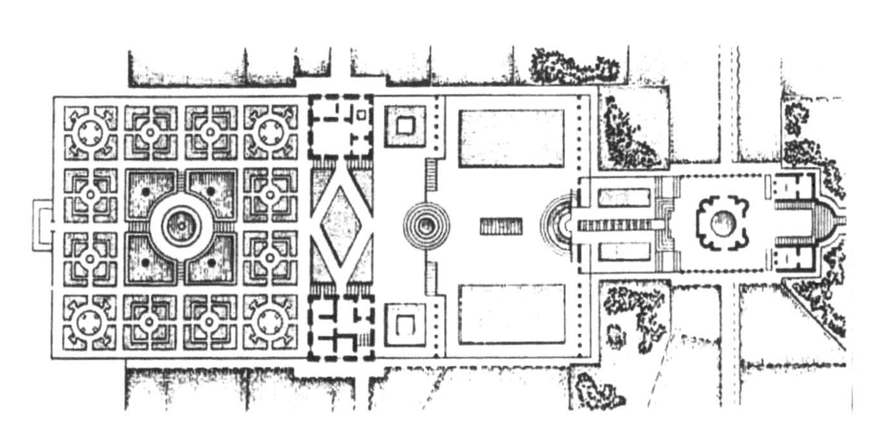

图1-12　兰特庄园平面图

2. 意大利古典园林的艺术特色

（1）修坡筑台

台地的前面设置挡土墙，墙面上建洞府、壁龛、喷泉等，墙顶部则建有栏杆。为追求变化，把平地用土堆成阶梯形状。台地除用于建造别墅外，在园林上主要用于修筑喷泉和花坛、栽种绿丛植坛、陈列雕塑作品等，同时也是欣赏园内外景色的观景台。

（2）规划设计

意大利园林分为紧挨着主要建筑物的花园及花园之外的林园两部分。从总体上说，园林分为规则式和非规则式两类。规则式园林一般规模较小，位于庄园的主要位置，是庭院的主要部分，常以一定的轴线为主，通常以纵横相交的轴线为中心，辅以方格式的布局规划。在规模较大的花园中，除了主轴线，常有若干条副轴线。非规则式的园林则有两种形式，一是作为规则式小花园的背景与陪衬，多以自然林地为主；二是作为规模较大庄园的林园，设有葡萄园、菜园、林地及小花园，局部虽有规则式规划，但总体是非规则式。

（3）理水多变

理水有喷泉、水池、瀑布、水剧场及水风琴等形式。

（4）植物修整

在植物的造景方式上，常将树木按照设计者的意图修剪成各种造型。常见的造型有各种几何体，如球形、方形、圆锥形等；有各种动物造型和人物造型；还有修剪为建筑的造型，如拱门、壁龛等。

（5）雕塑布置

在古罗马时代，园主将雕塑陈列在花园用以装饰；到文艺复兴时期，由于学者和艺术家们所收集的古代雕塑作品过多，无法都放在室内进行陈列和欣赏，遂将雕塑作品移出室外，成为花园博物馆的形式。雕塑的运用丰富了意大利园林艺术的内涵，提高了其艺术水准。

（6）建筑多姿

意大利的庄园包括别墅和花园在内，多由建筑师主持设计和建造，体现建筑为主、花园为辅，花园是建筑物延伸的理念。庄园的主体建筑多为规整、左右对称的形式。台地相互连接的设计是建筑的重要表现，台阶形式多样，有直上式、双弧式、坡道式、折线式等。另一类重要的建筑工程是喷泉，不仅需要建筑师的设计，还需要进行地质和水文方面的调查。大型建筑露天剧场和水剧场常呈半圆形或长马蹄形，剧场正面多是高大精美的壁龛，放有雕塑。

1.2.2 法国古典园林

法国园林是欧洲三大园林体系之一，主要以17世纪法国古典园林为代表。法国多平原，有大面积的天然植被和河流湖泊，借鉴意大利台地式造园手法，创造出中轴对称的规则式平地园林的布局手法。17世纪下半叶，古典主义成为法国文化艺术的主导潮流，在园林景观设计中也形成了古典主义理论。法国古典主义风格的园林面积宏大，气势恢宏，人工化极强，水景多喷泉水渠，轴线突出，强调对称，注重比例，讲究主从关系。早期的城堡园与后来的凡尔赛宫是此时期的代表作。

1. 法国古典园林的起源与发展

（1）文艺复兴前

1）公元前1—前4世纪：法国是罗马的高卢行省，建造了大量的罗马式建筑，包括庄园。

2）中世纪：园林主要在修道院和王公贵族的府邸里发展，多用绿篱、荫棚、绿廊。

3）12世纪以后：法国领土扩大，王权增强，巴黎成为全国的经济中心，造园艺术有所变化，同时十字军东征带回了东方发达的文化，包括造园的一些要素，如观赏植物等。

4）13世纪末：出现利用机械装置的类似喷泉的水戏内容和动物园等新形式。

5）14世纪下半叶和15世纪上半叶：英法战争，造园艺术整体停顿。

（2）文艺复兴时期

1）16世纪上半叶：受意大利文化影响（侵意战争），在花园里出现雕塑、图案式花坛及岩洞等造型，还出现了多层台地的格局，开阔的水池和河渠进一步丰富了园林的内容。不过影响仅留在花园的局部处理及造园要素上，功能还没有完全摆脱实用的要求，台地中大多只有一层，以观赏为主，呈图案形式。各层台地都有自己的围墙，互相没有构图的联系，没有利用台地的高差增加构图的层次，也没有大台阶和栏杆之类的有装饰效果的小建筑物。园子与府邸建筑没有统一构思，位置随意。

2）16世纪中叶：中央集权的加强使园林艺术发生新变化。建筑形成庄重、对称的格局，园林的观赏性增强，植物与建筑的关系也较为密切，园林的布局以规则对称为主。比较有名的有阿内府邸花园和凡尔耐伊府邸花园。

（3）古典主义园林

1）16世纪到17世纪上半叶：在建筑师木坝阿和园艺家莫莱家族的影响下，法国造园从局部布置转向注重整体布局，并且有运用题名、图像表达思想的记载，这一时期为法国早期的古典主义。在倡导人工美，提倡有序的造园理念下，造园布局注重规则有序的几何构图，植物以绿墙、绿障、绿篱、绿色建筑等形式出现，而且技艺高超，充分反映了唯理主义思想。

2）17世纪下半叶：王权大盛，宏大、壮丽、稳重的古典主义文化成了宫廷文化。以古典柱式为构图基础，突出轴线，强调对称，注重比例，讲究主从关系。勒·诺特尔式园林的出现，标志着法国园林艺术的成熟和真正的古典主义园林时代的到来。凡尔赛宫苑以园林的形式表现了皇权至上的主题思想，确立了法国古典庭园的式样。

（4）英中式园林

18世纪中叶：法国资产阶级进步思想家掀起了启蒙运动，主张“回到自然去”。在英国风景式园林和中国园林的双重影响下，法国出现了带有强烈的理想主义和浪漫主义色彩的绘画式风景园，又称为“英中式”园林。它以奇特的自然景观为基础，采用写实性的表现手法，形成具有画意的风景园林骨架，并融入富有异国情调的建筑小品或村庄农舍中，显示出一种追新求异的设计倾向。

（5）城市公园运动

19世纪：受到“将自然引入城市”理念的影响，并以实用为核心的设计方法，产生了新型的公共城市园林。当时设计的基本准则要求根据园林的面积、地形以及与建筑的关系来决定采用何种构图形式，造成折中式园林的盛行；园林设计以“自然”为主题，力求再现自然景观的特征，注重园林内涵的挖掘，反对各种形式的简单抄袭；强调以植物学为基础的植物造景，将浪漫主义色彩与科学主义趋势相结合；同时，注重园林设计方法的科学性、系统性以及施工技术的规范化。

2. 法国古典园林的艺术特色

法国古典园林将府邸或宫殿布置在高地上，以便于统领全局。从这些宫殿或府邸的后面规划花园，花园的外围则是林园，使园林向后延伸而指向郊区；宫殿或府邸的前面则伸出笔直的林荫道，沿着中轴线向前延伸而指向城市。

在花园中，中央主轴线控制整体，辅之以几条次要轴线，外加几条横向轴线，所有这些轴线与大小路径组成了严谨的几何格网，主次分明。轴线与路径伸入林园，将林园也纳入到几何网格中（图1-13）。轴线与路径的交叉点多安排喷泉、雕像、园林小品作为装饰，既突出布局的几何性，又产生丰富的节奏感，从而营造出多变的景观效果。在理水方面，主要采用石砌形状规整的水池或沟渠，并在其中设置大量精美的喷泉（图1-14）。

图1-13 凡尔赛宫一

图1-14 凡尔赛宫二

法国古典主义园林，着重表现的是路易十四统治下的秩序，是庄重典雅的贵族气势，是完全人工化的特点。广袤是体现在园林的规模与空间的尺度上的最大特点，追求空间的无限性，因而具有外向性的特征。

1.2.3 英国古典园林

1. 英国古典园林的起源与发展

英国属于平坦地形或缓丘地带，气候潮湿。岛国具有得天独厚的地理条件，形成了英国独特的园林风格。

（1）18世纪前

1）都铎王朝初期：主要受来自意大利文艺复兴园林的影响，庭园大多还处在深壕高墙的包围中，多为花圃、药草园、菜园、果园等实用园。代表园林：墨尔本庄园。

2）亨利八世时期：法国文艺复兴园林成为英国造园样板。随着人们频繁在园中举行庆会等活动，园林呈发展趋势。代表园林：汉普顿宫、怀特庄园、农萨其宫。

3）伊丽莎白一世时代：延续中世纪的造园手法，绿色雕刻艺术盛行，植物迷宫受人喜爱。

4）16世纪：英国造园家逐渐摆脱了城墙和壕沟的束缚，追求更为宽阔的空间，并尝试将意大利、法国的园林风格与英国的造园传统相结合。

5）17世纪：致力于收集外来植物，丰富园林物种。17世纪末，威廉三世热衷造园，将荷兰的风格带到英国，法式风格的人工装饰性要素进一步加强。

6）18世纪初：法国风格的整形式园林仍受英国人的喜爱。

（2）18世纪后：风致园

1）不规则造园时期：18世纪前20年是自然式园林的孕育时期，是许多英国哲学家、思想家、诗人和园林理论家共同努力的结果，并由造园师在实践中加以运用。

2）自然式风致园时期：18世纪30年代末至50年代是自然式风致园真正形成的时期。自然式风致园完全模仿自然并再现，模仿得越像越好，它的和谐与优美是整形式园林所无法体现的。当时最活跃的造园家威廉·肯特，他的名言是“自然厌恶直线”，他将斯陀园的直线形界沟改成曲线形的水沟，同时水沟旁的行列种植改为自然植物群落。此时，英国的庄园美化运动形成了一股热潮。代表园林：骚斯庄园、谢姆宅园，如图1-15所示。

3）牧场式风致园时期：1760—1780年是英国庄园园林化的大发展时期。牧场式风致园要拆除围墙，采用界沟的手法形成庄园边界，将规则式台地恢复成自然的缓坡草地，将规则式水池和水渠恢复成自然式护岸，并利用水渠上游的堤坝营造自然式瀑布，再在河湖岸边设置线形流畅、曲线平缓的蛇行路。代表人物是布朗，他的造园手法基本延续了肯特的造园风格。但他更追求辽阔深远的风景构图，并在追求变化和自然野趣之间寻找平衡点。他消除了花园和林园的区别，认为自然式风致园应与周围的自然风景毫无过渡地融合。代表园林：查兹沃斯园、克鲁姆府邸花园，如图1-16所示。

图1-15　自然式风致园

图1-16　牧场式风致园

4）绘画式风致园时期：钱伯斯提倡要对自然进行艺术加工，反对布朗过于平淡的自然，他的造园思想和作品在当时兴起了中国式造园热潮。以布朗为代表的自然派和以钱伯斯为代表的绘画派之间的争论，促进了英国风景式造园的进一步发展。雷普顿是18世纪后期英国最著名的风景造园家，他的造园思想是将实用与美观相结合，带有明显的折中主义观点和实用主义倾向。代表园林：文特沃斯园、西怀科姆比园、邱园（图1-17）。

5）园艺式风致园时期：19世纪“园艺派”时期，英国学派的成功使英国式自然风致园林的影响渗透到整个西方园林界。英国造园家们将兴趣转向树木花草的培植上，在园林布局上也强调植物景观所起的作用。造园的主要内容也转变成陈列奇花异草和珍贵树木。自然式风致园的基本风格和大体布局经过半个多世纪的发展，已经走向成熟并基本定型。代表园林：尼曼斯花园（图1-18）。

图1-17　邱园

图1-18　尼曼斯花园

2. 英国古典园林的艺术特色

16世纪中叶往后的100年，是意大利领导潮流；17世纪中叶往后的100年，是法国领导潮流；18世纪中叶起，是英国领导着欧洲的造园艺术潮流。英国早期园林也受到了法国古典主义造园艺术的影响，但造园上，他们怀疑几何比例的决定性作用。进入18世纪，英国造园艺术开始追求自然，有意模仿克洛德和罗莎的风景画。到了18世纪中叶，新的造园艺术成熟，叫作自然风致园。英国的园林面貌发生了改变：没有几何式的格局，没有笔直的林荫道、绿色雕刻、图案式植坛、平台和修筑整齐的池子。花园就是一片天然牧场的样子，以草地为主，生长着自然形态的老树，有曲折的小河和池塘。18世纪下半叶，浪漫主义渐渐兴起，在中国造园艺术的影响下，英国造园家不满足于自然风致园的过于平淡，追求更多的曲折、更深的层次、更浓郁的诗情画意，对原来的牧场景色多了一些加工，自然风致园发展成为绘画式园林，具有了更浪漫的气质，有些园林甚至保存或制造废墟、荒坟、残垒、断碣等，以造成强烈的伤感气氛和时光流逝的悲剧性。

1.2.4 日本古典园林

日本从汉代起，就受到中国文化的影响。园林深受唐宋山水园的影响，但结合日本的自然条件和文化背景，形成独特的风格。日本所特有的山水庭，精巧细致，在再现自然风景方面十分凝练，并讲究造园意匠，极富诗意和哲学意味，形成了极致“写意”的艺术风格。

1. 日本古典园林的起源与发展

（1）古代园林

1）大和时代（公元300—592年）：大和民族统一日本，向中国派出使者学习文化，此时正值魏晋南北朝时期，日本园林不但带有中国殷商时代苑囿的特点，还有该期的自然山水园风格，属于池泉山水园系列。

2）飞鸟时代（公元593—710年）：日本定都飞鸟地区，历时117年。中国造园技术经朝鲜传入后，其造园水平远胜于大和时代，是中国式自然山水园的引进期。

3）奈良时代（公元711—794年）：日本定都奈良的平城京，历时84年。日本进入封建社会，全面汲取唐朝文化。平城京仿照长安而建，史载园林有平城宫南苑、西池宫、松林苑、鸟池塘和城北苑等，另外还在平城京以外建有郊野离宫。

4）平安时代（公元794—1185年）：这段时间相当于中国唐朝中期、五代、两宋、辽、金等十个朝代。平安时代是日本伟大的时代，是日本化园林的形成时期（池泉园）和三大园林（皇家、私家和寺院园林）的个性化分道扬镳时期。平安时代的园林总体上仍受唐文化的影响深刻，中轴、对称、中池、中岛等概念都是唐代皇家园林的特征。

（2）中世园林

1）镰仓时代（1185—1333年）：源赖朝在镰仓建立幕府，该时期是寺院园林的发展期，是园林佛教化的时期，是“枯山水”园林的形成期。

2）室町时代（1392—1568年）：该时期是日本庭园的黄金时代，造园技术发达，造园意匠最具特色，庭园名师辈出。镰仓吉野时代萌芽的新样式有了发展。室町时代名园很多，不少名园还留存到如今。其中以龙安寺方丈南庭、大仙院方丈北东庭等为代表的“枯山水”庭园最为著名。

（3）近世园林

1）桃山时代（1568—1615年）：相当于我国明末时期。该时期是茶庭露地的发展期，是园林的茶道化期。当时民心娴雅，茶道兴盛，以致茶庭及书院造等庭院辈出。这一时期的园林有传统的池庭、豪华的平庭、枯寂的石庭、朴素的茶庭。

2）江户时代（1615—1867年）：相当于我国清朝时期，将军德川氏执政，把幕府迁到江户（东京）。该时期是茶庭、石庭与池泉园的综合期，是佛法、茶道、儒意的综合期。此时造园非常兴旺，大致可分两个时期，前期为“回游园式”风景园，后期则以行政为中心的园。

（4）近代园林

1）明治时代（1868—1912年）：明治时代是革新的时代，因引入西洋造园法而产生了公园，大量使用缓坡草地、花坛喷泉及西洋建筑，许多古典园林在改造时加入了缓坡草地，并开放为公园，人们在公园里举行各种游园会活动。

2）大正时代（1912—1926年）：大正时代由于只有14年，故园林没有太多的作为，田园生活与实用庭园结合，公共活动与自然山水结合，公园作为主流还在不断地设计和指定，形成了以东京为中心的公园辐射圈。在公园旗帜之下，出于对自然风景区的保护，国立公园和国定公园的概念在这一时期被提出，正式把自然风景区的景观纳入园林中，扩大了园林的概念。

2. 日本古典园林的艺术特色

（1）池泉筑山庭园

1）平安时期：有湖和土山，以具有自然水体形态的湖面为主，面积较大。

2）模仿期：大量吸取中国盛唐风格，在较大湖面中设置岛屿，并以桥接岸或以一湾溪流代替湖面，树木和建筑物沿湖边配置，基本上是天然山水的模拟。

（2）枯山水庭园

枯山水是日本园林的主要成就之一，其主要特点是地面铺白沙象征水面，设置石组表现群山岛屿（图1-19）；置石讲究，利用单块石头本身的造型和他们之间的关系进行配列；石形要求稳重，底广顶削，不做飞梁悬挑等奇构，少叠石成山；常不配植物，如配则为低矮的观赏树木，注重修剪外形而又保持自然形态。

图1-19　枯山水庭园

（3）茶庭园

茶庭是“茶室”的附属庭园，茶室则是举行“茶道”的专用建筑物。茶庭的出现稍晚于枯山水，两者同样受到禅宗思想的深刻影响，但茶庭的产生和发展则是直接渊源于“茶道”的兴起和盛行。

（4）“回游式”风景庭园

早期池泉庭园衍化为平安时期的净土庭园和寝殿造庭园两个变体，后者逐渐消失，前者则继续发展了很长的一段时间。后期池泉庭园，即江户时期的“回游庭园”，是日本古典园林中最晚出现的一个类型。

案例分析

法国凡尔赛宫造园艺术分析

1. 凡尔赛宫的背景

凡尔赛宫花园位于法国巴黎西南郊，其园林占地6.7公顷，纵轴长3公里，园内道路、树木、水池、亭台、花圃、喷泉等要素均成几何图形，有统一的主轴、次轴，构图整齐划一，景观多以人文为主体，透溢出浓厚的人工修造的痕迹，如图1-20所示。凡尔赛宫体现出路易十四对君主政权制度的追求和规范，堪称法国古典园林的杰作。

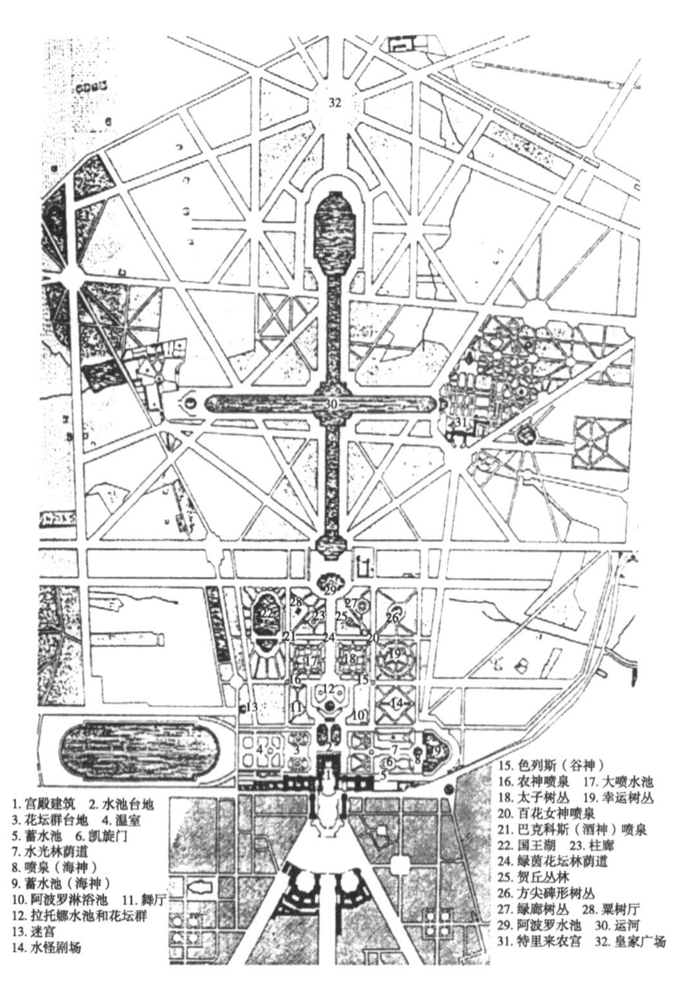

图1-20 凡尔赛宫平面图

2. 凡尔赛宫的历史沿革

1）1624年：法王路易十三以1万里弗尔的价格买下面积达117法亩的凡尔赛宫原址附近的森林、荒地和沼泽地区并修建一座两层红砖楼房，作为狩猎行宫。

2）1660年：法王路易十四参观财政大臣富凯的沃子爵城堡，命令沃子爵城堡的设计师勒诺特和著名建筑师勒沃为其设计新的行宫。

3）1682年：路易十四宣布将法兰西宫廷从巴黎迁往凡尔赛。

4）1688年：凡尔赛宫主体部分建筑工程完工。

5）1710年：整个凡尔赛宫殿和花园的建设全部完成并成为欧洲最大、最雄伟、最豪华的宫殿建筑和法国乃至欧洲的贵族活动中心、艺术中心和文化发源地。

6）1789年：路易十六被法国大革命中的巴黎民众挟至巴黎城内，后被推上断头台斩首。凡尔赛宫作为法兰西宫廷的历史至此终结。

7）1833年：奥尔良王朝的路易·菲利普国王下令修复凡尔赛宫，改为历史博物馆。

3. 凡尔赛宫的园林分析

凡尔赛宫宫殿坐东朝西，建造在人工的台地上，中轴向东西两边延伸，形成贯穿并统领全局的轴线。花园坐落于宫殿轴线西侧，从南至北分为三部分。

（1）中部主轴线的主体景观

凡尔赛宫的正面入口是三面围合的小广场，广场上设有路易十四骑马雕像；宫殿后的花园前建

“水坛”（一对矩形抹角的大型水镜面）；从水坛西望，中轴线两侧有茂密的园林，高大的树木修剪整齐，有发达的林冠线，增加了中轴线的立体感和空间变化。花园中轴线从东往西依次为水坛、拉托娜喷泉池、拉托娜花坛、阿波罗水池、大运河、皇家广场、林荫路，远端的林荫路向西北穿过密林。

（2）北部景观

绣花式花坛，花坛被密林包围着，景色幽雅，属于内向性园林空间。

（3）南部景观

绣花式花坛，往南是橘园和人工湖，景色开阔，属于外向性园林空间。

4. 凡尔赛宫的特点

（1）规模宏大

凡尔赛宫面积约1600公顷，其中花园面积达100公顷，加上外围的大片人工林，总面积达6000余公顷，宫苑的中轴线长约3千米，如图1-21所示。

（2）中轴线突出

三条放射路的交点集中在凡尔赛宫前广场的中心，接着穿过宫殿的中心，主轴线向东西延伸，在这条纵向中轴线上布置有水坛、拉托娜喷泉池、拉托娜花坛、阿波罗水池、大运河、皇家广场、林荫路等景点。

（3）采用超大尺度运河

十字大运河位于中轴线上，在大运河东西两端拓宽成轮廓优美的水池，如图1-22所示。大面积静水的运用使得园林空间空旷深远，气势恢宏。

图1-21　凡尔赛宫鸟瞰图

图1-22　凡尔赛宫

（4）广场空间

在道路交叉处布置不同形式的广场，纵横方向的道路围起的绿地中也安排有各种空间，用作宴会、舞会、演出观剧、游戏或放烟火使用。

（5）水体划分空间

以水贯通全园，其中运河是凡尔赛宫园林中最壮观的水景，也是控制其园林空间的一个重要部分。十字形大运河将整个地块分成四部分。运河所处的地区空旷，西部设有皇家广场，北部开辟大小特里阿农区。

（6）建筑

设计考虑建筑与花园相结合，把建筑纳入园林的布局，使其成为构图的轴心点，紧密联系花园。

知识拓展

西方园林发展史简介

1. 西方园林发展史

1）公元前3000多年：古埃及园林。

2）公元前500年：古希腊的雅典城邦及罗马别墅花园、宅园园林。

3）公元7世纪：阿拉伯园林。

4）公元14世纪：伊斯兰园林及印度莫卧儿园林。

5）公元15世纪：欧洲西南端的伊比利亚半岛园林。

6）公元15世纪后期：欧洲意大利台地式园林。

7）公元17世纪：法国平地规则对称式园林。

8）公元18世纪初期：英国的风景式园林。

9）公元19世纪中叶：花卉园艺式园林。

10）公元19世纪后期：郊野别墅园林。

11）20世纪后（一战以后）：现代园林。

2. 西方园林发展简介

（1）公元前3000多年——世界上最早的规则式园林

地中海东部沿岸地区是西方文明的摇篮。公元前三千多年，古埃及建立了奴隶制国家。古埃及的尼罗河岸土地肥沃，适宜耕作，但国土大部分都是沙漠，其园林便多以沙漠中有水有遮阴树木的“绿洲”作为模拟的对象。尼罗河每年泛滥，退水之后需要丈量土地，因而发明了几何学。于是，古埃及人把几何的概念用于园林设计，水池和水渠的形状方整规则，房屋和树梢按几何形状加以安排，古埃及园林成为世界上最早的规整式园林。

（2）公元前500年——古希腊的雅典城邦及罗马别墅花园、宅园

1）古希腊的雅典城邦。古希腊由奴隶制的城邦国家组成。公元前五百年，以雅典城邦为代表的自由民主政治带来了文化、科学、艺术的空前繁荣，园林的建设空前兴盛。古希腊园林大体分为三类：第一类是供公共活动游览的园林；第二类是城市住宅，四周以柱廊围绕成庭院，庭院中散置水池和花木；第三类是寺观园林，即以神庙为主体的园林风景区。

2）罗马别墅花园。罗马继承古希腊的传统而着重发展了别墅园和宅园这两类，别墅园修建在郊外和城内的丘陵地带，包括居住房屋、水渠、水池、草地和树林。

（3）公元7世纪——阿拉伯人建立的伊斯兰大帝国

阿拉伯人早先原是沙漠上的游牧民族，祖先有逐水草而居的帐幕生涯，对“绿洲”和水的特殊感情在园林艺术上有着深刻的反映；另一方面又受到古埃及的影响从而形成了阿拉伯园林的独特风格：以水池或水渠为中心，水经常处于流动的状态，发出轻微悦耳的声音，建筑物大半通透开畅，园林景观具有一定幽静的气氛。

（4）公元14世纪——鼎盛的伊斯兰园林及印度莫卧儿园林

公元14世纪是伊斯兰园林的鼎盛时期，此后，在东方演变为印度莫卧儿园林的两种形式：一种是以水渠、草地、树林、花坛和花池为主体而成对称均齐的布置，建筑居于次要的地位。另一种则突出

建筑的形象，中央为殿堂，围墙的四周有角楼，所有的水池、水渠、花木和道路均按几何对称的关系来安排。著名的泰姬陵即属后者的代表。

（5）公元15世纪——欧洲西南端的伊比利亚半岛

欧洲西南端伊比利亚半岛上的几个伊斯兰王国直到15世纪才被西班牙的天主教政权统一。由于地理环境和安定的局面，园林艺术得以发展伊斯兰传统，并吸收罗马的若干特点。

（6）~（9）略（参考前述意大利、法国、英国园林）

（10）公元19世纪后期——郊野地区开始兴建别墅园林

19世纪后期，由于大工业的发展，许多资本主义国家的城市日渐膨胀、人口集中，大城市开始出现居住条件明显两极分化的现象。劳动人民聚居的贫民窟环境污秽、嘈杂，即使在市政府设施完善的资产阶级住宅区也由于地价昂贵，经营宅园不易，资产阶级纷纷远离城市寻找清净的环境。同时，由于现代交通工具发达，在郊野地区兴建别墅园林成为风尚，19世纪末到20世纪是这类园林最为兴盛的时期。

（11）20世纪以来（一战以后）——现代园林的产生

一战后，园林把现代艺术和现代建筑的构图艺术运用于造园设计，从而形成一种新型风格的现代园林。这种园林的规划讲究自由布局和空间的穿插，建筑、水、山和植物讲究体形、质地、色彩的抽象构图，并且还吸收了日本庭园的某些意匠和手法。现代园林随着现代建筑和造园技术的发达而风行于全世界。

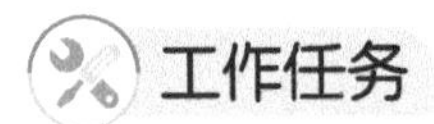

国外古典园林的艺术分析

一、工作任务目标

通过抄绘凡尔赛宫平面图以及桂离宫平面图，分析凡尔赛宫西方皇家园林的造园手法及皇家园林的艺术特点；同时分析桂离宫日本园林的造园手法和艺术特点。

1. 知识目标

1）理解法国古典园林的造园手法和艺术特点。

2）理解日本古典园林的造园手法和艺术特点。

2. 能力目标

1）具有法国古典园林艺术赏析能力。

2）具有日本古典园林艺术赏析能力。

3. 素养目标

1）培养对外国古典园林景观认知、鉴赏能力。

2）拓展国际视野，厚植家国情怀。

二、工作任务要求

1）抄绘凡尔赛宫花园平面图以及日本桂离宫平面

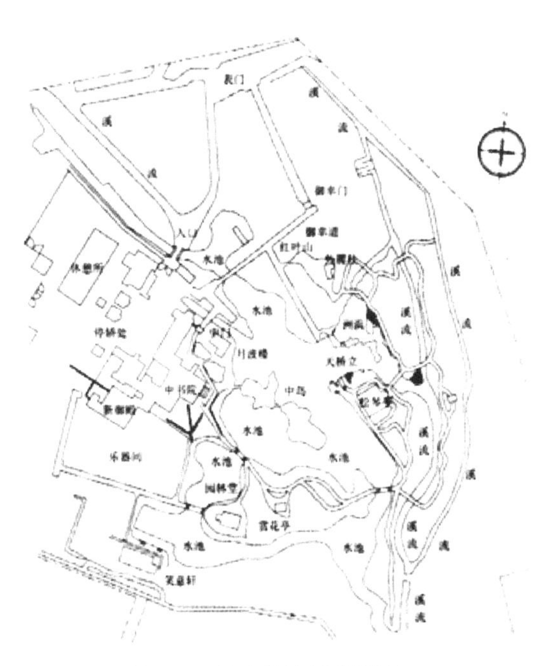

图1-23　日本桂离宫平面图

图，如图1-20、图1-23所示。

2）分析凡尔赛宫及桂离宫的艺术手法。

3）小组讨论法国古典园林及日本古典园林的区别。

三、工作顺序及时间安排

周次	工作内容	备注
第1周	教师下达凡尔赛宫平面图以及桂离宫平面图的抄绘工作任务（个人完成）	30分钟（课内）/90分钟（课外）
	教师下达分析法国古典园林、日本古典园林的艺术手法的PPT制作工作任务（小组完成）	
第2周	小组PPT演示分析法国古典园林、日本古典园林的艺术手法	35分钟（课内）
	教师评价、学生互动评价	25分钟（课内）

任务3　现代园林艺术解析

教学目标

知识目标

- 了解现代园林的产生及发展历程。
- 掌握现代园林的艺术风格与功能、类型。

能力目标

- 具有现代园林艺术流派辨析能力。
- 具有现代园林艺术表现风格分析能力。

素养目标

- 培养现代园林艺术审美和人文素养。
- 树立正确的艺术观与创作观。

知识链接

1.3.1　现代园林的产生及发展

现代园林发端于1925年的巴黎国际现代工艺美术展，20世纪30年代末美国的“哈佛革命”则给现代园林一次强有力的推动，并使之朝着适应时代精神的方向发展。第二次世界大战以后，现代园林设计师大量的理论探索与实践活动，使现代园林的内涵与外延都得到了深化与扩展，并且日趋多元化。

现代园林发展的趋势是与生态保护运动相结合的，强调引入自然，回到自然，即千方百计把大自然引入城市、引入室内，并号召和吸引人们投身到大自然的怀抱中去。现代风景园林设计与传统园林设计的本质完全相同，都是以场地和区域的景观资源和空间运动为特征进行的整治行为。而现代风景园林与传统园林设计的差别在于人与自然的关系在不断变化，人们对自然的认知范围在不断扩展，以及对景观、空间、尺度、运动等概念的理解与认识在不断深入。

1.3.2 现代园林设计思潮

现代主义园林开创了现代园林新的思想和形式，并形成了与传统园林截然不同的风格。20世纪60年代以后，各种设计思潮和主义层出不穷，但都是在现代主义的基础上进行的补充和更新。现代主义始终是现代园林的主流，许多现代主义设计师也在随着时代的变化和阅历的增长而不断地调整设计风格，使现代主义的主流不断丰富与前进。因此，随着园林与其他一些艺术和学科的交流，现代园林也开始呈现出丰富多彩的形式，在现代主义的基础上开始向多元化方向发展。

1.大地艺术与园林设计

大地艺术是与园林设计关系最为密切的一个艺术流派，20世纪60年代末在美国兴起。大地艺术本质上是从极简主义分离出来的，为了表达对工业文明的不满，一群极简主义者摆脱画布和颜料，走出画室，将风景本身作为一件巨大的艺术品，将艺术与自然力、自然过程和自然材料相结合，寻求人与自然间的交流。大地艺术常采用土、石、木、冰等常见的自然物质以及线、圆、锥体等简洁的几何形式来组织和塑造风景空间。著名的大地艺术作品有《螺旋形防波堤》（图1-24）、《飞奔的篱笆》（图1-25）、《包裹岛屿》（图1-26）、《闪电原野》（图1-27）。

大地艺术景观

图1-24　螺旋形防波堤

图1-25　飞奔的篱笆

图1-26　包裹岛屿

图1-27　闪电原野

大地艺术引发了人们对待自然的态度的思考，直接导致了后来的生态主义浪潮。大地艺术对景观设计也产生了很大的影响，野口勇、彼得·沃克、乔治·哈格里夫斯、林璎等都是杰出的大地艺术景观设计师。目前，国内中青年景观设计师也有一些大地艺术景观作品，比如俞孔坚《稻田校园》（图1-28），对农业文明的赞美；王向荣《厦门海湾公园》（图1-29），向野口勇的致敬；朱育帆《矿坑花园》（图1-30），对工业废弃地桃花源式的改造；庞伟《美的总部大楼》（图1-31），桑基鱼塘对生态的思考。大地艺术的本质是回到土地，这跟景观设计师是一致的，不能离开土地来做设计，因为对待土地的态度也即是对待人的态度。

图1-28 稻田校园

图1-29 厦门海湾公园

图1-30 矿坑花园

图1-31 美的总部大楼

2.后现代主义与园林设计

后现代主义景观抛弃了呆板与理性设计，以艺术的构思与形式表达了对景观新的理解。景观是一个人造或人工修饰的空间的集合，它是公共生活的基础和背景，是与生活相关的艺术品。后现代主义者以近乎怪诞的新颖材料和交错混杂的构成体系反映了后现代美国复杂和矛盾的社会现实，以多样的形象体现了社会价值的多源，表达了在这个复杂的社会中给予弱势群体言说权力的后现代主义的社会理想。在表现风格上，这些活跃的试验与19世纪的新古典主义景观建筑有着相似之处，同样为视觉艺术所启发，同样强调几何圆形的运用而不是所谓的自然主义风格。但在这里，个人的想象力综合了现代主义完善的功能关怀，艺术的思索将现代景观中的社会要素视为创作的机会而不是制

后现代主义景观

约，艺术在创造独特的景观环境上的作用被重新确立和深化，但此时的艺术是设计的激励，而不是形式主宰。

图1-32　面包圈花园

美国景观设计领域对后现代主义的探索首先是从小尺度场所开始的。1980年美国著名景观建筑师玛莎·苏瓦兹在《景观建筑》杂志第一期上发表的面包圈花园（图1-32），在美国景观设计领域引起了对后现代主义的广泛讨论，它被认为是美国景观建筑师在现代景观设计中进行后现代主义尝试的第一例。面包圈花园坐落在波士顿一个叫Back Bay的地区，在那里每条狭长街道两边排列的都是可爱的低层砖房，它们集中了过去各个历史时期的建筑风格，而且每栋建筑前都带有一个临街的、开敞式的庭院。在“面包圈花园”中，玛莎·苏瓦兹的构思以法国文艺复兴时期为跳舞和庆典而设计的舞台为出发点，并在现状归整的花园中加入了两个同心的方形绿篱。在16英寸㊀高的内外黄杨篱方块之间，她布置了一个30英寸宽的紫色卵石带，其上网格状安放了8打经过防腐处理的面包圈。在内侧方形树篱里面，她种植了30株紫色藿香用以搭配卵石带，也成为现状中一棵鸡爪槭的配景。场地中还保留了象征历史意义的两棵紫杉、一棵日本枫树、铁栏杆和石头边界。在设计中，苏瓦兹想创造的是一种“既幽默又有艺术严肃性的”场所感。这个设计的最大特点就是把象征傲慢和高贵的几何形式和象征家庭式温馨和民主的面包圈并置在一个空间里所产生的矛盾；以及黄色的面包圈和紫色的沙砾所产生的强烈视觉对比。这个迷你型的庭院以具有历史风格的花篱、紫色的沙砾以及隐喻Back Bay地区像兵营式排列的邻里文脉的面包圈，构成了后现代主义思想缩影。这个花园为人们开启了一扇小尺度景观设计的新视野——把传统的、有限的景观想象和新概念结合起来，创造出新景观，从而使这个迷你型的花园在学术性及艺术文脉两方面成为新设计的导向。

3. 极简主义与园林设计

极简主义景观

极简主义艺术于20世纪60年代出现在美国，主要针对抽象的表现主义绘画和雕塑中的个人表现而产生的一种艺术倾向，其特点是形式简约、明快，多用简单的几何形体；重复、系统化地摆放物体；运用现代工业化的材料和非人格化的结构；将几何物体放在地上或靠在墙上，雕塑不用基座和框架。受极简主义影响的极简主义园林，用简洁的元素表现了深奥的思想。其特征为：传统设计要素的独特运用，自然环境因素的创新引入，设计新要素的介入，表现四维空间的时间引入，用点、直线、圆、四角锥等最为简洁的形式表达某种象征的含义。美国景观设计师彼得沃克将极简主义解释为：物即其本身。我们一贯秉承的原则是把景观设计当成一门艺术，如同绘画和雕塑。所有的设计首先要满足功能的需要。即使在最具艺术气息的设计中还是要秉承功能第一的理念，然后才是实现它的形式。例如：柏林的索尼总部首先是一个公共广场，它的设计十分别致，令人难忘，但是它的设计与形象是在相互依赖中共存的，如图1-33所示。

㊀1英寸=2.54厘米。

4. 解构主义与园林设计

图1-33 柏林索尼总部广场

1967年前后，法国哲学家雅克·德里达最早提出解构主义。进入20世纪80年代，解构主义更成为西方建筑界的热门话题。解构主义大胆向古典主义和现代主义提出质疑，认为应当将一切既定的设计规律加以颠覆，如反对建筑设计中的统一与和谐，反对形式、功能、结构等内容彼此之间的有机联系，认为建筑设计可以不考虑周围的环境或文脉等，提倡分解、片段、不完整、无中心、持续的变化等。解构主义的裂解、悬浮、消失、分裂、拆散、移位、斜轴、拼接等手法，也确实能令人产生特殊的不安感。

建筑师伯纳德·屈米设计的法国巴黎的拉·维莱特公园便是解构主义园林的典型实例，如图1-34、图1-35所示。解构主义与其说是一种流派，不如说是一种设计中的哲学思想，它对西方传统文化中的确定性、真理、意义、理性、明晰性和现实等概念提出质疑，故意反常理而为之。但这种设计提出了一种新的可能性，不管人们喜欢与否，至少证明了不按以往的构图原理和秩序原则进行设计也是可行的。解构主义是建筑发展过程中有益的哲学思考和理论探索，这种风格发展出来的造型语言丰富了建筑设计和园林设计的表现力与内涵。

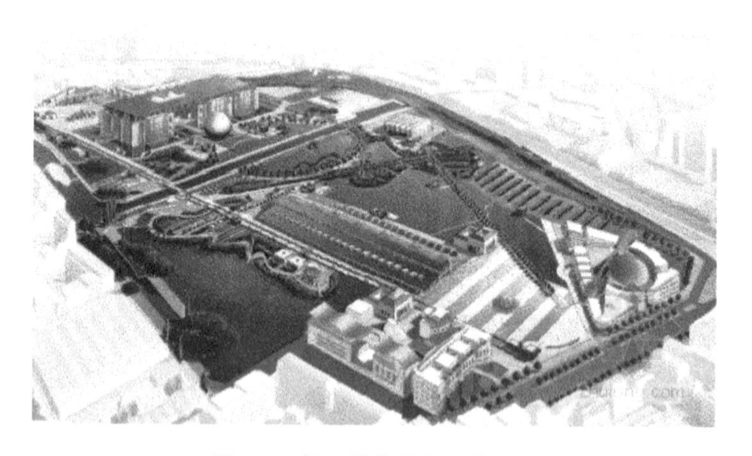
图1-34 拉·维莱特公园效果图

图1-35 拉·维莱特公园线性体系——园路

5. 生态主义与园林设计

20世纪70年代以后，由于受麦克哈格的生态主义思想以及环境保护主义的影响，许多园林设计师在设计中都遵循了生态设计的基本原则。如保护表土层，不在容易造成土壤侵蚀的陡坡地段建设；合理利用自然资源，并充分利用日光和降水；注重乡土植物的运用，按当地的群落进行种植设计；注重材料的循环使用，并挖掘废弃材料的新用法；注重具有生态意义的低湿地

生态主义景观

和水系的保护；尽可能地体现基地的自然过程，减少人工的破坏等。

由于现代园林必须满足一定的美学和功能上的要求，不可能完全注重自然而忽略人的需求，因而许多设计师强调的是生态与艺术、功能的结合。最早的是美国设计师理查德·哈格设计的西雅图煤气厂公园，如图1-36所示，随后在后工业时期的工业废弃地保护、改造的环境设计中都可以感受到生态与艺术、功能的完美结合。在这些工业废弃地上，设计师通过综合的设计，将原有的工业废弃环境改造成一种良性发展的动态生态系统，如著名的德国设计师彼得· 拉茨（Peter Latz）设计的北杜伊斯堡风景公园，如图1-37所示。

图1-36　西雅图煤气厂公园

图1-37　北杜伊斯堡风景公园

1.3.3　现代园林的功能

无论东方古典园林还是西方古典园林，其基本的功能定位都属于观赏型，服务对象都是以宫廷或贵族等为代表的极少数人。因此园林的功能都围绕他们的日常活动与心理需求展开。这实际上是一种脱离大众的功能定位，同时也反映出等级社会中，园林功能性的局限与单一。

随着现代生产力的飞速发展，更加开放的生活方式引发了人们各种不同的生理及心理需求。现代园林设计顺应这一趋势，在保持园林设计观赏性的同时，从环境心理学、行为学理论等科学的角度，来分析大众的多元需求和开放式空间中的种种行为现象，为现代园林设计进行了重新定位。通过定性研究人群的分布特性，来确定行为环境不同的规模与尺度，并根据人的行为迹象来得出合理顺畅的流线类型（如抄近路、左转弯、识途性等）；又通过定点研究人的各种不同的行为趋向与状态模式，来确定不同的户外设施的选用设置及不同的局域空间知性特征。为了科学合理地安排这一切，环境心理学还提出了一系列指标化的模型体系，为园林设计中不同情况下的功能分析提供依据。总之，现代园林在功能定位上，不再局限于古典园林的单一模式，而是向微观上深化细化、宏观上多元化的方向发展。

1.3.4　现代园林的类型

现代园林比之以往任何时代，范围更广，内容更丰富，设施更复杂。按其性质和使用功能大体可归纳为以下几类：

1. 风景名胜区

风景名胜区是指以历史上名胜著称或以人文景观为胜而兼有自然景观之美的地区。这类地区在建筑经营和植物配置方面占着一定的比重，具有园林的性质，可以纳入园林的范畴。

2. 公共园林

公共园林是指为满足城市居民的生活需要，在人口较稠密的区域修建的对群众开放的园林。公园园林包括公园、街心花园或小游园、花园广场、儿童公园、文化公园、小区公园、体育公园。

公园：建置在城镇之内，作为群众游憩活动的地方。一般都有饮食服务、文化娱乐和体育设施等。

街心花园或小游园：建置在林荫道或居住区道路的一侧或尽端，规模不大，可视为城市道路绿化的扩大部分。

花园广场：即园林化的城市广场。

儿童公园：专供少年儿童使用的公园。

文化公园：以进行综合性或单一性的文化活动为主要内容的公园。

小区公园：建置在居住小区内部，可视为小区绿化的一部分。

体育公园：即园林化的群众性体育活动场所。

3. 动物园

动物园是指展览动物的园林，如果规模较小，则附设于公园之内。

4. 植物园

植物园是指展览植物的园林，有综合性的，也有以一种植物或若干种植物为主的，如花卉园、盆景园、药用植物园等。

5. 游乐园

游乐园是指进行某种特殊游戏或文娱活动的园林。

6. 休疗园林

休疗园林是指园林化的修养区或疗养区。

7. 纪念性园林

纪念性园林是指纪念某一历史事件、历史人物或革命烈士而建置的园林。

8. 文物古迹园林

文物古迹园林是指全部或部分以古代的文物建筑、园苑或遗址为主体的园林。

9. 庭园

庭园是指公共建筑或住宅的庭院、入口、平台、屋顶、室内等处所配置的水石植物景点。

10. 宅园

宅园是指依傍于城市独院型住宅的私家园林。

11. 别墅园

别墅园是指郊外的私家园林。

案例分析

巴黎雪铁龙公园造园艺术分析

一、项目概况

雪铁龙公园原址是雪铁龙汽车厂的厂房，20世纪70年代厂房迁至巴黎市郊后，留下位于巴黎西南角第 15区内塞纳河左岸的一块30多公顷的空地，市政府决定在该地段上建造公园，并于 1985年组织了设计竞赛。雪铁龙公园就是这一“修复重建”政治风潮下的产物。

二、空间组织

雪铁龙公园的设计体现了严谨的对位关系，公园则以三组建筑来组织，并共同限定了公园中心部分的空间，同时又构成了一些小的主题花园，如图1-38、图1-39所示。第一组建筑是位于中心南部的 7 个混凝土立方体，它们等距地沿水渠布置，设计者称为“岩洞”，影射历史园林中岩洞的意向，是公园边界与相邻的大型办公建筑的过渡区域。第二组建筑与岩洞作虚实对应，是在公园北部的 7 个方形玻璃小温室，其体态轻盈，也可作为避雨之所。温室与地面由坡道连接延伸至中心草坪，并在另一侧设计六组跌水，与围绕大草坪的水渠呼应，起到空间转换承接的作用。第三组建筑是公园东部的两个形象一致的玻璃大温室，它们体量高大，比例优雅，俯瞰着公园中心草坪。两座温室之间是倾斜的花岗石铺装场地，场地中央是由 80 个喷头组成的自控喷泉，如图1-40所示。喷泉的喷水高度不断变化，是一种狂喜的呐喊或是无声的激荡，夏季还可成为儿童戏水的好地方。与这三组建筑一同建立的是大大小小的花园与游憩场地。公园的总平面被一条锐利的斜线从头到尾分隔，这便是公园的主要游览路线，它把园子分为两个部分，同时又把园中各主要景点联系起来。这条游览路线虽然是笔直的，但是在高差和空间上却变化多端，或穿过草坪，或越过水渠，或高或低，并不感觉单调。

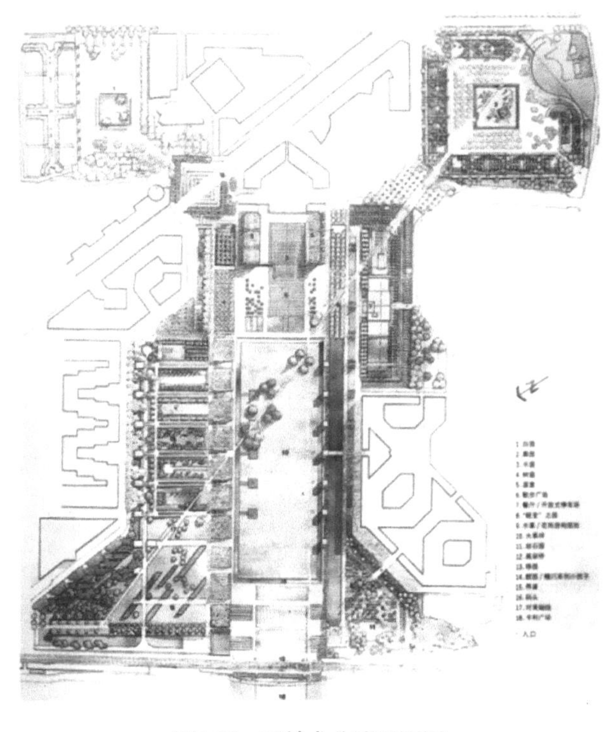

图1-38　雪铁龙公园平面图

图1-39　雪铁龙公园效果图

图1-40　股水柱形成的水柱廊园

三、植物色彩

雪铁龙公园各个分区多以颜色来命名，如白色园（图1-41）、黑色园（图1-42）、金色园（图1-43）等。由于整个公园的建筑材料在风格上相对统一，因此植物材料在主体变化上发挥了最主要的作用。白色园的色彩主要依靠日本枯山水庭园般的白色卵石来体现，周边色彩浓暗的常绿灌木衬托了卵石的白色，两侧列植的小乔木满树银枝也配合了色彩主题；黑色园内种植了大量的红豆杉及其他深色叶耐阴性植物；金色园运用了多种彩色叶植物，在春天来临之际呈现出鲜嫩的金黄；红色园的乔木主要运用海棠和桑树，既有明艳的红色海棠花，又有暗红的桑葚；橙色园主要依靠波斯铁木和日本花柏橙黄色的叶片、栾树的黄花，再配以多种杜鹃及其他草本花卉的色彩；绿色园上有数种槭树科及墨西哥橘等高大阴森的乔木，配以大黄等色叶浓绿的灌木，形成了一派饱满欲滴的深绿；蓝色园主要依靠多种蓝色的草本花卉，凭借着阳光显得更加响亮清脆。

图1-41　雪铁龙公园白色园

图1-42　雪铁龙公园黑色园

图1-43　雪铁龙公园金色园

四、巧妙构思

1. 制造高差

位于公园北侧的温室和系列园是公园内空间营造最为精彩的部分，如图1-44所示。6 座小温室被抬高4米左右，并用一条高架步道串联。两两之间的空地又下挖4米形成下沉空间，作为各种花园布置。可以说，在完成了大高差和小空间的空间骨架之后，不论设计师如何设计这些小空间，都不会妨害整体效果。这些经过推敲精心设计的小空间，为游人提供了舒适且丰富的空间感受。

2. 屏蔽噪声

公园东南角的一块三角形的区域——临近塞纳河，沿着塞纳河的左岸 RER 铁路线凌空而过，将河岸与公园完全的分隔开来，疾驰而过的火车带来了无法消除的噪声。为解决这个问题，设计师用一组

3米高的墙体，如图1-45所示，以两组水瀑夹持的空间来进行分隔围合，流水从顶端泻下时需要与突起的部分撞击多次，加剧水的轰鸣声，用来掩盖火车经过时的噪声，此外水花的视觉效果吸引游人注意力，让人的视线转向背离铁路线一侧。

图1-44 雪铁龙公园温室

图1-45 雪铁龙公园高墙

雪铁龙公园没有保留历史上原有汽车厂的任何痕迹，但却是一个不同的园林文化传统的组合体，它把传统园林中的一些要素用现代的设计手法重新组合展现，体现了典型的后现代主义的设计思想。

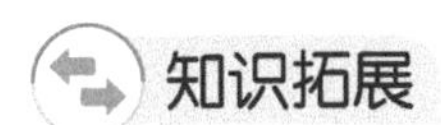

走向多元的现代园林艺术

新的后现代社会和文化背景，为设计师们提供了一个日渐丰富的灵感源泉和理论范围，以及更广阔的空间领域，设计师在设计形式上进行了许多具有先锋精神的探索与创新，以多元化的设计形式替代了现代主义纯粹功能性的审美需求。设计师们不断力求突破，他们反对现代主义园林中所追求的和谐、统一、纯洁与稳定等传统审美原则，力图发掘形式不和谐、不统一与不纯洁的一面，以获得与传统审美完全不同的设计效果。

一、现代园林艺术布局和构图

为克服现代主义在形式和设计意图方面的保守和乏味，新园林的设计发展方向首先就是在构图和布局上，抛弃现代主义简洁和均衡的构图原则，探索与传统有别的构图原理和秩序原则。后现代设计师尝试采用相互冲突、无关序列的叠置与解构的布局方式和构图，体现一种超现实主义的意境和趣味，形成不同以往的后现代空间体验。如哈格里夫斯设计的丹佛市万圣节广场，施瓦茨的亚特兰大瑞欧购物中心庭园，屈米的拉・维莱特公园等。

二、现代园林艺术造型设计

在后现代园林设计中，园林设计师可以更自由地应用光影、色彩、声音、质感等形式要素，与地形、水体、植物、建筑与构筑物等形体要素一起营造独特的造型，营造与以往现代主义时期迥然不同的园林设计与空间环境。后现代时期的地形艺术化设计是以大地为设计素材，用完全人工化、主观化的艺术形式来处理。艺术家赫伯特・拜耶（Herbert Bayer，1900—1987）设计的米尔溪大地艺术项目

（Mill Greek Canyon Earth Work）中，重复使用了一系列圆形设计要素来处理地形，使该地成为具雕塑意义的大地艺术。野口勇的巴黎联合国教科文组织总部庭园的地形处理等，如图1-46所示。

图1-46 巴黎联合国教科文组织总部庭园的地形处理

三、新材料与技术

现代高新技术对园林设计的影响，是将一大批崭新的造园素材引入园林景观设计之中，从而使其面目焕然一新。例如在玛莎·舒瓦茨设计的拼合园中，所有的植物都是假的，其中既可观赏、又可坐憩的“修剪绿篱”，竟由上覆太空草皮的卷钢制成！又如日本设计师Makato Sei Watanable在毗邻岐阜县的“村之平台”的景观规划中，设计了一个名为“风之吻”的景观作品，“风之吻”采用15根4米高的碳纤维钢棒，以期营造出一片在微风中波浪起伏的“草地”，或在风中摇曳沙沙作响的“树林”。顶端装有太阳能电池及发光二极管的碳纤棒，平时静止不动，风起则随风摇曳。到了夜里，发光二极管利用白天储存的太阳能，开始发光。蓝光在黑暗中随风摇曳，仿佛萤火虫在夜色中轻舞。这里的技术已不再是用来模仿自然，而是用来突出一种非机械的随自然而生的动态奇景。

图1-47 瑞欧购物中心

如果说“风之吻”的技术表现，尚属含蓄的话，那么巴尔斯顿设计的“反光庭园”对技术的表现就近乎直白了。在该庭园的设计中，不锈钢管及高强度钢缆上，张拉着造型优雅的合成帆布，那些漏斗形的遮阳伞，像巨大的棕榈树那样给庭园带来了具有舞台效果般不断变换的阴影，周围植物繁茂蔓生的自然形态，与简洁的流线型不锈钢构件光滑锃亮的表面，形成了鲜明的对比，充分反映出现代高新技术精美绝伦的装饰效果。

四、色彩运用

图1-48 迈阿密国际机场的声墙

后现代时期园林设计师不再拘泥于颜色的处理，在设计中用浓烈刺目或诙谐的色彩相互对比，力求呈现出与传统审美完全不同的设计效果。苏瓦兹是其中最为典型的代表，紫色、亮黄色、红色、金色和绿色都是她常用的颜色。最能体现其具波谱特征色彩处理手法的是苏瓦兹设计的瑞欧购物中心，其中运用了对比强烈而夺目的红色、蓝色、黄色、绿色、黑色、白色等多种色彩，以这些俗丽的色彩对比、拼接，适宜商业中心这种需要高度视觉刺激和动感的空间风格，如图1-47所示。迈阿密国际机场的声墙，也是苏瓦兹大胆利用光和色彩的成功例子，如图1-48所示。

现代园林设计很少受单一艺术思潮的影响，正是因为多种艺术的交叉影响使其呈现出日益复杂的多元化风格。要想对它们进行明确分类和归纳并不容易。但园林艺术的表现有一个基本的共同前提，那就是时代精神与人的不同需求。

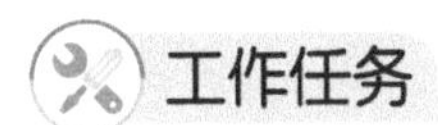

工作任务

现代园林设计思潮分析

一、工作任务目标

通过现代园林设计思潮案例分析工作任务实训，培养学生了解大地艺术园林、后现代主义园林、极简主义园林、生态主义园林等现代园林艺术思潮，培养学生综合分析问题和解决问题的能力，为将来园林方案设计打下良好基础。

1. 知识目标

1）掌握现代园林的类型及设计思潮。

2）理解现代园林艺术表现形式。

图1-49　西雅图煤气厂公园鸟瞰图

2. 能力目标

1）具有现代园林案例资料搜集与分析能力。

2）具有自主学习能力与分析表达能力。

3. 素养目标

1）培养对现代园林景观认知与鉴赏能力。

2）拓展视野，培养设计创新思维能力。

二、工作任务要求

结合理查德·海格设计的西雅图煤气厂公园分析说明现代园林类型及设计思潮，如图1-49所示。

1）掌握西雅图煤气厂公园的历史文脉及概况。

2）分析说明其设计中被污染的土壤的处理景观表现。

三、工作顺序及时间安排

周次	工作内容	备注
第1周	教师下达现代园林设计思潮分析工作任务，学生搜集案例资料、分析讨论	30分钟（课内）/90分钟（课外）
	完成现代园林设计思潮分析PPT	
第2周	现代园林设计思潮分析PPT汇报	35分钟（课内）
	教师评价、学生互动评价	25分钟（课内）

过关测试

一、单选题

1. 中国园林的雏形是（　）。
   A. 苑　B. 囿　C. 宫室　D. 台
2. 中国从囿到苑发展的建筑标志是（　）。
   A. 台　B. 台苑　C. 沼　D. 劈雍
3. （　）时期中国古典园林形成了皇家、私家、寺观三大类型并行发展的局面。
   A. 三国魏、晋、南北朝　B. 汉代
   C. 清代　D. 春秋战国时期
4. 江南园林有（　）。
   A. 圆明园　B. 绮春园　C. 拙政园　D. 畅春园
5. “明月清风本无价，远山近水皆有情”是形容（　）。
   A. 曲江池　B. 沧浪亭　C. 浣花溪草堂　D. 庐山草堂
6. 不属于英国自然风景园林的代表是（　）。
   A. 邱园　B. 霍华德庄园　C. 斯托海德花园　D. 凡尔赛宫
7. 凡尔赛宫花园的设计师是（　）。
   A. 勒・诺特　B. 彼得沃克　C. 奥姆斯特德　D. 玛莎・舒瓦茨
8. 被认为是美国景观设计师在现代景观设计中进行后现代主义尝试的第一例是（　）。
   A. 拼合园　B. 面包圈花园　C. 亚克博・亚维茨广场　D. 螺旋形防波堤
9. （　）又称为最低限度艺术，于20世纪60年代出现在美国，它是在早期的解构主义基础上发展而来的一种艺术门类。
   A. 大地艺术　B. 后现代主义　C. 极简艺术　D. 生态主义
10. （　）大胆向古典主义和现代主义提出质疑，认为应当将一切既定的设计规律加以颠覆，如反对建筑设计中的统一与和谐，反对形式、功能、结构等内容彼此之间的有机联系，认为建筑设计可以不考虑周围的环境或文脉等，提倡分解、片段、不完整、无中心、持续的变化等。
    A. 大地艺术　B. 后现代主义　C. 极简艺术　D. 解构主义
11. 20 世纪 70 年代以后，由于受（　）生态主义思想以及环境保护主义的影响，许多园林设计师在设计中都遵循了生态设计的基本原则。
    A. 玛莎・苏瓦兹　B. 麦克哈格　C. 蕾切尔・卡森　D. 哈格里夫斯

二、多选题

1. 皇家园林的艺术特点是（　）。
   A. 规模宏大　B. 园址选择自由　C. 建筑富丽堂皇　D. 浓重的皇权象征寓意
2. 私家园林的艺术特点是（　）。
   A. 规模较小　B. 多以水面为中心　C. 修身养性的功能　D. 风格清高风雅
3. 中国古典园林的类型按园林的隶属关系来分，可分为（　）。
   A. 皇家园林　B. 私家园林　C. 混合式园林　D. 寺观园林
4. 私家园林分布于全国各地，数量可观，尤以江南为多，（　）一带最具代表性。
   A. 布局效法自然　B. 苏州　C. 扬州　D. 无锡

5. 中国古典园林的艺术特色是（ ）。
A. 布局效法自然　　B. 景点设计寓情于景
C. 以小见大　　D. 植物修剪成几何图案
6. 意大利古典园林的艺术特色是（ ）。
A. 修坡筑台　　B. 理水多变　　C. 植物修整　　D. 以轴线为中心
7. 以下属于英国园林的描述有（ ）。
A. 自然式风致园　　B. 牧场式风致园　　C. 绘画式风致园　　D. 园艺式风致园
8. 著名的大地艺术景观作品有（ ）。
A. 《包裹岛屿》　　B. 《螺旋形防波堤》
C. 《闪电原野》　　D. 《面包圈花园》
9. 国内中青年景观设计师也有一些大地艺术景观作品，有（ ）。
A. 俞孔坚《稻田校园》　　B. 朱育帆《矿坑花园》
C. 庞伟《美的总部大楼》　　D. 王向荣《厦门海湾公园》
10. 日本古典园林的艺术特色是（ ）。
A. 池泉筑山庭园　　B. 枯山水庭园　　C. 茶庭园　　D. “回游式”风景庭园

项目2

园林设计艺术原理解析

铸魂育人

传承园林匠心，走向世界的东方园林艺术

明轩位于美国纽约大都会博物馆二层的玻璃天棚下，是在美国室内建造的一座中国江南古典园林，占地面积460平方米，被称为大都会博物馆内最大的藏品。明轩是以苏州网师园内的“殿春簃”为蓝本建造的，是中国园林走向海外的开山之作，因以明代建筑风格为基调，故取名为“明轩”。

最早提出建造明轩的是美国大都会博物馆董事阿斯特夫人，童年时代的阿斯特夫人曾随父母在北平生活过一段时间，对中式园林情有独钟，她提出建造一座中国庭院作为博物馆内明代家具陈列空间的想法被大都会博物馆采纳。1977年，美籍华人、博物馆的艺术顾问方闻随美国的“中国古代绘画考察团”访华，会见了同济大学的陈从周教授，一同参观了苏州园林，两人经深入探讨，一致认为网师园的殿春簃是衬托明代家具的最佳背景。后来在陈从周教授的推荐下，苏州园林设计所的中国明式古典庭院“明轩”的设计方案浮出水面，方案顺利地通过了阿斯特夫人、贝聿铭先生和许多建筑专家的会审。

1978年春，方闻回到美国后便以博物馆的名义致信中国国家文物局请求帮助建园。12月中国驻美联络处文化参赞谢启美代表中方与大都会博物馆签下了建造合同。1979年10月，明轩项目的193箱构件经上海转至香港运往美国，由苏州组建的能工巧匠，包括技术人员、施工员、木工、瓦工、石工、假山工等，共计27人也抵达纽约。1980年1月，明轩开始施工，经过五个多月的施工，明轩在最终在6月18日正式对外开放。

明轩庭院全长30米、宽13.5米，四周是7米多高的风火山墙，根据博物馆内现场条件以及使用要求，建有门厅、门廊、曲廊、半亭、山石、水泉等，布局精巧细致又简洁朴实。明轩前窗落地开向庭院，后窗则透出后庭景色，建筑空间富有层次感。厅内匾额上“明轩”二字是明代著名书法家文徵明手迹。明轩庭院的布局吸取苏州古典园林网师园殿春簃精华，建造精巧完美，设计上借鉴了明代山水小品特色，运用空间过渡、视觉转移等处理手法，全园布局紧凑，疏朗相宜，淡雅明快，表达了中国古典园林的神韵，如图2-1所示。

图2-1　美国纽约大都会博物馆明轩

明轩的建成在美国引起了轰动，前美国总统尼克松前往参观，美国各地前来参观的民众更是络绎不绝。大都会博物馆对明轩工程给予了“工艺质量达到了值得博物馆和您的政府自豪的标准”的高度评价，赞誉为中美文化交流史上的一件永恒展品，载入现代造园史册。

明轩的建造，正值改革开放初期与中美建交前后这两个关键节点，不仅向美国人民展示了中国古典园林灿烂的文化艺术，促进了中外文化的交流，而且也加深了两国人民相互间的了解和友谊。明轩成功地开创了中国古典园林走向世界的先河，是中国文化走向世界的里程碑。在明轩之后，1983年我国在德国建造了芳华园、1986年在加拿大温哥华建造了逸园、1992年在新加坡建造了蕴秀园、1998年在美国纽约建造了寄兴园等70多个海外园林项目。

明轩的成功，使“中国园林”成为一个文化符号，不仅向世界展现了中国园林艺术之美，更是传达了中国式的诗意和浪漫。随着中华民族的再次崛起，文化自信回归国人心中。

任务1　园林布局形式分析

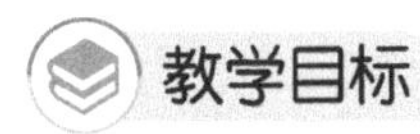

教学目标

知识目标

- 了解三种园林布局形式的表现形式。
- 掌握不同园林布局形式的艺术特点。

能力目标

- 具有识别不同园林布局形式的能力。
- 具有确定园林布局形式的能力。

素养目标

- 树立独立思考、勇于创新意识。
- 坚定民族自信和文化自信。

知识链接

园林布局形式的产生和形成，是与世界各民族、国家的文化传统、地理条件等综合因素的作用分不开的。英国造园家杰利克在1954年国际风景园林联合会上说：“世界造园史三大流派：中国、西亚和古希腊”。上述三大流派归纳起来，可以把园林的形式分为三类，即自然式、规则式和混合式。

2.1.1　自然式园林

自然式园林

自然式园林也称为风景式、不规则式、山水派园林，以模仿再现自然景观为主，不追求对称的平面布局，不用轴线控制全园，园林要素布置均随性自然，相互关系隐蔽含蓄，达到虽由人造、宛自天开的效果。自然式园林适合有山有水地形起伏的环境，以含蓄、幽雅、意境深远见长。自然式园林代表国家有中国、日本和英国。中国、日本和英国的园林布局形式虽然都属于自然式，但因其地域、文化、民俗风情的差异使其呈现出不同的艺术风格。

中国疆域广阔，有崇山峻岭、奇峰险洞、江河湖海，自然风光秀美，构成了“山水文化”的丰富内涵，中国传统文化推崇“天人合一”的思想，秉承“师法自然”的原则，我国园林自周秦时期开始，无论是恢宏大气的皇家园林或婉约精致的私家园林，都以模拟自然山水为风尚，追求天然之趣。中国自然山水园深刻表达了人们寄情于山水之间，追求超脱，与自然协调共生的思想。

日本是个具有得天独厚自然环境的岛国，气候温暖多雨，四季分明，森林茂密，丰富而秀美的自然景观孕育了日本民族顺应自然、赞美自然的美学观，这种审美观奠定了日本园林返璞归真的自然观。公元六世纪，中国园林随佛教传入日本，日本园林艺术在中国园林的影响下，经过漫长的历史变迁，逐渐形成了具有日本民族特色的园林风格。日本园林更注重对自然的提炼、浓缩，并创造出能使人入静入定、超凡脱俗的心灵感受，从而使日本园林具有值得细细体会的精巧细腻，含而不露的特色，创造出一种简朴、清宁的致美境界，引发观赏者对人生的思索和领悟，如图2-2、图2-3所示。

图2-2 清幽恬静的日本园林

图2-3 日本园林的枯山水

英国自然风景园因地制宜，主张人与自然之间的和谐、自然与建筑之间的协调，运用起伏的地形、延绵的草地、开阔的水体、蜿蜒的小径、丛生的植被，营造出一种宏伟开阔、舒朗简洁的景观。英国自然风景园的总体特征是自然、疏朗、色彩明快，富有浪漫情调，如图2-4、图2-5所示。

图2-4 富有浪漫情调的英国自然风景园

图2-5 英国自然风景园

1. 地形地貌

《园冶》中 “高方欲就亭台，低凹可开池沼”，表明地形的处理要相地合宜。平坦的场地利用原有地形的自然起伏，进行人工平整，不适合大面积人工挖池堆山；地形高低起伏较大的场地，利用原有地形，因高就低地加以人工整理，使其形成自然山水的特征，如图2-6所示。自然式园林的地形断面边缘为自然曲线，如图2-7所示。

图2-6　自然式园林起伏多变的地形

图2-7　自然式园林的地形断面边缘为自然曲线

2. 水体

自然式水体的类型有湖泊、水池、河流、溪、涧、自然式瀑布等，水体的平面轮廓为自然曲线，如图2-8、图2-9所示，水岸多为自然山石驳岸，也可采用自然斜坡和垂直驳岸。

图2-8　自然式园林水体（一）

图2-9　自然式园林水体（二）

3. 建筑

建筑布局特点是随地形和景观空间而设置，不用轴线控制全园，而以空间序列变化控制全园，参差错落与自然融合，单体建筑和建筑群可以采用对称布局或不对称布局。

4. 园路广场

园林中的广场和草地的外形轮廓均为自然曲线，园路平面和剖面由自然起伏的平曲线和竖曲线组成，如图2-10、图2-11所示，道路平曲线连接转弯处弧度大于90°，不能出现直角和锐角。

图2-10　自然式园路的优美流畅曲线

图2-11　自然式园路

5. 植物造景

树木不成行成列栽植，无明显的轴线关系，一般不做造型修剪，配植形式以孤植、丛植、群植、林植为主，随意自然，富于变化，体现自然界舒适柔和的植物群落之美，如图2-12所示。花卉的配置以花丛、花群、花带为主，庭院内也有花台的应用，如图2-13所示。

图2-12　自然式园林植物造景随意自然

图2-13　自然式园林花台

6. 其他景观元素

采用景石、假山、盆景等与建筑、墙体、地形组合造景，如图2-14所示，一般设置于透景视线集中的焦点上，中国古典园林喜欢用匾额、楹联作为景观环境的点景，如图2-15所示。

图2-14　自然式园林景石与植物组合造景

图2-15　余荫山房匾额、楹联

2.1.2 规则式园林

规则式园林

规则式园林又称为几何式园林、整形式园林、建筑式园林，以意大利台地园和法国勒诺特园林为代表。规则式园林布局均衡、整齐统一，具有开朗、简洁的艺术特点，以严谨的几何形式体现了人工艺术之美。中国传统园林中的寺庙、陵园、皇家园林的政务区也都采用规则式布局，如北京故宫、天坛、清东陵等。

意大利境内山地和丘陵占国土面积的80%以上，独特的地形条件造就了意大利的台地园。法尔奈斯庄园、埃斯特庄园、兰特庄园被称为意大利台地园的典范，如图2-16、图2-17所示。台地园的花园别墅设置在斜坡上，花园顺地形分成几层台地，在台地上按中轴线对称布置几何形的水池、种植池，借地形引水，形成跌水或喷泉。台地园总体布局上，往往是由下而上，逐步展开各个景点，引人入胜，最后登高远眺，不仅全园景色尽收眼底，而且周围的田野、山林、城市面貌均可展现眼前，给人以壮阔坦荡之感。

图2-16 埃斯特庄园

法国古典园林具有典雅庄重的贵族气质，强调人工美高于自然美，利用建筑、道路、花坛、水池以及修剪整齐的树木，形成了严谨有序的园林风格。由勒诺特尔设计的凡尔赛宫花园是法国古典园林的杰出代表。凡尔赛宫花园规模宏大，轴线深远，形成一个完整统一的整体，透溢出浓厚的人工修凿的痕迹，体现出路易十四对君主政权和秩序的追求，具有浓重的皇权象征寓意。

图2-17 兰特庄园

1. 地形地貌

在地形平坦的地区，由不同标高的平地和缓坡组成；在山体及丘陵地区，由阶梯式台地、斜坡和阶梯组成；地形的剖面边缘呈直线和斜线，不堆土山或假山石，如图2-18所示。

2. 水体

水体的外形轮廓为几何形，水岸为规则式整齐驳岸。规则式水体的类型以整形水池、整形瀑布、运河式河流、壁泉、喷泉为主，多用大量的喷泉作为水景的主题，如图2-19、图2-20所示。

图2-18 凡尔赛宫平坦地形营造开阔舒朗空间

图2-19 规则式水体

图2-20 凡尔赛宫喷泉

3. 建筑

无论是单体建筑还是建筑群都采用中轴对称的均衡设计，以主要建筑群和次要建筑群形成控制全园的主要轴线和次要轴线，建筑、喷泉、花坛、雕塑、水池等分别布置在主、副轴线上。

4. 道路广场

园路均以直线、折线和几何曲线形成中轴对称或左右规整均衡的布局系统。广场和草坪平面为几何形，并用建筑、树墙或林带围合。

5. 植物造景

树木采用等距离成行、成列的对称式种植方式为主，并运用大量的绿篱、绿墙划分和组织空间；树木的整形与修剪以模拟建筑形体、几何形体和动物形体为主，如图2-21所示。花卉造景以模纹花坛、花坛群和花境为主，有时布置大规模花坛群，营造端庄、严肃的景观氛围，如图2-22所示。

图2-21 规则式植物造景

图2-22 凡尔赛宫模纹花坛

6. 其他造景元素

采用雕塑和瓶饰作景观的重点和点缀，雕塑常设于轴线起点、广场中心和广场周边与喷泉、水池构成水体的主景。

规则式园林体现了恢宏大气的人工艺术美，给人以庄严、雄伟、整齐之感，视觉冲击力强，但变化不足，有时也显得单调呆板。

2.1.3 混合式园林

混合式园林

混合式园林是指自然式和规则式交错组合，并且两种布局形式在园林构图中的比例大致相等。混合式园林布局有两种情形。一是将全园分成两部分，一部分为自然式布局，而另一部分为规则式布局；二是全园分成若干区域，某些区域采用自然式布局，而另一些区域采用规则式布局。混合式园林对地理环境适应性强，能满足多种功能需求，既有庄严规整的格局，也有活泼生动的气氛，因此应用广泛。实际上完全的规则式或完全的自然式园林是很少的，大部分园林都是规则式和自然式兼而有之，只是比重不同而已。如规则式园林中的意大利台地园，除中轴线以外，在台地外围背景为自然式的树木；自然式园林中的颐和园，除大面积山水园外，其构图中心的佛香阁建筑群也采用了中轴对称布局。

混合式园林设计应注意不同形式之间的过渡与联系，通过设置过渡空间或某些造园要素的呼应关系来产生过渡与联系，避免突然变化。一般在较大的园林建筑周围、主体景观或构图中心，采用规则式布局，与建筑的几何线条相协调，然后利用地形的变化和植物的配置逐渐向自然式布局过渡。

2.1.4 园林布局形式的确定

1. 根据园林的功能与性质

园林的布局形式应与其性质、功能相一致。如以纪念英雄人物、重大历史事件为主题的纪念性园林，南京中山陵、井冈山革命烈士陵园、越战纪念碑等园林布局形式多采用中轴对称、规则严整和逐步升高的地形处理手法，创造出雄伟崇高、庄严肃穆的气氛。植物园、动物园、森林公园等园林以动植物展示特色，融科普及自然体验为一体，其布局形式应突出自然灵活的特点。儿童公园的布局要求形式新颖活泼，色彩鲜艳明朗，与儿童的纯真浪漫的性格协调。大连发现王国主题公园以童话梦幻般的建筑和娱乐设施营造了一个纵情欢乐的世界，如图2-23所示。

2. 根据地域自然条件

地域的气候条件和自然资源的限制对园林的布局形式有一定的影响。原有场地地形平坦、树木少，可规划设计为规则式；原有场地地形起伏不平的、水域面积大、具有自然山水地貌、树木较多，可规划设计为自然式。中国传统园林就是在充分利用地域自然条件的基础上表现自然之美，追求诗情画意的情境韵味，形成含蓄、凝练、隽永的意境。

3. 根据文化、艺术传统

由于各民族、国家之间的文化、艺术传统的差异，决定了园林布局形式的不同。中国传统文化历来推崇“天人合一”的思想，秉承“师法自然”的基本原则，造就了人工自然山水园的布局形式。以法国，意大利为代表的西方园林体现的是“人定胜天”的观念和理性的追求，以几何体形的美学原则为基础，以“强迫自然去接受匀称的法则”为指导思想，追求一种人工雕琢的图案美，形成了几何对称的规则式布局。

a) b)

c) d)

图2-23 大连发现王国主题公园

案例分析

兰特庄园造园艺术分析

兰特庄园位于罗马北面维特尔博附近风景如画的巴尼亚小镇，是意大利文艺复兴时期庄园中保存最完好的一座，与法尔奈斯庄园、埃斯特庄园被称为罗马三大名园。兰特庄园由著名的建筑家、造园大师维尼奥拉设计，历时近二十年才将庄园大体建成，是一座堪称巴洛克典范的意大利台地花园。克里斯托夫·塞克在他所著的《园林史》中写道：“如果没有参观它，就是错过了园林艺术中极为难得的精品之一”。

兰特庄园坐落于丘陵地貌的缓坡上，场地南高北低，呈规则矩形，长约250米，宽约75米，高差近8米，面积约为1.85公顷。兰特庄园在空间尺度和整体布局上，以规则式布局为主，从主体建筑、水体、小品、道路系统到植物种植，都体现了严谨而有秩序的韵律感，如图2-24所示，充满了文艺复兴时期巴洛克式艺术气息。庄园四层台地的布局均由一条中央轴线连接而成，中央轴线为一条流水线，而各台地在此轴线上都设有水景，花坛、建筑、台阶等，对称布置在轴线两侧。在园路布置方面也顺应轴线两侧布置，再以横向园路连接。兰特庄园的园林布局呈中轴对称、均衡稳定、主次分明，各层次间变化生动，又通过恰到好处的几何学和透视法的运用形成了一个和谐的整体。

兰特花园由四个层次分明的台地组成，一层台地为平整的刺绣花坛，二层台地主体建筑占据一半以上面积，三层台地为圆形喷泉广场搭配大型乔木，四层台地为全园的制高点，设有观景台。一层台地为纯规则式园林布局，以平面花坛图案和水景为主要观赏景物，如图2-25、图2-26所示。通过乔木的种植，打破了二、三、四层台地的规整，提供了舒适的休息环境，给人亲近自然的感觉。二层台地的设计颇具特色，两座建筑原是主人的书房，如图2-27所示，设计师在建筑的后面自然式的种植了几棵高大乔木，形成一个封闭的空间，营造了一个幽静自然的地方，同时也让人更亲近自然，起到放松作用，而从二层眺望一层的花坛图案使人更加赏心悦目。一、二层台地以斜坡过渡，配以斜坡花坛。二、三级台地过渡则给人与世隔绝之感。三、四层台地利用流水阶梯过渡。

设计师维尼奥拉对丘陵地带变化丰富的地形进行了灵活巧妙地利用，用一条华丽的链式水系穿越绿色坡地，如图2-28所示，在三层平台的圆形喷泉后，使得渐行渐高的园林中轴终点落在了整个庄园的至高点上，并在此修筑亭台，方便从这里俯瞰庄园全景，其高超精湛的造园艺术体现出无与伦比的巴洛克美感。

图2-24　兰特庄园鸟瞰

图2-25　一层台地的中央的水池

图2-26　一层台地黄杨绿篱组成的精美刺绣花坛

图2-27　二层台地的建筑

图2-28　贯穿全园的水轴线

知识拓展

新中式景观

新中式景观的典范——深圳万科第五园

由于我国城市化进程的快速发展，全球文化交融带来了各种欧式、地中海式、东南亚式景观风格的盛行，这些园林风格的出现，拓宽了人们的视野，丰富了园林的类型，满足了人们多样化景观的需求，然而，也逐步引发了对本民族园林文化缺失的担忧。在现代景观设计中，人们越来越追寻具有文化内涵的，具有民族性、本土地域性、时代性，能触动灵魂深处的景观，新中式景观风格设计就是在这样的时代背景与人民的诉求中应运而生。

新中式景观以当代的景观设计语言表现中国传统园林的精神内涵，将现代时尚元素和传统文化有机地结合在一起，以现代人的功能需求和审美标准，运用中国传统的造园手法、传统韵味的色彩、传统的图案符号、植物空间的营造等来打造具有中国韵味的现代景观。新中式景观既保留了中国传统文化又体现了时代特色，是对中国传统园林艺术的传承与创新。

深圳万科第五园占地面积44万平方米，位于深圳北部坂雪岗片区的南部，该区又位于龙华、坂雪岗和观澜组成的深圳城市中部生活服务发展轴线上，该轴线被定位为深圳特区居住、生活配套与第三产业的拓展区域。景观设计吸纳了岭南四大名园、北京四合院等众多中式建筑的精华，辅以现代的景观文化及特色，形成了其独具特色的新中式景观风格。新中式景观设计采用框景、障景、抑景、借景、对景、漏景、夹景、添景等中国古典园林的造园手法，运用现代的景观元素，营造丰富多变的景观空间，达到园林层叠、出入有致、空间交错、明亮通透、湖光山色、步移景异、小中见大的景观效果。

万科第五园运用现代简洁的景墙、窗框将广阔的水景及对面的建筑有选择地摄取空间的优美景色，如图2-29所示。

万科第五园在色彩上舍艳求素，追求朴素而简洁的外观效果和传统的雅致风韵。整体建筑包括所有细节全部运用“黑、白、灰”这三种无色系列进行渗透，如图2-30所示，淡雅而恬静，表现出了传统的古典雅韵，大面积白色的墙体为各种植物提供了单纯简洁的背景。

图2-29 第五园现代简洁的景墙、窗框

图2-30　万科第五园灰色系为基调的硬质铺装

万科第五园在庭院的营造上大量采用了竹子这一元素，竹茎掩映的曲径通幽不仅反映了国人性格里的低调内敛，而且符合地域气候。白墙前、花窗后、小路旁、拐角处等视觉落点，大量的竹子种植，如图2-31所示，多而不乱，意境悠远，在窄街深巷、高墙小院的映衬下更显得深邃清幽。

图2-31　万科第五园竹元素造景清幽典雅

工作任务

园林布局形式练习

一、工作任务目标

通过园林布局形式实训，使学生掌握自然式园林、规则式园林、混合式园林的布局特点，掌握不同园林布局形式设计方法；熟悉园林方案中植物、建筑、园路等景观元素的组织及表现手法，为将来园林方案设计打下良好基础。

1. 知识目标

1）掌握自然式园林的布局特点。
2）掌握规则式园林的布局特点。
3）掌握混合式园林的布局特点。

2. 能力目标

1）识别不同的园林布局形式。
2）具有园林设计方案的构图表现能力。

3. 素养目标

1）养成案例资料搜集、自主学习能力。

2）培养严谨认真和精益求精的园林工匠精神。

二、工作任务要求

通过查找资料，对应于园林的三种基本布局形式，每种形式找出一个典型的园林实例，抄绘于图纸中。

1）查阅资料，分析园林实例，找出典型的园林布局形式。

2）认真分析不同园林布局形式景观要素表现的差异。

3）不可把带有规则建筑组群的自然式实例都归结为混合式。

三、图纸要求

1）绘制三种园林布局形式的典型实例平面图，并用艺术字体标注图名；图1：自然式园林；图2：规则式园林；图3：混合式园林。

2）要求图面整洁、实例准确、版面设计美观。

3）比例自定，钢笔墨线图、淡彩表现。

4）图纸大小：A3（3张）。

四、工作顺序及时间安排

周次	工作内容	备注
第1周	教师下达园林布局形式抄绘工作任务	60分钟（课内）
	搜集案例资料，分析判断园林布局形式，准确选取绘制园林布局形式范图	
	版面构图设计、绘制方案底图	
第2周	方案绘制	180分钟（课外）
	成果汇报，学生教师共同评价	15分钟（课内）

任务2 园林构图分析

教学目标

知识目标

- 理解园林组成要素。
- 熟悉不同园林设计造型要素的造景作用。
- 掌握园林构图形式美法则。

能力目标

- 具有园林设计造型要素的构图应用能力。
- 具有园林构图形式美法则分析与应用能力。

素养目标

- 培养感受美、表现美、鉴赏美、创造美的能力。
- 树立正确的艺术观与设计观。

知识链接

2.2.1 园林组成要素

1. 山水地形

地形是构成园林的骨架，包括平地、坡地、山体、微地形等类型。地形利用和改造，不仅直接影响园林的形式和景观效果，而且影响建筑布局、植物配植、给排水工程等因素。水是园林的灵魂，是园林中最具吸引力的构成要素，水体分为静水和动水两种类型。静水包括湖、池等形式；动水包括河、溪、喷泉等形式；另外，水声、倒影也是园林水景的重要组成部分。

2. 园林建筑

园林建筑作为园林构成要素之一，既要满足建筑的使用功能要求，又要满足园林的观赏性要求。传统的园林建筑密度较大，有亭、廊、榭、舫、楼、阁、轩、台、厅等，满足园主人可行、可观、可居、可游的要求。随着时代的发展，游人园林活动和内容日益增多，现代园林建筑类型主要有茶室、餐厅、冷饮厅、展览馆等。

3. 园路

园路系统构成了园林的脉络，在园林中除了起到交通组织、划分和联系各景区、引导游览、划分空间、构成景色等作用以外，还可为游人提供散步、休息的场所。园路是园林中重要的造景元素，优美的曲线、独特的质感、精美的图案纹样、丰富的文化内涵等都给人美的享受。

4. 园林植物

园林植物的魅力所在是它的生命特征，是区别于其他园林构成要素的根本特征。植物本身形态、色彩、质地、气味等特征给人们带来自然生机与美感。春季繁花似锦，夏季绿树成荫，秋季硕果累累，冬季枝干遒劲，收“四时之烂漫”，这种盛衰荣枯的生命节律，创造了四时演变的园林时序景观，植物是园林中最活跃的景观因素。黑龙江森林植物园的春华秋实、夏荫冬雪，如图2-32所示。

图2-32　黑龙江森林植物园四季景观变化

5. 园林小品

园林小品是园林中供休息、装饰、照明、展示和为园林管理及方便游人使用的小型建筑设施，园林小品大多体量小巧，造型别致，富有时代气息和地方特色，是园林中不可缺少的组成要素。园林小品既能美化环境、渲染气氛、增加情趣，又有一定的实用功能。

2.2.2 园林设计造型要素

园林的组成要素有地形、园路、植物、建筑和小品等，从构成艺术的角度可以抽象提炼出造型要素点、线、面、形、体、肌理与质感等。这些造型元素富有极强的抽象性和形式感，是园林中重要的视觉艺术语言。

1. 点

（1）点的表情特征

点是形态中最初的元素，也是形成世界最小的表现极限，一个点代表空间中没有量度的一处位置。点在园林中可抽象表现为具体的造园元素，景石、喷泉、树池、花坛、亭等都可以抽象为一个点。点包括平面的点、立体的点、三角的点和球形的点等。点还能通过色彩、位置、机理、大小的变化形成丰富的视觉效果，能起到点缀环境、活跃气氛的作用。

点、线

（2）点的造景作用

1）点的聚集性和焦点性可形成园林的重点，突出景观的中心和主题点，具有高度积聚的特性，很容易形成视觉的焦点和中心。园林中可以充分利用点的特性，起到突出景观、画龙点睛的作用。点可以用三种处理手法。

在轴线的节点或者轴线的端点等位置上，设置主要的景观要素，形成构图中心，如位于广场中轴线的主题雕塑、喷泉、建筑等，哈尔滨丁香公园主题雕塑位于入口广场的中心，如图2-33所示。

利用地形的变化，在地形的最突出部分设置景观要素，如山顶的园亭、塔等建筑，形成视觉焦点。

在构图的几何中心，如广场中心、花坛中心等设置景观要素。北京朝阳公园的喷泉广场主景世纪水门位于广场中心，如图2-34所示。

图2-33 哈尔滨丁香公园主题雕塑

图2-34 北京朝阳公园的喷泉广场

2）散点的排列组合，形成节奏和韵律美。点的运动、分散与密集，可以构成线和面，同一空间疏密不同的多个点给人活泼、跳动之感。点的排列有序，能形成明显的节奏韵律感。园林中可利用散点进行不同的排列组合点缀环境，打破单调。扬州个园内的风音墙设有圆形漏窗，阵风掠过，发出萧萧鸣声，散点形式的“风音洞”不仅具有漏景的作用，而且巧妙地将风声也融合到造景表现手法中去，令人叹为观止，如图2-35所示。

3）散点的装饰性与点缀性。散点的组合具有轻松性和随意性的特点，在园林中布置一些散点的造景元素可以增加空间的自由、轻松、活泼的特性，如图2-36、图2-37所示。玛莎舒瓦茨设计的迈阿密机场隔音墙利用彩色的散点元素打破墙体的冰冷死板，如图2-38所示。

图2-35　扬州个园“风音洞”

图2-36　散点铺地元素形成活泼跳跃之感

图2-37　散点元素花钵增加空间轻松自由的情趣

2. 线

（1）线的表情特征

线是点运动的轨迹、点不改变方向的移动可形成直线，而不断改变方向的移动就形成曲线。线是园林中重要的视觉造型元素，其运用形式是丰富多样的，可抽象表现为园路、建筑的轮廓线、线性水体、绿化带、景墙等。

1）直线。直线给人坚硬、刚直、理智、明快的情感特征，具有很强的导向性；线条的粗细还能反映出力量、速度等特征，一条极细的直线能表现出锐利、敏感、快速的效果，一条极粗的直线却显出刚强、稳健、迟缓的感觉。直线最容易与建筑物的轮廓线协调，因此建筑前广场构图多采用直线，如图2-39、图2-40所示。

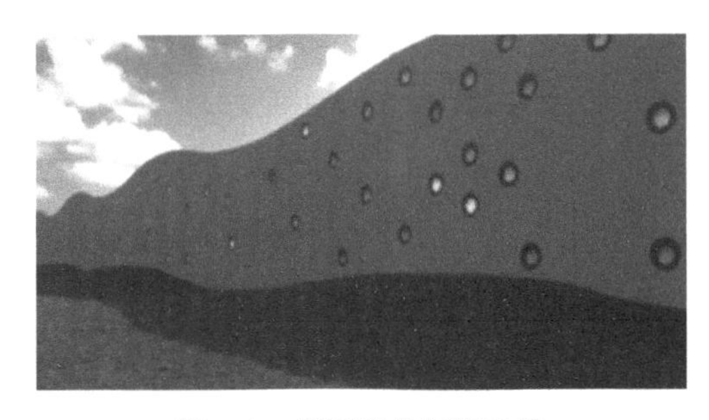

图2-38　迈阿密机场隔音墙

图2-39　沈阳建筑大学稻田校园直线构图

图2-40　英国伯奈特公园直线路网

2）曲线。曲线通常给人以优雅、圆滑、柔软、抒情、活泼的感觉，但曲线超过一定限度时，有纠缠不清、软弱无力之感。有规律的曲线排列组合，表现出规律有序、层次感强的特征，如图2-41所示。曲线在自然景观中能取得很好的协调，中国传统园林中的园路、曲桥、小溪、植物大量运用柔美的自然曲线构图，形成轻松、舒适、自然的气氛，如图2-42所示。现代园林中优雅的曲线景观具有强烈的柔美感和流动感，如图2-43~图2-47所示。

图2-41 桂林龙脊梯田的曲线韵律之美

图2-42 自然曲线园路

图2-43 秦皇岛汤河公园红飘带曲线

图2-44 纽约亚克博·亚维茨广场曲线座椅

图2-45 有规律的曲线台阶排列组合

图2-46 大连海之韵广场主题雕塑的起伏造型

图2-47 深圳地王公园曲线铺装

哈格里夫斯设计的辛辛那提校园中心绿地，运用三条舞动的曲线与直线相交，非常富有动感和张力，如图2-48所示。曲线来源于早前流经这里的印第安溪流，是对场地历史的一种暗示，人行走其中就像行走在溪流中一样，又像是伴随着跳跃的闪电舞蹈，唤起了人们内心的激情和诗意。

3）斜线。斜线具有特定的方向性和动向。斜线和直线相交形成夹角，给人一种很强烈的冲击感。园林中运用斜线的元素，会引发人们的注意力，形成丰富的空间感。法国的巴黎雪铁龙公园，设计师用一条沿对角线布置的斜线园路，打破了规则直线构图的单调空间结构，使整个空间变得富有动感和灵性，如图2-49所示。

（2）线的造景作用

1）线具有明确的方向性、流动性和延续性。线性空间可以刺激人的视觉感受，向人暗示它所延伸的方向，激发人们对未知事物的好奇心和对新空间的期待。线具有十分强烈的纵向延伸感，在引导人流方向上具有十分重要的作用。园林中的线性空间有游廊、园路、景墙等，都具有明确的导向与暗示的作用，如图2-50、图2-51所示。

2）线的连接、围合、穿叉形成自由多变的景观空间。园林中绝对孤立的线是不存在的，不同的线连接、围合、穿叉等各种组合方式形成自由多变的景观空间。玛莎舒瓦茨在港口红地毯项目的平面构图中淋漓尽致运用了线性元素的交叉组合，如图2-52所示。立面景观中运用线性元素红柱子与平面构图交相辉映创造出具有独具个性的景观，如图2-53所示。

图2-48　辛辛那提校园中心曲线园路

图2-49　法国巴黎雪铁龙公园斜线园路

图2-50　曲线园路的导向性

图2-51　线性空间长廊

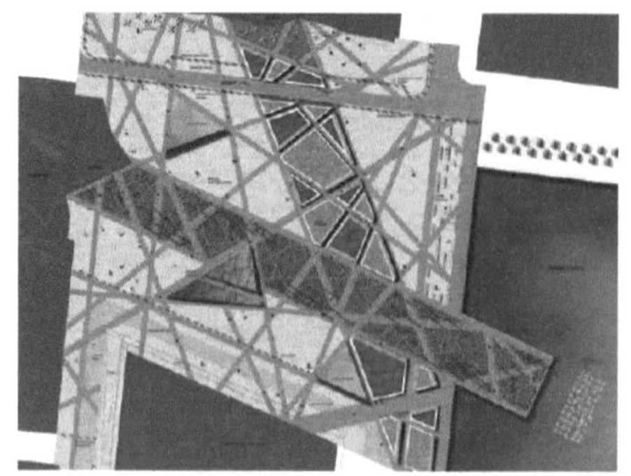

图2-52 港口红地毯线性元素的连接、围合、穿叉

图2-53 平、立面线性元素构图交相辉映

3. 面

面的形态相对于点和线来说，面积比较大，容易捕捉，如水面、广场、花坛、草坪等都有一定的面积，在整个园林中占有一定的比重，所以面更能影响园林的整体艺术效果。

形、面、体、肌理与质感

面也有形，不同的形也能有不同的视觉效果。直线形的面给人安定、简洁、有序的感觉，如方形的草坪、广场等，北京黄庄职业高中通过直线面的三维折叠，创造了一个集人文与功能为一体的集聚性空间，如图2-54所示。曲线形的面给人自然、柔美、舒适、放松的感觉，更容易使人亲近，如图2-55所示，不规则的自然式水面，使人放松、舒缓，如图2-56所示。

图2-54 北京黄庄职业高中文化广场

图2-55 曲线面

图2-56 不规则的自然式水面

4. 形

形就是几何形状的面，不同的图形有不同的视觉效果，同时也具有不同性格和气氛，这些感觉是人们把过去的特殊经验掺入形状内后，而形成了该形状的一种特殊属性，见表2-1。方形给人一种大方、单纯、庄严的规律感，如图2-57、图2-58所示，欧洲的古典园林景观大量的应用方形构图，形成井然有序、均衡对称的艺术效果。圆形具有自由、灵活、圆润的感觉，更容易使人亲近，玛莎舒瓦茨

设计HUD广场通过重复运用白色、黄色和灰色圆形图案，创造生动的景观，如图2-59所示。正圆形由于其形状的完美，往往会使设计略显呆板，因此园林中经常看到椭圆形的广场、树池、花坛，打破正圆形带来的缺少变化的单调，使原本安静的广场、树池、花坛有了动态的趋势。三角形被认为是稳固的形状，能给人一种稳定、灵敏、锐利、醒目的感觉。西班牙巴塞罗那中央公园灵活布置的三角形成为公园的主要特色，水面三角形的木甲板，象征着航行的帆船，如图2-60所示；三角形的凉亭不仅是休息场所，也是公园重要的节点标志，如图2-61所示；不同三角形构图形成绿色区域和铺装区域的空间，如图2-62所示。

表2-1　不同图形的情感属性

图形	情感属性
圆形	自由、灵活、圆润
椭圆形	优雅、柔和、自由
半圆形	柔美、舒适、放松
扇形	锐利、轻巧、华丽
正三角形	锐利、坚固、收缩
菱形	锐利、坚固、强壮
等腰梯形	沉重、坚固、质朴
正方形或长方形	简洁、大方、有序、安定

图2-57　慕尼黑凯宾斯基酒店花园方形种植池

图2-58　沈阳建筑大学龙潭广场方形构图

图2-59　HUD广场重复运用圆形构图

图2-60　巴塞罗那中央公园三角形木甲板

图2-61　巴塞罗那中央公园三角形凉亭

图2-62　三角形草坪和铺装空间

5.体

体是由长、宽、高三维度共同构成的立体形态，是占据空间的实体，给人空间感和体积感，在园林中更容易吸引人的视线。最基本的形体有立方体、柱体、锥体和球体。

立方体和柱体给人的感觉是安全稳重的，园林中立方体的变形、分割、组合可以获得更多的造型组合形式，如天津桥园立方体小品，如图2-63所示；秦皇岛植物园的立方体园亭，如图2-64所示，日本大阪棋盘游戏公园的立体棋盘雕塑，如图2-65、图2-66所示。

图2-63　天津桥园立方体小品

图2-64　秦皇岛植物园的立方体园亭

图2-65　立体棋盘雕塑

图2-66　各种尺度的棋盘小品

柱体的造型有圆柱体和棱柱体，圆柱体顶端可平切为圆形或斜切为椭圆形，在园林设计中，利用柱体的长短不同、倾斜角度不同形成丰富景观造型。中山岐江公园设置了白色的钢柱林，表达了冲天的信念和对历史无限的纪念，如图2-67所示。

图2-67 中山岐江公园的白色钢柱林

锥体造型的特点是尖锐钢劲、具有明确的指向性。园林中主体雕塑、建筑多采用锥体造型，显得高大、稳定、宏伟。迪拜的帆船酒店因其迷人的锥体造型被称为迪拜的象征，如图2-68所示；彼得沃克设计的京都高科技火山园，通过一组秩序排列的圆锥体的草皮土丘，寓意周围群山成因的戏剧化场景，形成单纯简洁的空间，如图2-69所示。

图2-68 迪拜帆船酒店

球体可分为圆球体和椭球体，球体的美学价值象征着饱满、团圆和凝聚力量。由法国建筑师保罗·安德鲁设计的国家大剧院采用椭球体造型设置于方形水池中，银光闪闪的圆润造型宛如湖中明珠，体现了浪漫与现实的完美结合，如图2-70所示。不同体量的球体灌木层次丰富，使整个空间充满自然的情趣，如图2-71所示。

6. 肌理与质感

肌理是材料表面特征的体现，不同材料形成的纹理质感不同。生硬的钢铁、坚硬的石块、水晶般的玻璃、厚重的木材，不同材料色彩、光泽、质感、肌理的差异表现出不同的感知语言。色彩柔和、质感亲切、肌理自然的木材、石材等传统园林材料表现出庄重、古朴、传统和历史感。光滑坚硬、质感冰冷的金属、玻璃、合成材料等体现出现代感和时代气息。

图2-69 京都高科技火山圆锥体造型元素

质感可分为人工和自然，如园林中树木、花卉、草坪、景石、水面等具有的质感都是自然的质感，园路铺装、园林建筑物、园林小品等具有的质感都是人工的

图2-70 圆润的国家大剧院

图2-71 球体灌木

质感。在一个特定的空间里、一个特定的范围内，质感种类太少，容易给人单调乏味的感觉；但如果质感种类过多，其布局又会显得杂乱，通过质感的对比与调和设计，能够起到相互补充和相互映衬的作用。泰国易三仓大学屋顶花园木地板质感与两侧的砾石质感对比形成自然亲切的景观，如图2-72所示；北京皇城根遗址公园的不锈钢露珠光滑的质感和草坪的自然柔软质感相对比，给整个景观空间带来洁净简练之美，如图2-73所示。

图2-72 泰国易三仓大学屋顶花园的质感对比

图2-73 北京皇城根遗址公园光滑金属质感与植物自然质感对比

2.2.3 园林构图形式美法则

从古至今，人类对于美的追求与创造都近乎精益求精。美是每一个人追求的精神享受，但是由于人们所处经济地位、文化素质、思想习俗、生活理想、价值观念等不同而具有不同的审美观念，然而单从形式条件来评价某一事物或某一视觉形象时，对于美或丑的感觉在大多数人中间存在着一种基本相通的共识。在古希腊时代，西方就有一些学者与艺术家提出了形式美法则理论，形式美法则是人类在创造美的形式、美的过程中对美的形式规律的经验总结和抽象概括。高尔基曾说“形式美是一种能够影响感情和理智的形式，这种形式是一种力量”。形式美法则作为现代设计的理论基础知识，在园林设计的实践中，更具有重要指导作用。园林构图形式美法则主要包括多样与统一、对比与协调、均衡与稳定、比例与尺度、韵律与节奏、比拟与联想。

1. 多样与统一

多样与统一反映了一件艺术作品的整体与各部分变化着的因素之间的相互关系，统一即部分与部分及整体之间的和谐关系，多样即其差异。以音乐为例，如果音乐缺乏变化，就将单调枯燥，令人厌倦；如果缺乏统一，则音乐中只有刺耳的噪声。在园林中，园林建筑、园路、地形、山石、植物、小品等各组成要素如果其体量、材质、色彩、风格等各不相同，只有多样变化，过于繁杂则会让人心烦意乱，无所适从；如果全部整齐统一，平铺直叙，没有变化，又会显得过于单调呆板。园林中复杂多样的造园元素，只有在统一中求变化，在变化中求统一，才能形成丰富而协调的景观效果。如颐和园内的园亭数量多且造型千姿百态，但因其材质、色调、风格的一致形成了统一的风格。

多样与统一

（1）形式的统一

当园林布局形式确定，造园要素要与其协调一致。如在规则式园林布局中，要选择直线形园路、几何形的水池、花坛和广场、修剪整齐的树木等园林要素达到形式上的统一；如在自然式园林布局中，要配合蜿蜒曲折的小径、自由灵活的水体、疏密相间的植物配置、自然散置的景石取得协调的艺术效果。

（2）材质和色调的统一

园林中除了植物以外的造园要素，如园椅、景墙、灯柱、指示牌、栏杆、花架等材质和色调做到协调统一，才能形成和谐一致的景观效果。如北京元大都遗址公园内景观小品依据功能的需求在大小、高矮、造型等方面变化十分丰富，但其材质都为金属、砖、木的传统园林材料，色调为优雅的中国红，形成了尊贵典雅的统一感，如图2-74所示。

图2-74　北京元大都遗址公园内景观小品材质和色调的统一

（3）局部与整体的统一

现代公共园林的内容丰富多样，各局部景区具有特定的功能和内容，如儿童活动区、老年活动区、体育活动区、安静休息区等，但都应与主题协调统一。如香港海洋公园是以海洋文化为主题的公园，园内的海洋天地、绿野花园、水上乐园等各景区都运用各种活泼可爱的海洋生物元素，形成浓郁的海洋文化的风雅和气韵，整体景观协调一致，如图2-75所示。

图2-75　香港海洋公园协调一致的海洋风韵

（4）线条的统一

造园要素的线、面、体和其所在空间具有各种不同的形状，只有采用相同或相类似的线条易取得协调统一的效果，如在方形的广场中央布置方形和长方形的种植池，因线条的一致而显得协调，如图2-76所示。

图2-76　构图线条的统一

（5）植物多样的统一

植物造景时，各种植物的树形、色彩、线条、质地及比例都要有一定的差异，运用重复的方法最易体现植物景观的统一感。如城市街道绿化带中等距离配植的行道树，乔木下配植花灌木，在变化中形成统一美感。

2. 对比与协调

对比与协调

对比与协调是利用造园要素的某一方面因素，如体量、色彩、方向等不同程度的差异，更加鲜明地突出各自的特点，使人感到鲜明、醒目，产生强烈的艺术感染力。差异程度显著的表现称为对比，通过对比能使对立着的双方达到相辅相成、相得益彰的艺术效果。差异程度较小的表现称为协调，又分为相似协调和近似协调。

（1）对比

对比是园林中常用的艺术手法，中国传统造园常用欲扬先抑，欲高先低，欲大先小，以暗求明，以素求艳等对比手法来突出主体，产生强烈的艺术感染力。对比包括形象的对比、体量的对比、方向的对比、空间的对比、明暗的对比、虚实的对比、色彩的对比、质感的对比等。

1）形象的对比。造园要素长宽、高低、大小、曲直、刚柔等不同形象的对比，以低衬高，以小衬大。北海公园的白塔与广寒殿，体量一大一小，形体一圆一方，色彩一明一暗，巧妙运用对比手法，突出白塔的绚丽多姿。植物造景中，高大乔木和矮小的灌木、尖塔形的树冠和卵圆形的树冠，形成明显的对比。植物与园林建筑组合造景，植物的自然曲线与建筑直线形成了鲜明的对比。

图2-77　低矮的灌木衬托冠云峰的伟岸

2）体量的对比。在园林中常用较小体量的景物来衬托一个较大体量的景物，以突出主体，强调重点。在苏州留园中，为了突出冠云峰的高耸，周围布置低矮的灌木和花卉造景作为陪衬和对比，从而把冠云峰衬托得更为高大凌空，来显示其“冠云”之势，如图2-77所示。

图2-78　白塔与延楼方向对比

3）方向的对比。在园林的平面、立面的景观处理中，常常运用垂直方向和水平方向的对比，以丰富园林景物的形象，如园林中常把山水互相配合在一起，使垂直方向上高耸的山体与横向平阔的水面互相衬托，避免了只有山或只有水的单调；广场上的高大建筑，建筑的竖向景观与广场的横向景观形成对比。北海公园的白塔与延楼一横一立相互对比，充满了浪漫色彩，如图2-78所示。上海黄浦江边高耸的现代建筑与开阔的江水形成方向的对比，如图2-79所示。桂林秀美的山与漓江的水相互映衬，形成奇丽俊秀的自然山水景观，如图2-80所示。

图2-79　黄浦江边高大建筑与水面方向对比

4）空间的对比。在园林空间处理上，开敞空间开阔明朗，闭锁空间幽静深邃，相互对比，彼此烘托，视线忽远忽近、忽放忽收，可增加空间的层次感，引人入胜。苏州留园的入口曲折狭长的空间与园内空间形成了鲜明的对比，以虚实变幻、明暗交替、小中见大的手法，使空间富有变化，力求达到“一峰则太华千寻，一勺则江湖万里”含蓄深长的意趣。

图2-80　桂林山水方向对比

5）明暗的对比。由于光线的强弱，造成空间的明暗变化，明亮的空间给人开朗、振奋的感觉；幽暗的空间给人幽深、沉静的感觉。明暗对比强烈的空间景物易使人振奋，明暗对比弱的空间景物易使人宁谧。游人从暗处看明处则景物愈显明媚，从明处看暗处则景物愈显深邃，如图2-81所示。哈尔滨太阳岛公园的太阳瀑布背景山体内设置了仿自然的溶洞，曲径通幽，从溶洞出来是开阔明亮的水面，形成了强烈的明暗对比关系，给游人带来了丰富的游园体验，如图2-82所示。

图2-81　幽暗空间

6）虚实的对比。园林中虚实对比通常指密林与疏林、陆地与水面、景墙与景窗等之间的比较。山水对比，山是实，水是虚；水面上的小岛，水体为虚，小岛是实，形成了虚实对比，如图2-83所示。 虚景给人轻松、轻快感，实景给人稳重、厚重感，巧妙地运用虚实对比手法，可形成幽深宽广的空间境界和意趣。中国传统园林中的景墙，常设置漏窗，打破了实墙的沉重闭塞感觉，隔而不断，产生虚实对比效果，使园林景观变化万千、玲珑生动，如图2-84所示。

图2-82　明亮空间

图2-83　小岛与水面虚实对比

图2-84　景墙与漏窗的虚实对比

7）色彩的对比。色彩的对比是指在造园要素的色相与色度上明显差异。色彩差异大的强烈对比，使环境形成活跃、华丽、明朗的气氛，给人醒目明快的感觉，突出主题。万科第五园用黑色做花池、白色饰墙面及地面，黑白对比形成宁静纯洁的空间，如图2-85所示。西湖十景之一的苏堤春晓，一株杨柳一株碧桃，运用色彩的对比形成桃红柳绿、春花烂漫的明朗景观。色彩对比慎用大面积的对比色块和同等面积的色块对比，一般大面积色块宜用淡一些的色彩，小面积色块宜浓艳些，如图2-86所示。

图2-85　万科第五园黑白色对比

图2-86　色彩对比醒目明快

8）质感的对比。不同材料的质感给人不同的感觉，如粗糙的石材、混凝土、粗木、建筑等给人沉稳厚重感，而玻璃、大理石、金属等给人细腻光滑感。利用材料质感的对比，可产生厚重、轻巧、庄严、活泼等不同的艺术效果。园路、建筑、小品等景观元素常运用不同材料的质感形成对比，增强艺术效果，如图2-87所示。沈阳世博园内雕塑玻璃的柔美恬静质感与铺装的粗犷坚硬质感形成对比，粗犷与细腻的完美搭配，丰富了景观的层次感，如图2-88所示 。

图2-87　金属与石材质感对比

图2-88　玻璃质感与铺装质感对比

（2）协调

协调又分为相似协调和近似协调。相似协调是形状相似的几何形体而大小或排列上有变化，如一组不规则四边形树池大小不同变化而取得协调美感，如图2-89所示。近似协调是相近似的景物重复出现或相互配合，如长方形与方形、圆形与椭圆形的变化相似构图的重复出现，如图2-90所示。

图2-89　相似协调

图2-90　近似协调

3. 均衡与稳定

均衡与稳定

自然界中静止的物体都以平衡的状态存在，均衡的形态在视觉上有平稳、安定、均匀、协调的朴素美感，符合人们的视觉习惯。对称是从古希腊时代开始就作为美的原则，应用于建筑、造园、工艺品等许多方面。对称的构图易于得到平衡，易获得安定的统一，具有整齐、单纯、寂静、庄严等优点。

（1）均衡

园林布局中要求园林景物的体量关系符合人们在日常生活中形成的平衡安定的概念，所以除少数动势造景外（如悬崖、峭壁等），一般艺术构图都力求均衡。均衡可分为对称均衡和不对称均衡。

1）对称均衡。对称均衡是有明确的轴线，在轴线左右两侧景物完全对称。对称均衡布局常给人庄重严整的感觉，规则式的园林绿地中采用较多，如纪念性园林，公共建筑的前庭绿化等。对称均衡小至两侧行道树的对称、花坛、雕塑、水池的对称布置，大至整个园林绿地建筑、道路的对称布局，如图2-91、图2-92所示。

图2-91　北海公园五龙亭的对称均衡构图

图2-92　规则式园林的对称均衡构图

2）不对称均衡。在园林绿地的布局中，由于受功能、组成部分、地形等各种复杂条件制约，往往很难做到绝对对称均衡，因此常采用不对称均衡的构图手法。不对称均衡的一组景物大小、形态、体量完全不同，二者只是达到景观效果上的均衡。不对称均衡广泛应用于自然式园林中，给人轻松、自由、活泼变化的感觉。颐和园昆明湖上的廓如亭与南湖岛通过十七孔桥达到不对称均衡，如图2-93所示。

图2-93　廓如亭与南湖岛通过十七孔桥达到不对称均衡

（2）稳定

园林布局中稳定是指园林建筑、山石和园林植物等上下、大小所呈现的轻重感的关系。在园林布局上，往往在体量上采用下面大，向上逐渐缩小的方法来取得稳定坚固感，如我国古典园林中塔和阁等；另外在园林建筑和山石处理上也常利用材料、质地所给人的不同的重量感来获得稳定感，如在建筑的基部墙面多用粗石和深色的表面来处理，而上层部分采用较光滑或色彩较浅的材料，在土山带石的土丘上，也往往把山石设置在山麓部分而给人稳定感。

4. 比例与尺度

园林中的比例是指园林要素自身或园林要素之间存在美好的关系，包含两方面的意义，一是指园林要素本身的长、宽、高之间的大小关系；二是指园林要素之间或与其所在局部空间之间的形体、体量大小的关系。比例只反映景物及各组成部分之间的相对数比关系，而不涉及具体尺寸。尺度是指是以人体尺寸及其活动习惯尺寸规律为准，来确定园林空间及各景物的具体尺度。决定园林构图比例与尺度的因素很多，受工程技术、材料、功能要求、艺术的传统、社会的思想意识以及某些具有一定比例的几何形状的影响。

比例与尺度

（1）依据人的行为习惯确定比例与尺度

园林中的一切都是与人发生关系的，都是为人服务的，所以要以人体各部分尺寸及其活动习惯尺寸规律为准，来确定园林空间及造景元素的具体尺度。依据人的行为习惯确定尺度和比例才能让人感到舒适、亲切，也是人性化设计的具体表现。如台阶的宽度根据人脚的长度确定应不小于30厘米，高度以12厘米为宜，栏杆、窗台高1米左右，又如园林游息小路能容2人并行，根据人的肩宽确定园路最窄为1.2~1.5米较合适。

园林布局中，尺度如果超越人们习惯的尺度，可使人感到雄伟壮丽；尺度如果符合人的一般行为习惯要求，可使人感到亲切舒适；尺度如果小于人的一般行为习惯要求，则会使人感到玲珑小巧。

（2）依据环境因素确定比例与尺度

造园要素与环境因素的比例与尺度要协调和统一，如假山设置于合适的尺度空间显得俊秀挺拔，而放到小庭园内则必然感到尺度过大，局促拥挤。在安静休息区可设置小尺度的空间给人以安全、宁静、私密感，在某些纪念性广场、建筑前广场一般采用超大尺度，营造恢宏大气的景观氛围，以人自身的渺小感突出建筑物的神圣、庄严。如天安门广场占地面积44公顷，是世界上最大的城市中心广场，如图2-94所示。

（3）依据功能确定比例与尺度

不同园林的功能，要求不同的空间尺度，也有要求不同的比例关系，皇家园林采用超大规模尺度布局显示其帝王君临天下、至高无上、皇权绝对的权威。私家园林把自然山水提炼、概括、浓缩在一个小尺度的空间之中，以有写意的手法摹拟自然，在方寸之间营造可居、可游、可赏、清幽雅致的环境，再现山林野趣的形态。

图2-94 天安门广场

（4）依据模度确定比例与尺度

园林布局中运用适合的数比关系或几何图形，如圆形、正方形、正三角形、黄金比例等作为基本模度，进行多种划分、拼接、组合、展开或缩小等，从而在立面、平面或主体空间中，取得具有模度倍数关系的空间，如广场、水池、花坛等。这不仅得到好的比例尺度效果，而且也给建造施工带来方便。一般模度尺的应用多取增加法和消减法进行设计。

图2-95 自然界中波浪节奏与韵律

5. 韵律与节奏

韵律与节奏本是指音乐中节拍轻重缓急的变化和重复。自然界中许多事物或现象，往往由于有规律的重复出现或有秩序的变化，给人一种节奏感和韵律感。如大海的波浪，一浪一浪向前，一浪高于一浪，如图2-95所示；把一颗石子投入水中，就会激起一圈圈的波纹由中心向四外扩散。园林中的韵律与节奏上是指以某种造园要素有规律连续重复出现时所产生的具有条理性、重复性和连续性为特征的美感。园林中常见的韵律有简单韵律、交替韵律、交错韵律、渐变韵律、拟态韵律、旋转韵律、起伏韵律。

节奏与韵律

（1）简单韵律

同种景观元素等距反复出现的连续构图的韵律。如等距离栽植的行道树，长廊的柱子等，如图2-96、图2-97所示。简单韵律的构图具有简洁、纯净之美，如图2-98、图2-99所示。

《波场》景观以波的形式构图，具有简洁韵律之美，人们可以进入这个波场，每一个波都像是一个座位，可以躺在上面，如图2-100所示。

（2）交替韵律

两种以上景观元素等距离交替反复出现的连续构图韵律，如图2-101所示。西湖十景之一的苏堤春晓采用柳树与碧桃的交替种植，每当春风吹拂、杨柳吐翠、艳桃灼灼，形成桃红柳绿的景观效果。杭州的云栖竹径，两旁为参天的毛竹林，相隔一段距离就配植一棵高大的枫香，创造了韵律感的变化，游人沿路游赏时不会感到单调乏味。

图2-96 长廊柱子的简单韵律

图2-97 简单韵律的种植池

图2-98 简单韵律绿篱

图2-99 简单韵律廊架纯净典雅

图2-100 简单韵律波场

图2-101 台阶与草坪交替韵律

（3）交错韵律

利用某种景观元素的按一定规律相互穿插交错变化而产生的韵律感。例如中国传统园林中青砖铺地纹理。园林中的冰裂纹就是以不规则的交错纹理而受到人们青睐，广泛应用于铺地和窗格中，如图2-102、图2-103所示。

图2-102 冰裂纹花窗交错韵律

图2-103 交错韵律铺装

（4）渐变韵律

渐变韵律是某些景观元素在体积大小、色彩浓淡、质地粗细等方面作有规律的逐渐增加或者逐渐减少所产生的韵律。如法国地标性建筑埃菲尔铁塔从塔尖到塔基形成优美的渐变韵律，如图2-104所示；园林植物造景和铺装设计可形成色彩渐变韵律，如图2-105所示。

图2-104 体积渐变韵律

图2-105 色彩渐变韵律

（5）拟态韵律

拟态韵律是某种景观元素既有相同因素又有不同因素反复出现的连续构图。如连续布置的带状花坛群，花坛的外形相同但内部种植形式、花卉的种类各不相同。颐和园乐寿堂粉墙的什锦窗，距离相等，大小相似，但每一个图案都不重复，有方形、六边形、石榴形、桃形等，形成多样统一的拟态韵律，如图2-106所示。

（6）旋转韵律

某种景观元素线条，按照螺旋状方式反复连续进行，或向上、或向左右发展，从而得到旋转感很强的韵律特征。旋转韵律在景观元素的图案、花纹或雕塑设计中比较常见，如图2-107所示。哈格里夫斯设计辛辛那提校园的一处广场设计采用了鹦鹉螺特殊的自然旋转韵律，人行走其中非常奇妙，仿佛有一股巨大的张力吸入其中，图2-108、图2-109所示。

（7）起伏韵律

某种景观元素出现有规律的起伏变化，如自然式的园路、水岸线、山体轮廓线、群植树木的林冠线等，如图2-110、图2-111所示。

图2-106　漏窗的拟态韵律

图2-107　花柱的旋转韵律

图2-108　鹦鹉螺特殊自然旋转韵律

图2-109　辛辛那提校园鹦鹉螺广场

图2-110　水岸线起伏韵律

图2-111　林冠线起伏韵律

6. 比拟与联想

联想是思维的延伸，它由一种事物延伸到另外一种事物上。园林中的景致通过视觉传达会产生不同的联想与意境。中国传统园林以花木寓意、叠石寄情，借助古典诗词文学，对园景进行点缀、渲染，使人于游赏中，化景物为情思，产生意境美，运用比拟与联想使园林成为文化的载体。

比拟与联想

园林中运用比拟联想的方法很多，如摹拟，对植物的拟人化，运用建筑、雕塑的造型，以及遗址访古和风景题名、题咏等。

（1）借助匾额、对联、诗词、题咏等文学艺术产生比拟与联想

匾额、对联、诗词、题咏等文学艺术形式能唤起游人的形象思维，联想和体验园林意境的无限空间，达到“触景生情”“情景交融”的效果，增加园林的诗情画意。

拙政园荷风四面亭上抱柱联“四壁荷花三面柳，半谭秋水一房山”，描绘了一年四季之景，“一房山”指树叶枯谢、山形倒映于池中之冬景。“半潭秋水”指秋色，“三面柳”可视为春景，“四壁荷花”为夏景，营造了超凡脱俗的意境，如图2-112所示。

图2-112 拙政园荷风四面亭

长沙岳麓山爱晚亭，取自唐代诗人杜牧《山行》中的诗句：“停车坐爱枫林晚，霜叶红于二月花”，如图2-113所示。北京陶然亭公园的陶然亭以唐代诗人白居易《与梦得沽酒闲饮且约后期》中的诗句“更待菊黄佳酿熟，与君一醉一陶然”命名，留园的留亭阁取自李商隐的“留得残荷听雨声”，题咏传递了既定的意境信息，诗意盎然，给人无限的遐想空间。扬州个园有幅袁枚撰写的楹联：“月映竹成千个字，霜高梅孕一身花”，咏竹吟梅，点染出一幅情趣盎然的水墨画，同时也隐含了作者对君子品格的一种崇仰和追求，赋予了植物诗情画意的意境美。

图2-113 长沙岳麓山爱晚亭

苏州网师园的一副叠字楹联：“风风雨雨，暖暖寒寒，处处寻寻觅觅，燕燕莺莺，花花叶叶，卿卿暮暮朝朝”，如图2-114所示。上联化用李清照词《声声慢》，使联语独具特色。全联从纵和横的角度描写了该园山重水复、鸟语花香的美景和游客流连忘返、恋人们卿卿我我的境况。该联读来声韵铿锵，语句含义丰富深长，把天气和季节的变化以及鸟语花香融

图2-114 网师园叠字楹联

为一体，为游人增添了无限情趣。

（2）利用植物的品格特征产生比拟与联想

早在《诗经》中，人们就运用植物咏志、抒情，“桃之夭夭，灼灼其华”中用艳丽的桃花比喻新娘的美丽容貌。在中国的传统文化中，许多植物都含有特殊的意义，渗透着人们的好恶和爱憎，表达人的某种感情与愿望，成为某种精神寄托，见表2-2。

表2-2　不同园林植物的文化寓意

园林植物	文化寓意
松	坚贞不屈、延年益寿
梅	意志坚强、坚贞不屈
兰	冰清玉洁、淡雅脱俗
竹	品格虚心、高风亮节、气节正直
梓树	故乡
柳树	依依惜别，情意绵绵
菊	素洁高雅、高风亮节
牡丹	圆满、浓情、富贵、雍容华贵
荷花	清白、坚贞纯洁、冰清玉洁、自由、脱俗
玫瑰	爱情
萱草	忘忧

孔子曰：“岁寒，然后知松柏之后凋也”，松柏苍劲挺拔、蟠虬古拙的形态，抗旱耐寒、四季常青不凋零的生态习性，常被人们作为坚毅、高尚、长寿和不朽等孤傲耿直、坚强不屈的品格象征，成为园林文化精神中永恒的审美意象。承德避暑山庄的三十六景之一的万壑松风，在参天古松的掩映下，松涛阵阵，凸显松柏常青、万寿延年的皇家气魄。

梅花生性耐寒，冬末开花，冰清玉洁，凌寒留香，象征坚忍不拔、自强不息的崇高品质。王安石有“墙角数枝梅，凌寒独自开”之句赞其耐寒，毛泽东有“俏也不争春，只把春来报，待到山花烂漫时，她在丛中笑。”之句赞其坚贞气节。拙政园的雪香云蔚亭，四周种植梅花，冬春开花，冷香四溢，表达园主人高雅的品格。

竹子挺拔伟岸，竹叶颜色青绿，经冬不凋，象征正直不屈，节节进取的清高品格。郑板桥诗云“未曾出土先有节，纵使凌云也虚心”，歌颂了竹子的虚心进取。苏轼的“宁可食无肉，不可居无竹；无肉令人瘦，无竹令人俗”，表达了人们对竹子痴迷与热爱。扬州个园以竹取胜，园中的“个”字，取了竹字的半边，园内遍植各色竹子，借竹明志，寓意其像竹一样轻逸脱俗的性格特点。拙政园有“倚玉轩”，沧浪亭的“玉玲珑”以竹为题，表达园主人孤傲不群的清高情怀。

清水出芙蓉，天然去雕饰，莲花是圣洁的代表，有着宁静、柔和的妩媚。周敦颐的《爱莲说》中“予独爱莲之出淤泥而不染，濯清涟而不妖，中通外直，不蔓不枝，香远益清，亭亭净植，可远观而不可亵玩焉”，赞美莲花的君子胸怀，端庄不容亵渎，是中华民族所崇尚的高贵品格。拙政园的荷风四面亭和远香堂都是以荷花为主题的建筑，是游人欣赏四面荷风和香远益清的美感。

牡丹花朵硕大，色泽鲜艳，以其国色天香，雍容华贵被誉为“花中之王”。人们视其为富贵吉祥、繁荣昌盛的象征，寓意幸福、美满、安康。园林中常用牡丹与海棠搭配，寓意富贵满堂，牡丹与玉兰搭配，寓意玉堂富贵。

兰花风姿素雅，花容端庄，幽香清远，无矫揉之态，无媚俗之意，历来作为高尚人格的象征。

（3）名胜古迹引发的联想

中国有五千年的华夏文明，拥有许多自然和人文名胜古迹，遗址访古对游人有很大的吸引力，可引发联想和思考。游览黄鹤楼下的鹅池，联想到王羲之辟池养鹅，并观其神态，从而练成一笔而就的鹅字，如图2-115所示；游览革命摇篮井冈山，可联想到硝烟弥漫、炮声隆隆的旧日战场；游览西子湖畔的雷峰塔，可联想到广为传颂的“白蛇传”爱情故事，如图2-116所示。

图2-115　鹅池

图2-116　雷峰塔

（4）运用建筑、雕塑的造型引起比拟与联想

园林建筑、雕塑通过艺术形象表达一定的思想内容，可引发人们产生艺术联想。南京莫愁湖公园莫愁女雕塑可使游人联想到美丽、坚贞、善良的品质，如图2-117所示；北京国际雕塑公园的主景建筑“蝶落玉泉”，使人联想到一只优雅美丽的蝴蝶徐徐降落在百花丛中，如图2-118所示；黑龙江森林植物园的风车使人感受到荷兰风情，如图2-119所示。

图2-117　莫愁女雕塑

图2-118　北京国际雕塑公园蝶落玉泉

图2-119　黑龙江森林植物园的郁金香园

案例分析

法国巴黎拉维莱特公园

拉维莱特公园位于巴黎东北角，面积33公顷，是巴黎市区内最大的公园之一。设计师伯纳德·屈米用点、线、面三种要素交叉与叠加构成公园的结构体系，如图2-120所示。

点是由120米×120米的方格网的交点构成，在焦点上设置了40个10米边长的立方体，设计师称为folie。有些folie仅仅作为点要素出现，有些folie具有不同的形状和功能，有的作为信息中心、小卖饮食、咖啡吧、手工艺室、医务室等为使用者提供便利。统一的红色金属材质的folie为公园带来了鲜明的节奏感和韵律感，如图2-121所示。

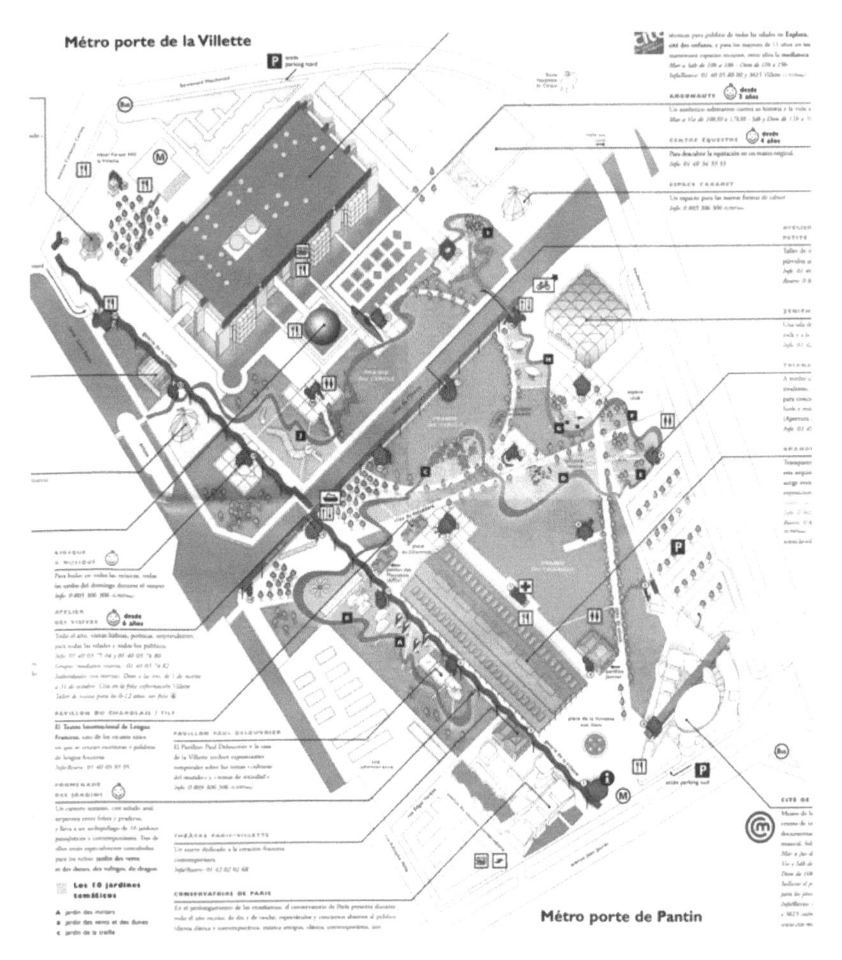

图2-120　拉维莱特公园平面图

图2-121　拉维莱特公园folie

线的要素有长廊、林荫道和一条贯穿全园的小径组成，将园内的“点”连接在一起，如图2-122所示。南北通透的长廊打破了园区内东西向直线水渠的单调，小径的自然曲线缓和了直线的生硬，曲直的配合达到了构图上的均衡。蜿蜒曲折的小径联系了公园的10个主题园，也是公园的一条最佳游览路线。

图2-122 拉维莱特公园线元素园路

面的要素就是由10 个象征电影片段的主题花园和几块形状不规则的、耐践踏的草坪组成，以满足游人自由活动的需要。10个主题花园包括镜园、恐怖童话园、风园、竹园、沙丘园、空中杂技园、龙园、藤架园、水园、少年园。主题花园风格各异，各自独立，毫不重复，彼此之间有很大的差异感和断裂感，其中沙丘园（图2-123）、空中杂技园和龙园是专门为孩子们设计的。龙园有抽象龙形的雕塑，空中杂技园有许多大小各异的下装弹簧的弹跳圆凳，如图2-124所示。镜园是在欧洲赤松和枫树林中竖立着20块整体石碑，贴有镜面，镜子内外景色相映成趣。水园着重表现水的物理特性，水的雾化景观与电脑控制的水帘、跌水或滴水景观等；藤架园以台地、跌水、水渠、金属架、葡萄苗等为素材，艺术地再现了法国南部波尔多地区的葡萄园景观。下沉式的竹园由30多种竹子构成的竹林景观；恐怖童话园是以音乐来唤起人们从童话中的获得的“恐怖”经历；少年园以一系列非常雕塑化和形象化的游戏设施来吸引少年们。

图2-123 沙丘园

图2-124 龙园

拉维莱特公园对外开放之后，吸引了大量的游人，设计师运用独特的解构主义手法和形式语言，为市民创造了一个宜赏、宜游、宜动、宜乐的城市自然空间。

知识拓展

中国襄阳中华紫薇园"声波"雕塑

中华紫薇园位于湖北省襄阳市襄城区尹集乡，占地面积15000亩，是全国最大的专类植物园。园区以襄阳市市花紫薇及源远流长的"紫薇文化"为特色，是融合旅游观光、生态娱乐、山林度假、休闲养生为一体的旅游胜地。

"声波"雕塑位于襄阳中华紫薇园入口处，雕塑由500片色彩鲜艳、高度各异的穿孔钢鳍片组成，将音乐、韵律和舞蹈融入雕塑设计，作为打造雕塑"声波"造型的主要参数，如图2-125所示。以紫薇花四种深浅不一的紫色，构成了雕塑的色彩方案。从空中俯瞰，"声波"雕塑犹如一朵朵盛开的紫薇，如图2-126所示。

图2-125 "声波"雕塑

图2-126 俯瞰"声波"雕塑

从远处看，雕塑是一条优美的城市天际线，如图2-127所示。而进入雕塑后，绚丽的色彩和灯光则以一种极为感性的方式，邀请游客探索紫薇园内的自然风光。

雕塑广场在夜间将作为市民的公共舞场。每个鳍片均向顶部穿孔，内设LED灯带。500块钢鳍片共同形成一个照明装置，与广场音响系统相连，以一种非常直观的方式响应广场上的活动。音乐声越大，灯光移动的速度越快，广场的照明度越高，如图2-128所示。

图2-127 "声波"雕塑优美天际线

图2-128 "声波"雕塑夜景

工作任务

园林构图艺术原理分析

一、工作任务目标

通过园林构图艺术原理分析实训，使学生全面掌握园林造型元素点、线、面、形、体、质感的造型意义及园林构图形式美法则在园林构图中应用与表达，能应用园林造型元素和园林构图形式美法则进行园林方案设计。培养学生理论联系实际，分析问题、解决问题的能力。

二、工作任务要求

通过查阅园林专业网站收集典型图片分析园林设计造型元素和园林构图形式美法则的形式和特点，完成PPT一份。

1. 文字整理

1）熟读任务书要求、认真分析文字图片资料、概括整理PPT内容。

2）文字和图片资料内容的选取要有针对性和代表性。

3）汇报讲稿要简洁、精炼。

2. PPT 制作

1）封面、背景、板式设计要清晰简洁、美观大方。

2）选择案例图片清晰、准确。

3）字号大小合适、色彩搭配合理。

4）不允许出现错别字、标点符号和序号的错误。

5）PPT整体效果好，前后逻辑关系合理。

3. 汇报

1）语言表达流畅、简洁。

2）时间观念强。

三、工作顺序及时间安排

周次	工作内容	备注
第1周	教师下达工作任务	60分钟（课内）
	学生分组分工、资料收集与整理、确定PPT内容	
	PPT制作、编写汇报讲稿	120分钟（课外）
第2周	汇报方案初审	30分钟（课内）
	成果汇报，学生、教师共同评价	30分钟（课内）

任务3　园林造景分析

教学目标

知识目标

- 了解风景和景的感受。
- 理解景物的观赏形式与观赏效果的关系。
- 掌握园林造景的设计手法。

能力目标

- 具有运用景的观赏视距构图表达能力。
- 能熟练运用园林造景手法。

素养目标

- 感悟中国园林造景的文化美和艺术美。
- 树立正确的艺术观与设计观。

知识链接

2.3.1 风景与景的感受

景与景的感受

我国园林中常有“景”的说法，如燕京八景、西湖十景、关中八景、圆明园四十景、避暑山庄七十二景等。“景”即境域内的景致，也称为风景。景是由物质的形象、体量、姿态、声音、光线、色彩以至香味等组成的，能给人们带来优美视觉感受的欣赏对象。自然的江河湖海、林泉瀑布、高山悬崖、洞壑深渊、古木奇树、斜阳残月、花鸟虫鱼、雾雪霜露等都是天然景致，这些天然景致是园林景致的重要组成部分。如北京颐和园即是利用万寿山和昆明湖的自然山水作为园林的主体。

园林中的景是指在园林绿地中，自然的或经人工创造的、以能引起人的美感为特征的一种供游憩欣赏的空间环境。景的名称多以景的特征来命名，而使景色本身具有更深刻的表现力和强烈的感染力而闻名天下，如泰山日出、黄山云海、桂林山水、曲院风荷等。人们置身园林之中，对景的感受来自视觉、听觉、嗅觉、触觉等，其中视觉的感受最为直接。我们欣赏某一景物首先映入眼帘的是物体的形状与色彩，所以景物的空间轮廓和色彩是最重要的属性，但也有一些景观需要配合其他器官去感受，才能领会景物的艺术境界。西湖十景中的南屏晚钟，突出的是音响效果，主要是通过听觉器官去感受。欣赏南屏晚钟景致最佳时间是在万籁俱寂的夜晚，从远处传来清越悠扬的钟声，可领略到古刹钟声的意境。“迟日江山丽，春风花草香”，即是诗人杜甫用嗅觉体会风景的真实写照。苏州留园的“闻木樨香轩”周围遍植桂花，金秋时节，丹桂飘香，香气浮动，沁人心脾，只有视觉、嗅觉配合才能领略美的真谛。园林中景物还会带给我们丰富的触觉体验，如清澈的水面，通过手的感触，可以使人体会水流的清凉和柔软，触摸树干粗糙的表皮，可感受岁月的厚重与沧桑。踏在卵石小路上，可感受石块的光滑与圆润。人对景物的欣赏和感受，常常不是单一感觉器官完成的，通过形、声、影、光、香的交织，给人以视觉、嗅觉、听觉和触觉之美，整个身心投入才能真正领会景物的美好与韵味。

对同一景色，不同的人感受不一，这是因为对景的感受是随着人的职业、年龄、性别、文化水平、社会经历和兴趣爱好的不同产生的差异。儿童喜欢卡通活泼的景观，青年人对现代时尚的景观情有独钟，而一些文人墨客喜欢欣赏清幽雅致的景观。即使是相同的景物，不同的心境也会产生截然不同的感受。“羌笛何须怨杨柳，春风不度玉门关”“春风得意马蹄疾，一日看尽长安花”，前诗所表达的是一种无奈、低调的情伤，后诗体现的是一种得意、欢悦的心情。同样是生机盎然的春景，由于作者的心境不同，表达出不同观赏感受。

2.3.2 景的观赏

景的观赏

（1）观赏点、观赏视距、观赏视域

游人观赏所在位置称为观赏点或视点。观赏点与景物之间的距离，称为观赏视距。观赏视距适当与否直接影响到观赏的艺术效果。 正常人的清晰视距为25厘米，4公里以外的景物就看不清楚了。观赏视距大于500米时，对景物有模糊的形象。如果要能看清景物的轮廓，如雕塑的造型，花木的识别，观赏视距在250米左右，如要看清景物的细部图案则观赏视距要缩短到几十米之内。

人的视力各有不同。正常人的视力，明视距离为25米，在正视情况下，不转动头部，视域的垂直明视角为26°~30°，水平明视角为45°，超过此范围就要转动头部观赏，这样对景物整体构图印象不够完整，而且容易感到疲劳。

一般景物合适视距约为景物高度的3.3倍，如果景物宽度大于高度时，合适视距约为景物宽度的1.2倍。

（2）动态观赏与静态观赏

观赏风景的方式有动静之分，即动态观赏和静态观赏。不同的观赏方式，会产生不同的景观效果，不同的艺术感受。动态观赏是指视点与景物相对位移，如同欣赏立体电影中的风景片，一景又一景地呈现在游人眼前，成为一种动态的连续构图。静态观赏是指视点与景物位置不变，如看一幅立体风景画。陈从周在《说园》中关于动观静观论述：“动静”二字本相对而言，有动必有静，有静必有动，静坐亭中，行云流水，鸟飞花落，动静交织，自成佳趣。在园林中游览时动态观赏和静态观赏是相结合的，动观是游览，静观是游人驻足休息，游而不息，使人精疲力竭，息而不游，又失去了游览的意义。

动态观赏的方式很多，如步行、骑马、乘车、乘船以及索道等，一般以步行为主。不同的观赏方式，速度或视点位置不同，即使是相同的景色，游人的视觉体验和心理感受却迥然不同。

1）步行游览。步行游览是主要的方式。走走停停，有憩有游，可以对园内景物细观慢赏，既能观赏前方景致，又能左顾右盼，视线更为自由。步行游览可细细品味园林景致的神韵，是其他游览方式无法比拟的。

2）乘船游览。乘船游览速度较车辆缓慢，游人泛舟水面上，视野开阔，景致丰富多变，可谓船移景异，极具情趣和魅力，是深受人们喜爱的游览方式，如图2-129、图2-130所示。

图2-129　乘船游览香港迪士尼丛林探险

图2-130　泛舟太阳岛公园

3）乘车游览。乘车游览的速度快，视野较窄，选择较少，多注意景观的体量、轮廓和天际线。乘车观赏多注意窗户前方景物，景物距游人越远，景物向后移动的速度越慢；视距越近，景物向后移动的速度越快。沿路重点景色应有适当视距，景色不零乱、不单调、连续而有节奏，丰富而有整体感，如图2-131所示。

4）骑自行车游览。骑自行车游览较用其他交通工具有更大的灵活性，可进入汽车不能进入之境，骑车比步行速度快而省力，有足够的时间和精力在各景点慢游细赏。如骑车游览西湖苏白二堤，比步行游览更加畅快惬意，游目骋怀，心旷神怡。

5）缆车游览。缆车游览视野广阔、可俯视城市、山谷、湖泊、河流、农田以及森林等景色，连绵不断的景色，可使游人体会自然景观元素和谐统一之美。香港海洋公园的重要标志空中缆车，将山下低地与南朗山高地连接起来，在200米的高空行走，游客在高空可俯瞰深水湾、浅水湾和低地公园的景色，如图2-132所示。

图2-131　乘车游览

图2-132　香港海洋公园空中缆车

（3）视点位置

根据视点与景物相对位置的远近高低变化，又可以将赏景方式分为平视、俯视和仰视三种。

1）平视观赏。平视观赏视线与地平线平行向前，游人头部不必上仰下俯，可以舒服的平望出去，使人有平静、深远、安宁的气氛，不易疲劳。平视对景物的深度有较强的感染力。园林中可利用开阔的水面，将平缓的草坪纳入远处的水光云影、山廓塔影、层峦叠嶂形成平视远眺景观，如图2-133所示。

2）俯视观赏。游人居高临下向下俯瞰，视线与地平线相交，俯视景物垂直地面的直线产生向下消失感，景物越低显得越小，易产生惊险开阔，超然物外，赏心悦目之感。“会当凌绝顶，一览众山小”“登东山而小鲁，登泰山而小天下”，表达了人的视点越高，视野就越宽广，随着视野的转换，对人生也会有不同的感触和领悟，如图2-134所示。

图2-133　瘦西湖平视景观温柔恬静

图2-134　北京香山顶峰俯视

3）仰视观赏。游人位于低处，仰视观赏的景物，其垂直地面的线条有向上消失的感觉，景物高度的感染力较强，易形成雄伟、庄严、紧张的气氛。仰视景观对观赏者有一定的压抑感。园林中为强调景物的高大形象，常把游人视点安排在离主景高度一倍以内，没有后退的余地，利用仰视观赏创造小中见大的意境，如图2-135所示。

图2-135　故宫御花园仰视堆秀峰

2.3.3　园林造景

主景与配景

（1）主景与配景

主景是全园的重点或核心，体现园林的主题，是全园视线的控制焦点，具有压倒群芳的气势。主景包含两个方面的含义，一是指整个园林中的主景，二是指局部空间的主景。配景起到陪衬、烘托主景的作用，通过配景鲜明地突出主景的艺术效果，配景不能喧宾夺主，主景与配景要相得益彰，相映成趣。

图2-136　南京中山陵主景升高

突出主景的艺术手法有：

1）主景升高。主景升高，高于所在空间或者全园的其他景物，使视点相对降低，仰视观赏主景，以简洁明朗的蓝天远山为背景，使主体的造型、轮廓鲜明地突出。南京中山陵整个建筑群依山势而建，由南至北沿中轴线逐渐升高，主景中山纪念堂位于最高点，在空间尺度上占有主导地位，表达了孙中山先生为国为民的博大胸怀和崇高的伟人品格，如图2-136所示。沈阳世博园的主景百合塔塔高125米，是全园的最高点，也是世界上最大的雕塑体建筑，外形恰似一支挺拔秀丽的百合花，成为全园的标志性景观，如图2-137所示。长春世界雕塑公园的主题雕塑“友谊·和平·春天”高度23.5米，耸立于春天广场中央，形成众星捧月之势，气势恢宏，极为壮美，如图2-138所示。

图2-137　沈阳世博园的主景百合塔

2）主景设置在轴线的端点或焦点上。一条轴线需要一个有力的端点，即聚景点。轴线的端点是设置主景的最佳位置，其次是主副轴线的交点和众多轴线的交点上，也都是设置主景的理想位置。规则式园林中将主景常布置在园林纵横轴线的相交点上，自然式园林中将主景布置在风景透视线的焦点上来突出主景。中华世纪坛主体建筑位于整体轴线

图2-138　长春世界雕塑公园的主题雕塑“友谊·和平·春天”

的端点上，其醒目显著，如图2-139所示；防洪纪念塔位于中央大街轴线与松花江岸垂直轴线的交点上，其挺拔伟岸，如图2-140所示。

图2-139　中华世纪坛

3）动势向心。一般四面环抱的空间，如水面、广场、庭院等，四周的景色往往具有动势，趋向于一个视线的焦点，把主景置于周围景观的动势集中部位，取得“百鸟朝凤”或“托云拱月”的效果，称为动势向心法。

4）空间构图的重心。规则式园林中方形、圆形等为几何图形的中心是布置主景突出的最佳位置，自然式园林构图，主景常位于自然重心上，自然式园林的视觉重心忌讳居正中间。

图2-140　哈尔滨防洪纪念塔

5）渐变法。采用渐变的方法，从低到高，逐步升级，由次要景物到主景，级级引入，通过景观的序列布置，引人入胜，引出主景。

（2）借景

借景是中国传统园林重要造景手法之一。无论是皇家园林还是私家园林，面积和空间是有限的，为了丰富游赏的内容，扩大景物的深度和广度，常常运用借景的手法，在视线所及范围内，有选择地将本空间以外的景色组织到园中来，收无限于有限之中。计成在《园冶》中指出：“嘉则收之，俗则屏之”，讲的是周围环境中有优美的景观，要开辟透视线把它借进来，如果是不雅的景观，则将它屏障起来。借景可使风景画面的构图生动，扩大园林空间，增添变幻，丰富园林景色。借景包括远借、近借、仰借、俯借、应时而借与因地而借。

借景、对景、障景

1）远借。远借是将园林远处的景物组织进来，所借物可以是山、水、树木、建筑等。杜甫诗句中“窗含西岭千秋雪，门泊东吴万里船”所描绘的就是远借的处理手法。远借的佳例很多，如颐和园的“湖山真意”，远借玉泉山及玉泉山之塔为背景，如图2-141所示；拙政园远借北寺塔，如图2-142所示；无锡寄畅园借惠山等。为获得更多远借景色，要充分利用园内地形，开辟透视线，也可堆山筑台，山顶建楼、阁、亭等建筑，供游客登高远眺。西安曲江华府充分运用了借景的造园手法，利用廊架开辟赏景透视线，有意识地把远处的电视塔远借入到园内的视野中来，丰富游赏的内容，如图2-143所示。

图2-141　颐和园远借玉泉山及玉泉山之塔

图2-142　拙政园远借北寺塔

图2-143　西安曲江华府远借电视塔

2）近借。近借是指临近佳景，不论是亭、山、水、植物，只要是能组织利用的都可借用。如园外一枝红杏或一株绿柳、一个小亭，都可开辟赏景透视线或设漏窗借取。如苏州沧浪亭，园内缺乏水面，无沧浪境界，而临园有河，造园者则沿河做假山、驳岸和复廊，不设封闭围墙，从园内透过漏窗可领略园外河中景色，将园外水面美景组织到园内，融内外景色为一体，是近借的经典案例，如图2-144所示。

图2-144 沧浪亭近借临园水景

3）仰借。利用仰视借取的园外高处景物，如高大建筑、山峰、树木，包括蓝天白云、明月繁星、翔空飞鸟、苍松劲柏、高山飞瀑等。如北京北海公园借景山、南京玄武湖公园借钟山，均属于仰借。

4）俯借。利用居高临下俯视观赏园外景物，登高四望，四周景物尽收眼底。所借景物很多，如江湖原野、湖光倒影等。在景山公园的景山之巅万春亭可俯借故宫的巍峨殿宇和黄瓦飞檐，如图2-145所示。

图2-145 景山公园俯借故宫

5）应时而借。用因时间不同而风云变幻的自然景色变化来丰富园景为应时而借。日出朝霞、晓星夜月、春光明媚、夏日原野、秋天丽日、冬日冰雪，这些都是应时而借的意境素材。如西湖十景中的“苏堤春晓”“曲院风荷”“平湖秋月”“断桥残雪”都属于应时而借。

（3）对景

与观赏点相对的景物称为对景，李白诗中：“相看两不厌，只有敬亭山”，就是指园林中的对景。对景有正对和互对两种形式。正对是相对的两景物本身的中轴线与对方的中轴线重合，如果两景物的中轴线相互交叉便是互对。位于天坛中轴线的圜丘、皇穹宇和祈年殿互为正对景，突出了祭天严肃端庄的气氛，如图2-146所示。互对景活泼多变，如拙政园风景视线上的远香堂与雪香云蔚亭互对，隔水相望，一高一低，自然灵活。

图2-146 天坛中轴线的正对景

（4）障景

障景有又称为“抑景”，凡是抑制视线、分隔空间的屏障景物的称为障景。欧阳修的诗句中“庭院深深深几许，杨柳堆烟，帘幕无重数”描绘的就是障景的意境。障景还可隐蔽不雅景观。依据使用障景材料的不同有山石障、院落障、树障、影壁障。北京奥运村南北四个大门采用障景的造园手法，分别用彩陶文化、青铜文化、漆文化、玉文化的叠水影壁将美景置于其后，达到欲扬先抑的景观效果，如图2-147所示。

图2-147　北京奥运村四个入口区障景

（5）隔景

隔景可避免各景区的互相干扰，使园内景区各具特色。山体、树丛、绿篱、景墙、长廊等都可以作为隔景。隔景分为实隔和虚隔。实隔是以建筑、景墙、山石、密林等将空间完全分隔开，游人视线不能从一个空间看到另一个空间。虚隔以水面、疏林、园路、长廊、花架分隔空间，游人视线可通过。颐和园昆明湖被十七孔桥分隔成南北两片，西堤将湖面分为东西两部分，分而不离，隔而不断，水陆相通，都属于虚隔。

隔景、框景、漏景

（6）框景

框景是利用园林中建筑的门、窗、山洞或植物枝条做景框，把远处的山水美景或人文景观纳入其中。框景对游人有极大的吸引力，易于产生绘画般赏心悦目的艺术效果。万科第五园运用现代简洁的景墙窗框，将广阔的水景及对面的建筑有选择地摄取空间的优美景色，如图2-148所示。扬州瘦西湖钓鱼台被称为框景艺术的典范，从正门洞可看的五亭桥的横卧波光，侧洞可看的白塔竖立云表，一横一竖，五亭桥色彩华丽，白塔清新淡雅，相互对比，构成了一副极美的画面，如图2-149所示。

图2-148 万科第五园框景

图2-149 扬州瘦西湖钓鱼台框景

（7）漏景

漏景是通过漏窗、屏风、花墙及疏林等渗透另外一空间景色，景色似隔非隔，似隐还现，光影迷离斑驳，可望而不可即，随着游人的脚步移动，景色也随之变化，增添了无尽的生气和流动的变幻感。景物的漏透一方面易于勾起游人寻幽探景的兴致与愿望，另一方面透漏的景致本身又有一种迷蒙虚幻之美。漏景是从框景发展而来，框景可观看景观全貌，而漏景则若隐若现，含蓄雅致，形成“犹抱琵琶半遮面”的意境。狮子林的“四雅”漏窗中，依次塑有古琴、围棋棋盘、函装线书、画卷，如图2-150所示，既增加空间的联系与渗透，又形成耐人寻味的幽雅情调。

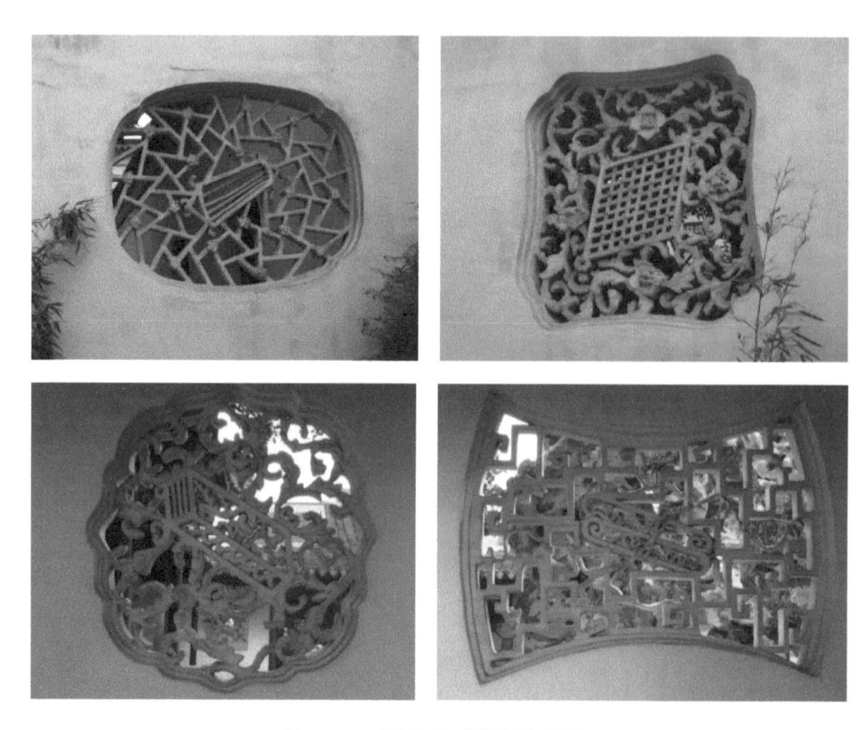

图2-150 狮子林“四雅”漏窗

夹景、添景、点景

万科第五园运用漏景的造园手法丰富了景观层次，现代简洁的实墙与漏墙虚实结合，竹子若隐若现，含蓄雅致，如图2-151所示。

（8）夹景

夹景是利用山体、建筑、树木将左右两侧景物加以屏障形成狭长空间，使远处风景点更加醒目突出。夹景能诱导、组织、汇聚视线，使视景空间定向延伸，突出端景，可增加园景的深远感，如图2-152所示。在颐和园后湖中划船，两岸起伏的土山和茂密的林带形成夹景，远方的苏州桥主景显得更加明媚，如图2-153所示。

图2-151　万科第五园漏景

图2-152　高大树木形成夹景

图2-153　颐和园后湖夹景

（9）添景

当景物与远方的对景之间，没有中景、近景过度时，为打破空间的单调感、丰富景物的层次，加强景深，增加建筑小品、景石、几株乔木作为前景或背景称为添景。添景可使园林景观的层次更丰富、更深远、更有意境。

（10）点景

点景是根据园林景观性质、用途、空间的环境特点进行高度概括，做出形象化、诗意浓、意境深的题咏。点景形式多样，有匾额、对联、石碑、石刻等。点景是造景不可分割的组成部分，是诗词、书法、雕刻、建筑等多种艺术形式的综合体现。点景不仅点明景的主题，丰富了景的欣赏内容，而且增加了园林的诗情画意，形成了独特的格调与品位。

如颐和园豳风桥取自诗经中《豳风》，描绘西周豳地的农家生活和风土人情，有重视农桑的含义，如图2-154所示。避暑山庄的烟雨楼夏秋时节，湖上雾漫，犹如烟云，形成烟雨蒙蒙的意境，如图2-155所示。北海公园的琼岛春荫点明苍翠的松柏掩映下琼华岛的华美景致，如图2-156所示。

图2-154　颐和园豳风桥

图2-155　避暑山庄的烟雨楼

图2-156　北海公园的琼岛春荫

案例分析

西湖十景

西湖十景提名起自南宋时代，700多年来广泛流传，形成了特有的西湖文化。西湖十景包括苏堤春晓、曲苑风荷、平湖秋月、断桥残雪、南屏晚钟、雷峰夕照、双峰插云、花港观鱼、柳浪闻莺、三潭印月。

1. 苏堤春晓

苏堤春晓位于西湖的西部水域，距湖西岸约500米，范围约9.66公顷。北宋元祐五年（1090年），著名文人苏轼用疏浚西湖时挖出的湖泥堆筑了一条南北走向的长堤。后人为纪念苏轼，将此堤命名为“苏堤”。苏堤自北宋始建至今，一直保持了沿堤两侧相间种植桃树和垂柳的植物景观特色。春季垂柳初绿、桃花盛开，尽显苏堤春晓春意盎然的柔美气质。

2. 曲苑风荷

曲苑风荷位于西湖北岸的苏堤北端西侧，以夏日观荷为主题。曲苑风荷内栽培了上百个品种的荷花，每当夏日荷花盛开、香风徐来，呈现出“接天莲叶无穷碧，映日荷花别样红”的景观特色。

3. 平湖秋月

平湖秋月位于孤山东南角的滨湖地带、白堤西端南侧，以秋天夜晚皓月当空之际观赏湖光月色为主题，如图2-157所示。平湖秋月高阁凌波，视野十分开阔，在此高眺远望，一湖暗蓝的湖水荡漾着一轮皎洁的明月， 西湖秋月之夜，充满了诗情画意。

4. 断桥残雪

断桥残雪位于在西湖北部白堤东端的断桥一带，以冬天观赏西湖雪景为胜。当西湖雪后初晴时，日出映照，断桥向阳的半边桥面上积雪融化、露出褐色的桥面一痕，仿佛长长的白链到此中断了，呈“雪残桥断”之景，如图2-158所示。

图2-157　平湖秋月

图2-158　断桥残雪

5. 南屏晚钟

南屏晚钟位于西湖南岸的南屏山一带，以南屏山麓净慈寺钟声响彻湖上的审美意境为特点。南屏晚钟景观属于佛教文化古迹，以听觉欣赏为特征。每当佛寺晚钟敲响，钟声振荡频率传到山上的岩石、洞穴，随之形成悠扬共振齐鸣的钟声。

6. 雷峰夕照

雷峰夕照位于西湖南岸的夕照山一带，以黄昏时的山峰古塔剪影景观为观赏特点，如图2-159所示。雷峰夕照景观的最重要建筑要素为雷峰塔，雷峰塔还因中国四大民间爱情故事之一的“白蛇传”而成为爱情坚贞的象征，赋予了西湖景观丰富的历史内涵。

7. 双峰插云

双峰插云由西湖西部群山中的南、北两座高峰，以及西湖西北角洪春桥畔的观景点构成，以观赏西湖周边群山云雾缭绕的景观为主题。西湖南北高峰在唐宋时各有一座塔，在春、秋晴朗之日远望两峰，可见遥相对峙的双塔巍然耸立，气势非凡。每当云雾弥漫，塔尖于云中时隐时现，恍若云天佛国。

8. 花港观鱼

花港观鱼公园位于苏堤南段以西，在西里湖与小南湖之间的一块半岛上。以赏花、观鱼为景观主题，体验自然的勃勃生机。春日里，落英缤纷，呈现出“花家山下流花港，花著鱼身鱼嘬花”的胜景，如图2-160所示。

图2-159　雷峰夕照

图2-160　花港观鱼

9. 柳浪闻莺

柳浪闻莺在西湖东岸钱王祠门前水池北侧约50米的濒湖一带，以观赏滨湖的青翠柳色和婉转莺鸣为景观主题。“柳浪闻莺”所处的位置原为南宋时的御花园——“聚景园”，因园中多柳树，风摆成浪、莺啼婉转，故得名“柳浪闻莺”。今日柳浪闻莺依然保留了传统的柳林特色，漫步其间，且行且听，柳丝拂面，莺鸟鸣啼。

10. 三潭印月

三潭印月在西湖外湖西南部的小瀛洲岛及岛南局部水域，是杭州西湖最具标志性的景观。三潭印月景观以水中三塔、小瀛洲岛为核心观赏要素，以月夜里在岛上观赏月、塔、湖的相互映照、引发禅境思考和感悟为欣赏主题。

知识拓展

园林漏窗之美

漏窗又称为漏花窗、花窗，是我国独特的园林装饰小品，它以多变的造型，精美的纹饰，使平淡的墙面上产生虚实的变化，使空间似隔非隔，景物若隐若现，激发游人兴致。漏窗的窗框外形较为丰富多样，有方形、多边形、圆形、扇形、海棠形、花瓶形、石榴形、如意形等。漏窗图案纹饰多以花卉、鸟兽、山水、几何图形或戏曲、民间故事为题材，图案有万字形、冰裂纹、如意纹、步步锦、绣球纹、六角梅花等，如图2-161所示，具有很强的艺术欣赏价值和文化渊源。漏窗本身的花纹图案在不同角度的光线照射下会产生富有变化的阴影，光影迷离斑驳，为园林增添无尽的生气，如图2-162所示。

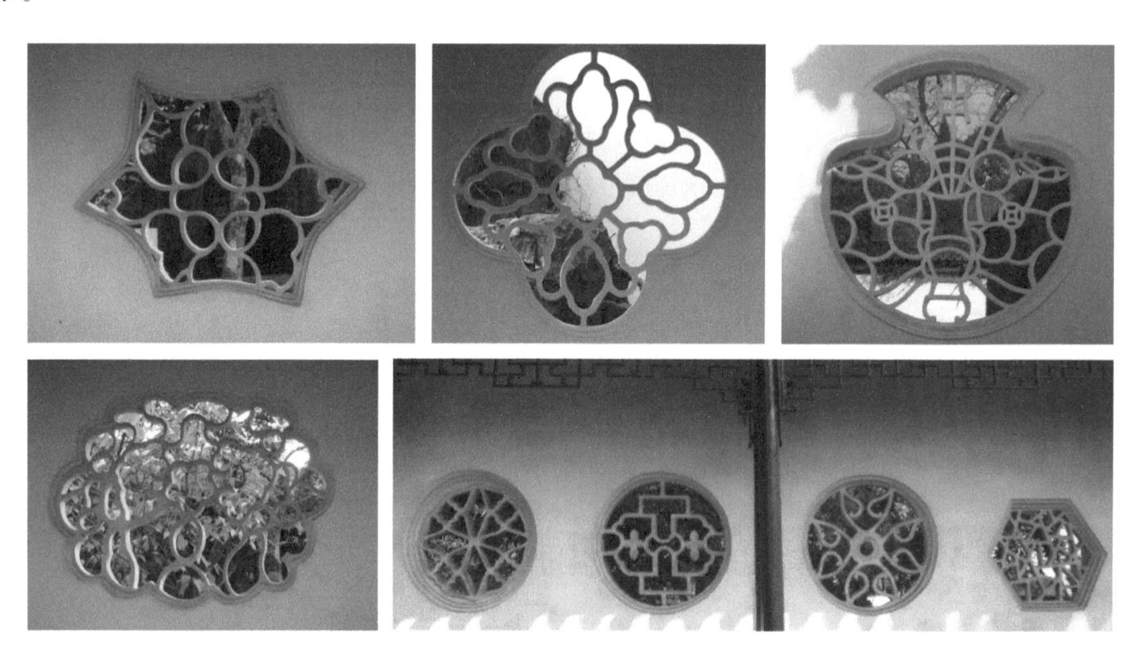

图2-161　漏窗丰富多样的造型与图案纹样

图2-162　漏窗光影迷离斑驳

苏州园林沧浪亭以漏窗著称，特点是数量多、体量大、变化多，全园共有漏窗一百零八式，图案个个相异，犹如108幅大型剪纸镶嵌在白墙上，美不胜收。最精彩的漏窗是在沧浪亭“翠玲珑”的一处墙面上巧妙地安放了具有季节象征的柳树、荷花、石榴、腊梅漏窗一组，形成春、夏、秋、冬四时景观，如图2-163所示。

柳树

荷花

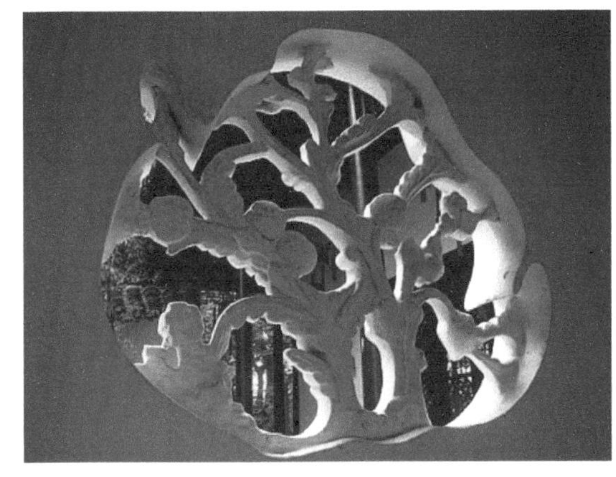

石榴

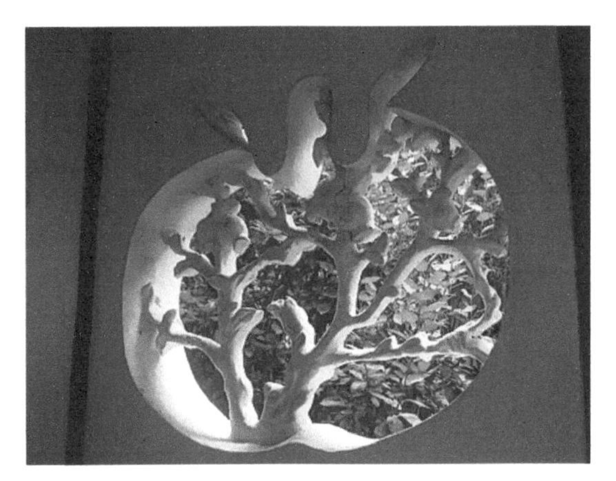

腊梅

图2-163　沧浪亭“翠玲珑”漏窗

工作任务

中国传统园林造景艺术手法分析

一、工作任务目标

通过分析中国传统园林造景艺术手法实训，使学生全面掌握园林各种造景艺术手法的特点，让学生领略和体会中国传统园林造景的独具匠心，学会欣赏园林造景的文化美和艺术美，并在园林方案设计能熟练运用园林造景手法。

1. 知识目标

1）理解对景、借景等园林造景形式。

2）掌握园林造景艺术手法。

2. 能力目标

1）具有案例图片资料的搜集与整理能力。
2）具有PPT制作与汇报文稿的编写能力。

3. 素养目标

1）培养良好的语言表达和沟通交流能力。
2）培养独立判断问题、分析问题、解决问题的能力。

二、工作任务要求

从西湖十景、燕京八景、圆明园四十景、承德避暑山庄七十二景等资料中选取10组图片和文字资料制作园林造景艺术手法分析PPT，要求图文并茂，并分析其所运用造景艺术手法。

三、中国传统园林造景艺术手法分析工作任务要求

1. 文字整理

1）熟读参考资料、认真分析、概括整理PPT内容。
2）文字和图片资料的选取要有针对性和代表性。
3）汇报讲稿要精炼简洁、逻辑性强。

2. PPT 制作

1）封面、背景、板式设计要清晰简洁、美观大方。
2）图片选取准确、清晰度高。
3）字号大小合适、色彩搭配合理。
4）不允许出现错别字、标点符号和序号的错误。
5）PPT整体效果好，前后逻辑关系合理。

3. 汇报

1）语言表达流畅、准确、简洁、精炼。
2）时间观念强。

四、工作顺序及时间安排

周次	工作内容	备注
第1周	教师下达中国传统园林造景艺术手法分析工作任务	45分钟（课内）
	学生分组分工、案例资料收集与整理	
	PPT制作、编写汇报讲稿	60分钟（课外）
第2周	汇报方案初审	25分钟（课内）
	成果汇报，学生、教师共同评价	30分钟（课内）

过关测试

一、单选题

1. 自然式园林断面边缘为（　）。
   A. 斜线　B. 自然曲线　C. 直线　D. 折线
2. 自然式园林建筑布局特点是（　）。
   A. 用轴线控制全园、建筑设置在轴线上　B. 建筑采用不对称布局
   C. 随地形和景观空间而设置，参差错落与自然融合　D. 建筑设置在轴线的交点上
3. 自然式园林的草地与广场的外形轮廓为（　）。
   A. 自然曲线　B. 圆形　C. 长方形　D. 多边形
4. 自然式园林植物造景特点是（　）。
   A. 成行成排种植　B. 运用修建整齐的绿篱
   C. 大量运用花坛　D. 以孤植、丛植、群植、林植为主，随意自然，富于变化
5. 英国自然风景园的艺术特征是（　）。
   A. 布局均衡、严谨对称　B. 精巧细腻，具有一种简朴、清宁的致美境界
   C. 自然、疏朗、色彩明快，富有浪漫情调　D. “虽由人作，宛自天成”的境界
6. 法国古典园林的代表是（　）。
   A. 凡尔赛宫花园　B. 兰特庄园　C. 波士顿公园　D. 中央公园
7. 规则式园林植物造景特点为（　）。
   A. 大量运用绿篱、绿墙、模纹花坛　B. 运用盆景
   C. 运用孤植、丛植等种植形式　D. 运用群植、林植等种植形式
8. 规则式园林其他景观元素主要应用（　）。
   A. 假山　B. 雕塑与瓶饰
   C. 景石　D. 用匾额楹联作为景观环境的点景
9. 以纪念英雄人物、重大历史事件为主题的纪念性园林宜采用（　）布局形式。
   A. 规则式　B. 自然式　C. 混合式　D. 风景式
10. 混合式园林是指（　）。
   A. 既有规则式布局又有自然式布局，但规则式所占比重较大
   B. 既有规则式布局又有自然式布局，但自然式所占比重较大
   C. 既有规则式布局又有自然式布局，而且二者面积绝对相等
   D. 既有规则式布局又有自然式布局，而且二者比例接近

二、多选题

1. 园林的布局形式分为（　）三类。
   A. 自然式　B. 规则式　C. 山水式　D. 混合式
2. 自然式园林代表国家有（　）。
   A. 中国　B. 韩国　C. 日本　D. 英国
3. 自然式园林其他造景元素运用（　）。
   A. 景石　B. 假山　C. 盆景　D. 雕塑
4. 自然式园林艺术特点是（　）。

A. 园林要素布置随性自然　　B. 造园要素相互关系隐蔽含蓄
C. 具有庄重典雅，雍容华贵的气势　　D. 以含蓄、幽雅、意境深远见长

5. 规则式园林又称为（　）。
A. 几何式园林　　B. 风景式园林　　C. 整形式园林　　D. 建筑式园林

6. 规则式园林代表国家有（　）。
A. 中国　　B. 英国　　C. 意大利　　D. 法国

7. 被称为意大利台地园的典范有（　）。
A. 法尔奈斯庄园　　B. 兰特庄园　　C. 埃斯特庄园　　D. 凡尔赛宫花园

8. 规则式园林水体主要类型有（　）。
A. 整形水池　　B. 整形瀑布　　C. 运河式河流　　D. 壁泉、喷泉

9. 规则式园林艺术特点是（　）。
A. 气势恢宏，视线开阔　　B. 给人以庄严、雄伟、整齐之感
C. 虽由人作，宛自天成　　D. 布局均衡、严谨对称

10. 混合式园林特点是（　）。
A. 对地理环境适应性强　　B. 能满足多种功能需求
C. 既有庄严规整的格局，也有活泼、生动的气氛　　D. 布局均衡、严谨对称

项目3

园林山水地形设计

铸魂育人

追寻文化之美，曲水流觞的诗意浪漫

“曲水流觞”是中国古代民间的一种传统习俗，夏历的三月，人们举行祓禊仪式之后，大家坐在溪渠两旁，在上游放置酒杯，酒杯顺流而下，停在谁的面前，谁就取杯饮酒。后发展为文人任觞波行何处，便由何人咏诗的会友文化。

图3-1 北京香山饭店曲水流觞景观

永和九年，王羲之在会稽山阴的兰亭，组织了一场风雅集会。大家散坐在蜿蜒曲折的溪水两旁，然后由书童将斟酒的羽觞放入溪中，让其顺流而下，若羽觞在谁的面前停滞了，谁便赋诗，若吟不出诗，则要罚酒三杯。这次兰亭雅集，有十一人成诗各两首，十五人成诗各一首，十六人做不出诗各罚酒三杯；王羲之写下了举世闻名的《兰亭集序》，被后人誉为“天下第一行书”。这种诗酒文化，不仅是当时文人追慕的雅趣，更形成了修禊文化与园林自然的结合，最终促成了“曲水流觞”的景观，成为后世园林永恒不变的题材。

早在汉代的宫苑园林，就出现了类似流杯沟渠的人工建造；北宋的《营造法式》对流杯渠也有相关记载。现在我们能够看到的最著名的流杯亭，是位于故宫宁寿宫花园的禊赏亭，亭内地面凿石为渠，渠长27m，曲廻盘折，取“曲水流觞”之意，称为“流杯渠”。

园林中的“曲水流觞”指的是一种相对固定的园林景观设置形式，比如庭院中的流杯景观和利用自然地形地貌形成的溪流所设的曲水景观。从风景园林角度讲，曲水流觞将人们带到大自然中，游赏自然，以曲水为接触自然的载体，从而更好地与自然互动。无论是人工曲水还是自然式曲水景观，都体现了中国传统精神文化追求，即“天人合一”，通过效法自然来达到人与自然的和谐统一。曲水流觞在现代景观设计中更具流动性，它被凝练成带有符号性、代表性的设计元素。“曲之美”不再局限于水的表达，而演变成为一种曲线模式，如北京香山饭店曲水流觞景观，如图3-1所示。

苏州中航樾园内庭院分为溪院和水院两部分。水溪以精致的水台涌泉为源头，经过曲水流觞注入水院中，溪水下游的叠石如被溪流冲刷一般与种植结合在一起，形成了入口对景雕塑。溪院以简洁的硬质铺装为主，曲水流觞蜿蜒穿梭在疏影婆娑的树林当中，营造出场地的静谧氛围；水院以池塘为主，静谧的水面和建筑交相辉映。

朱育帆教授设计的公共艺术作品流水印向人们展示了中国现代景观设计中曲水流觞的新面

貌，流水印并不是一件水景设计作品，设计师提炼曲水流觞的形态特点，对其进行符号化处理，在结合新材料的基础上，用金属箱打造一个三维空间曲线体。流水印平面上变化细腻流畅的曲线组合，随着线性的展开趋势，在竖向空间中也旖旎变化，局部脱离地面以形成更大的趣味点。流水印整体由一条曲线演化而来，随着地形的起伏，逐渐消散隐没在草地中。游人从不同的角度、不同的方向，可以看到不一样的景观。设计师突破了传统曲水流觞的形式，利用立体的艺术形态对其进行现代化的演绎，这既是对传统文化的致敬，又是对曲水流觞的重新解读和弘扬。

曲水流觞是一脉相承的中国传统文化，通过对空间的循环反复，空间上的峰回路转，时刻给人出其不意的好奇之感，让人意犹未尽，这也是中式景观特有的诗意与浪漫。曲水流觞是带有深厚文化内涵的独特景观，现代景观设计师可以从曲水流觞的形与意中汲取灵感，让历史与现代相结合，迸发出新的活力。

任务1　地形设计

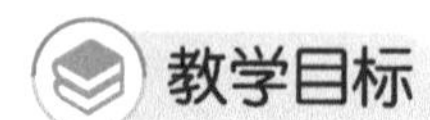

教学目标

知识目标

- 了解地形的设计原则及类型。
- 掌握山体布局设计手法与景石的应用形式。

能力目标

- 具有运用地形设计艺术手法进行园林地形改造设计能力。
- 具有园林山体布局设计、景石设计的能力。

素养目标

- 培养自主探究、勇于创新的设计思维能力。
- 树立保护自然环境和创造美好人居环境的责任意识。

知识链接

地形是指地球表面三维空间的起伏变化，简称为地表的外观。在规则式园林中，地形一般表现为不同标高的平地、台地；在自然式园林中，地形表现为平地、坡地、山地、微地形等自然地貌景观。地形构成整个园林景观的骨架，是园林要素的基底和依托。地形设计得恰当与否会直接影响到其他要素的设计。仁者乐山，智者乐水，中国传统文化自古以来就偏爱自然山水，园林的地形、地貌是大自然山水风景艺术的再现。

3.1.1　地形设计原则

地形处理是园林设计的关键，地形是园林构成的基础，不同的地形地貌反映出不同的景观特征，影响着园林的布局和风格，也涉及园林的道路系统、建筑、水体、植物等要素的布局，园林地形设计需要遵循一定的原则。

1.因地制宜，利用为主

《园冶》中“高方欲就亭台，低洼可开池沼”，表明地形设计首先应考虑园内自然地形条件的特点，在原有的地形基础上结合使用功能和景观构图等方面的要求对地形加以利用和改造，就低挖池，就高堆山，使土石方工程量达到最低限度，并尽量使园内土石方平衡。如颐和园很巧妙地利用依山傍水的原有地形，高低错落地布置园林建筑，将人工建筑融于自然地形之中，达到“虽由人作，宛自天开”的艺术境界。

2.满足园林使用功能的要求

游人在园林内进行不同的游憩活动需要不同的地形环境，如野餐、唱歌、跳舞、运动等集体性活动需要较大面积的平地；阅读、下棋、冥想、聊天等安静休息活动需要景色富于变化、起伏多变的地形创造宁静气氛；进行划船、游泳等水上活动时需要一定面积的水体；登山远眺需要山体；同时为使不同内容的游憩活动互不干扰，需要利用地形来分隔园林空间，如图3-2所示。

a）　b）　c）　d）　e）　f）

图3-2　园林地形满足游人不同的游憩活动

3. 满足园林景观的要求

不同的园林形式对景观的要求是不一样的，自然式园林要求地形高低起伏，疏密有致，灵活自由；规则式园林则需要平坦的地形，构成开敞通透的景观。丰富的地形变化可创造出不同景观效果的园林空间，大片的平地或水面可构成广阔明朗的开敞空间，起伏多变的山体地形可构成幽深静谧的封闭空间，疏林草地的轻微起伏地形形成了富于变化的半开敞空间。

4. 符合园林工程的要求

园林地形设计在满足使用和景观需要的同时，必须符合园林工程上的要求。如山体高度与坡度的关系，各类园林广场的排水坡度、水岸坡度的稳定性等问题都要以科学为依据，以免发生陆地内涝或岸坡等工程事故。

5. 创造适合园林植物生长的种植环境

丰富的园林地形可以形成不同的小环境，为不同生态习性的植物生长创造良好的环境条件。园林植物有耐阴、喜光、耐湿、耐旱等类型，园林地形设计应与植物的生态习性互相配合。如山体的南坡适宜种植喜光树种，北坡可选择耐阴、耐湿的植物种植；水边及池中可选择耐湿、沼生、水生等植物配置。北京植物园三面环山的地形为不同植物的生长创造了适宜的环境条件，如图3-3所示。

a）

b）

图3-3　北京植物园丰富的地形变化

3.1.2　地形的类型

园林中的陆地按地质材料、标高差异的不同，可分为平地、坡地、山地、微地形。

平地与坡地景观设计

1. 平地

园林中绝对平坦的地形是没有的，平地实际上是具有一定坡度的缓坡地，其坡度一般为0.5%~5%。自然式园林中的平地面积较大时，坡度为1%~7%。具有一定坡度的平地不仅能满足自然排水需求，而且能形成起伏柔和的地形，使景观显得不至于过于空旷和呆板。

平地是组织开敞空间的有利条件，便于游人集中或疏散。在平地上组织开展各种群众性文体活动，能营造开朗通透的景观。园林中的平地包括铺装广场、建筑用地、平坦的风景林、树坛、花坛、花境、草坪等用地。平地按地面材料可分为土壤地面、砂石地面、铺装地面和植被地面。

（1）土壤地面

土壤地面多设于林中空地，由于有树荫的遮蔽，可作为游息活动场地。园林中应尽量减少裸露的土地，如图3-4所示。

（2）砂石地面

为防止地表径流对土壤的冲刷，在平地上面铺撒一层细砂砾与黏土胶结，作为游人的活动场地和风景游息地。砾石地面常用于森林公园的停车场、自然风景区的山麓平地、湖河滩地等，如图3-5所示。

图3-4　土壤地面

图3-5　重庆园博园此园彼园青灰色砾石铺装

（3）铺装地面

铺装地面主要用于园林中的道路、广场等，可以是规则式铺装，也可以结合环境做自然式铺装，如图3-6、图3-7所示。

图3-6　北京中山公园铺装地面

图3-7　香港迪士尼入口铺装地面

（4）植被地面

植被地面是指园林中的草坪、树林草地、花坛、花境等覆盖植被的地面。它可形成不同的景观供游览观赏，也可进行不同内容的休闲活动，如图3-8所示。

a）

b）

图3-8 植被地面

2. 坡地

坡地就是有一定倾斜角度的地面，可分为缓坡和陡坡。缓坡坡度为8%~12%，一般是平地与陡坡的过渡，有时可作为一些活动用地。陡坡坡度在12%以上，一般是平地与山地之间的过渡形式。游人不能在上面集中活动，作为活动场地较困难，可利用地形的坡度在坡地设置露天剧场、球场的看台或作为植物的种植用地。

3. 山地

“仁者乐山，智者乐水”，山与水是人类赖以生存的物质基础，也是自然界中最富魅力的景观。秦汉时“一池三山”开创了中国造园史上堆叠假山的先河；到宋朝的艮岳，则以帝王之力营造了模仿天下名山的大型假山景观，堪称是中国园林假山的典范之作；至明、清时期，在园林中叠石为山相沿成风，现存的假山名园有苏州的环秀山庄、狮子林，上海的豫园，扬州的个园等。

山地与微地形设计

山体可分为自然山体和人工山体两种。园林中的山体大多是人工堆叠的，也称为假山。在中国古典园林中，通常是利用原有地形，挖池堆山，仿山峰、山坳、山脊之形，浓缩自然景观，产生了“一拳代山”“咫尺山林”“小中见大”的独具魅力的自然山水园。假山以其独特的视觉效果和其所蕴含的人文精神，成为园林中独具魅力的景观元素。

（1）山体的类型

园林山体按堆叠的材料可分为土山、石山、土石山和塑山四类。

1）土山。土山是全部用土堆叠的假山，可利用园内挖出的土方，投资比较小，由于受到土壤的安息角的限制，不能形成陡峭山势。土山可种植植物，能形成郁郁葱葱的自然山林景象。如北京景山公园的景山是为积土大假山，漫山松柏，古树参天，绿意盎然，如图3-9所示。

图3-9 景山

2）石山。石山由景石堆叠而成，不受坡度限制。由于叠置的手法不同，可以形成峰峦叠嶂、悬崖峭壁、陡峭险峻的艺术效果。扬州个园最特色的是叠山艺术，采用分峰用石的手法，运用不同石料堆叠成“春、夏、秋、冬”四景的假山。秋山为黄石假山，山间种植丹枫，坚挺的形态与山势互相调和，黄石丹枫，夕阳凝辉，倍增秋色（图3-10）。夏山叠石以青灰色太湖石为主，在悬崖峭壁间配置紫藤萝条，增添了深山林壑之感，如图3-11所示。

图3-10　扬州个园的黄石秋山

图3-11　扬州个园的太湖石夏山

3）土石山。土石山以土为主体结构，表面再加以景石装饰和点缀，造型丰富，艺术效果较好。土石山可以取土山和石山的优点，在造园中应用得很多。如哈尔滨太阳岛公园的太阳山由开挖太阳湖的泥土加巨大的花岗岩构筑而成，高30余米，山上植有榆、柳、松、柏等树木，土石相间，树石浑然一体，形成林木蔚然的山林之趣，如图3-12所示。

a）

b）

图3-12　哈尔滨太阳岛公园的太阳山

4）塑山。现代园林中常利用水泥、混凝土、玻璃钢、有机树脂、GRC（低碱度玻璃纤维水泥）等材料塑造山体，称为塑山，如图3-13所示。塑山具有造型随意、体量可大可小、色彩多变、生态环保等优点，但也存在寿命短、不具有天然石材质地之美等问题。

a）

b）

图3-13 塑山

山体按在园林中的位置和用途可分为园山、厅山、楼山、阁山、书房山、池山、室内山、壁山和兽山。

（2）园林山体的艺术布局

1）将假山布置在主要出入口的正面。将假山布置在主要出入口的正面形成障景，使园景峰回路转、莫测高深、引人入胜，避免一览无遗。如恭王府花园从中路进入园门后的土山起到了障景作用，穿越山洞门后豁然开朗。又如拙政园入口的黄石假山、颐和园仁寿殿后的土石山，都是以山障景。

2）将假山作为主体建筑的对景。将假山作为主体建筑的对景是我国传统园林中最为常见的一种布局形式。如苏州拙政园中部的主体建筑“远香堂”与西山及其上的“雪香云蔚亭”互成对景，构成一条南北透景线。

假山与主体建筑之间要有一定的视距，在此视距范围内可布置水池或草坪，形成垂直与水平、虚与实的两重对比，以显出山体的高耸与灵秀。同时，山的主峰应忌正对建筑大厅，应稍偏离，使对景具有画面布局的意趣。

3）将假山布置在园林周围分隔空间。将假山布置于园地的周围，用以围合、分隔园林空间。山上种植花草树木可阻隔园外的喧嚣和尘埃，保持空间的相对独立性，营造静谧幽深的园林氛围。

4）将假山置于园内角隅部。以粉墙为背景，嵌石于墙内，饰以树木花草的做法，在江南古典园林中屡见不鲜，即将假山“借以粉壁为纸，以石为绘也”，可产生浓浓的画意。

5）将假山与水体结合布置。假山与水体结合，悬崖峭壁、悬藤垂萝与水中倒影，虚实相辅助，山水相映成趣，水随山转，山因水活。

4. 微地形

微地形是通过模拟自然界地形的形态及起伏韵律而设计出轻微起伏变化的地形。适宜的微地形处理有利于园内排水和土方平衡，形成优美的空间景观层次，达到增强园林空间的艺术性和改善生态环境的目的，在现代城市园林中应用广泛。如杭州太子湾公园大量运用微地形形成高低起伏、错落有致、自然细腻的园林空间，如图3-14所示。哈尔滨太阳岛公园的鹿苑内自然起伏的微地形结合开阔的疏林草地，构成了一副“鹿鸣山坡，饮水小溪”的自然画卷，如图3-15所示。

a）

b）

图3-14　杭州太子湾公园的微地形景观

图3-15　哈尔滨太阳岛公园的鹿苑内的微地形景观

3.1.3　景石设计

中国园林崇尚自然，妙在含蓄，在其漫长的历史进程中，景石与山水园林相依相随，占有重要的地位，是不可缺少的造景要素。“片山多致，寸石生情”，一山一石耐人寻味。园林中的景石因其具有形式美、意境美和神韵美而富有极高的审美价值，景石赋予了园林朴实归真的自然气息。无园不石，无石不奇，景石不仅有其独特的观赏价值，而且被赋予了强烈的情感。

景石设计

1. 景石的类型

景石是以山石为材料做独立或附属的造景布置，主要表现山石的个体美或局部组合美。我国地域辽阔，景石资源丰富，或奇或秀，或拙或漏，目前较多采用的景石石材有太湖石、英石、房山石、黄蜡石、石笋石、斧劈石、千层石等。

（1）太湖石

太湖石是中国四大传统名石之一，产于苏州太湖地域，因长久受湖水冲击，形成多孔而玲珑剔透的石灰岩。太湖石质坚而脆，纹理纵横、脉络显隐。石面上自然形成沟、缝 、穴、洞，窝洞相套，玲珑剔透，宛若天然抽象图案一般，具有极高的观赏价值，如图3-16所示。

图3-16 太湖石

图3-17 英石

（2）英石

英石因产于广东英德而得名。英石多为中、小形体，石质坚而润，一般为青灰色、黑灰色等，其形状瘦骨铮铮，嶙峋剔透，多皱褶棱角，清奇俏丽。如杭州花圃的绉云峰为英石叠置，色积如铁，迂回峭折，如图3-17所示。

（3）房山石

房山石因产于北京房山而得名。其外观具有雄浑、厚重、敦实的特点。皇家园林中大量运用房山石衬托庄重沉稳、恢宏大气的艺术风格。

（4）黄蜡石

黄蜡石呈润黄色，石质润泽光滑如同打蜡，因此得名。黄蜡石具有湿、润、密、透、凝、腻等特点，形态各异，有的浑圆大卵石状，有的石纹古拙，观赏性极强。黄蜡石主要分布在我国南方各地。黄蜡石色彩优美明亮，常作为特置景石设置在草坪、水边和树下，如图3-18所示。

（5）石笋石

石笋石是外形修长如竹笋的一类石材的总称，主要产于我国浙江等地。园林中常用石笋石与竹类植物搭配，如扬州个园的春山，如图3-19所示。

图3-18 黄蜡石

图3-19 石笋石

（6）斧劈石

斧劈石产于我国江苏常州一带，有浅灰、深灰、黑、土黄等颜色。斧劈石属于硬质石材，外形具有竖线条的丝状、条状、片状纹理，又称为剑石。斧劈石的外形挺秀有力，易表现出陡峭、险峻、飞扬的意境，如图3-20所示。

（7）千层石

千层石是沉积岩的一种，外形似久经风雨侵蚀的岩层，其纹理呈层状结构，在层与层之间夹着一层浅灰岩石，石上纹理清晰，多呈凹凸、平直状，具有一定的韵律，线条流畅。千层石神韵秀丽静美、端庄淡雅，如图3-21所示。

图3-20　斧劈石

图3-21　千层石

2. 景石在园林中的应用形式

（1）特置景石

特置景石是选择造型奇特的石块作为独立的观赏对象，又称为孤置景石、孤赏景石，也有称其为峰石的。特置景石对石材要求较高，一般选用体量巨大、姿态多变、造型奇特或质地、色彩特殊的具有较高观赏价值的石材。特置景石一般设置于庭院入口或中心等视线集中的地方用作障景或对景，如北京颐和园乐寿堂庭院中雄伟浑厚的青芝岫作为障景，给人以壮美之感，如图3-22所示。特置景石也可设置于园林建筑前、路旁、树下、水畔、草坪等地作为山石小品点缀局部空间，如图3-23所示。

图3-22　颐和园乐寿堂的青芝岫

图3-23　故宫御花园的特置景石

中国传统的赏石理念和审美标准是瘦、皱、透、漏。瘦即石峰秀丽，棱角分明；皱即石峰外形起伏不平，明暗变化富有节奏感；漏即石峰上下左右有路可通；透即玲珑多孔穴，光线能透过，使得外形轮廓丰富多彩。苏州留园的冠云峰、上海豫园的玉玲珑，苏州的瑞云峰，杭州的绉云峰都以生动、优美的艺术形象成为特置景石的佳品。上海豫园的玉玲珑，亭亭玉立，玲珑多姿，透漏兼备，秀润多彩，玲珑剔透。据说该石有二十二孔，以一炉香置其底，孔孔出烟，以盆水灌顶，孔孔流泉，如图3-24所示。苏州留园的冠云峰，高耸入云，峭然耸峙，极具清秀瘦挺之美，如图3-25所示。

图3-24 清秀瘦挺的冠云峰

图3-25 上海豫园中玲珑多姿的玉玲珑

“石配树而华，树配石而坚”，景石无论是与孤植乔木，还是与群植的乔灌木、花卉、草坪相配，都能取得较好的造景效果。北京恭王府花园的特置景石独乐峰兼备瘦、皱、漏、透于一体，围绕独乐峰密植的乔灌木，前植低矮的各色草花，在绿色的背景和鲜艳前景的暖色衬托下，湖石山峰高耸奇特、玲珑清秀，其旁植物花叶扶疏、姿态娟秀、苍翠如洗，如图3-26所示。扬州个园在竹群前配以太湖石，游人漫步其中，竹石掩映，欣赏特有的幽邃深远之美，引人入胜，如图3-27所示。

图3-26 北京恭王府花园特置景石独乐峰

图3-27 扬州个园景石与竹群组景

（2）对置景石

沿某一轴线或路口、桥头、道路和建筑物入口两侧做对应布置的景石称为对置景石。对置景石并非对称布置，只求在构图上的均衡和形态上的呼应，作为对置的景石在数量、体量以及形态上无须对等，可挺可卧，可坐可偃，可仰可俯。

（3）散置景石

散置景石是指多块大小不一的石材按照有聚有散、主次分明、高低起伏、顾盼呼应的艺术手法组合在一起，常用来点缀草坪、路边、水边、树下、驳岸、建筑角隅处，使之自然野趣。散置景石要求石块大小不一、形态各异，要注意层次清晰、疏密有致、虚实相间，如图3-28所示。散置景石与植物组合造景，显得生机、灵动。

泰国易三仓大学校园内的中心湖水面，结合水岸植物群落，依水叠石，水中有石，树中有石，景石在水中与水岸交相辉映，情趣盎然，如图3-29所示。在扬州个园的月洞门前的散置景石，石笋参差、翠竹秀拔，使人想起雨后春笋生机勃勃的意境，如图3-30所示。在沈阳世博园的林间小路两侧，以密林为景观主体并自然散置景石，人们倾侧斜欹在浓林之下，漫步其中，生动野趣，如置身于郊野山林，让人充分领略大自然的山野气息，如图3-31所示。

图 3-28　北京朝阳公园的散置景石

图3-29　泰国易三仓大学中心湖岸边的散置景石

图3-30　扬州个园景石与竹子组景

图3-31　沈阳世博园林间小径的散置景石

案例分析

韩国梨花女子大学校园中心景观设计

位于韩国首尔市中心的梨花女子大学，成立于1886年，是韩国历史最悠久的女性大学，也是世界上最大的女子大学。梨花女子大学曾诞生过多名第一夫人，也被称作“总统夫人的摇篮”。梨花女子大学原名梨花学堂，1948年改名为梨花女子大学。梨花女子大学的标志景观为梨花墙，如图3-32所示。

由法国设计师米尼克·佩罗设计的校园中心依山谷地形塑造成一个峡谷，被称为梨花深谷，形成建筑与地形完美结合的校园中心景观。梨花深谷其实是一个覆土建筑，两侧的玻璃幕墙后面隐藏的两栋建筑包含教室、图书馆、剧院、商店、健身、管理用房等功能，如图3-33所示，可容纳两万名学生。建筑上方的屋顶花园不仅作为建筑和雕塑的集合体，同时也是城市和校园的附属绿地（图3-34）。梨花深谷两侧的大玻璃幕墙能让自然阳光很好地射入建筑，不仅可以用来做讲座、举办大型活动，还是很好的休闲娱乐空间，如图3-35、图3-36所示。

图3-32 梨花女子大学的标志景观梨花墙

图3-33 梨花深谷全貌

图3-34 梨花深谷的屋顶花园

图3-35 梨花深谷的大玻璃幕墙

图3-36 梨花深谷俯视

知识拓展

上海辰山植物园矿坑花园

矿坑花园位于上海辰山植物园的西北角，邻近西北入口，由清华大学教授朱育帆设计。辰山采石坑是百年人工采矿遗迹，由于长期采石，剥离表层植被，破坏地形，造成水土流失和景观破坏。为保护矿山遗迹、美化环境，加快矿山生态修复，结合上海辰山植物园的建设，这里被批准建设成为一个有特色的修复式花园。

矿坑花园总体面积为4.3公顷左右，由高度不同的山体、台地、平台、深潭四层级构成。设计师根据矿坑围护避险、生态修复要求，将场地分三块进行设计，分别是平湖区、台地区和深潭区，如图3-37所示。

图3-37 矿坑花园

平湖区占矿坑花园面积一半以上，为了避免过于平坦空旷，设计师巧妙地在平台居中的位置，设计了一个与山崖面曲线轮廓同型的镜面水体作为核心景观。水体的设计不但有利于改善局部小气候，而且为局部生态多样性提供了更多可能，同时也成了滨水植物的展示空间。矿坑是工业时代遗留下的痕迹，台地区灵活的处理沿台地边缘的挡土墙及现状出入口，大量运用锈钢板材料来延续工业时代的气息，使其成为一个以锈钢板为主题的序列景观，通过栈道与潭区相连，与镜湖相呼应。深潭区游览可以在钢筒端头平台上感受临渊之险，可穿过山体后上浮桥进入水面空间，观赏采石留下的山石皴纹或仰观瀑布，最终进入山洞，经由一条长150m的隧道，出来便是东矿坑花园的另一番景色了。

矿坑花园结合中国古代“桃花源”隐逸思想，利用现有的山水条件设计瀑布、天堑、栈道、水帘洞等与自然地形密切结合的内容，深化人对自然的体悟。深度刻化现状山体的皱纹，使其具有中国山水画的形态和意境。矿坑花园突出修复式花园主题，是国内首屈一指的园艺花园。

工作任务

某公园地形设计

一、公园地形设计的工作目标

通过某公园地形设计的工作任务实训，使学生掌握园林地形的设计步骤与方法，根据设计项目场地的现状特征及周边环境因素，结合其他园林的组成要素布局合理确定地形设计方案，绘制地形设计图，为园林方案详细设计的开展打下良好基础。

1. 知识目标

1）熟悉地形的类型。

2）掌握地形设计布局手法及绘制表现形式。

2. 能力目标

1）具有结合场地现状进行地形改造设计能力。

2）具有综合分析场地现状问题与解决问题能力。

3. 素养目标

1）坚持人与自然和谐共生以及可持续发展的理念。

2）培养严谨认真、精益求精的工匠精神。

二、公园地形设计的工作任务

1）某公园在规划用地范围内，结合公园原有地形、路网等景观要素进行地形改造设计，如图3-38所示。

2）认真读图，充分了解公园用地的基本情况。

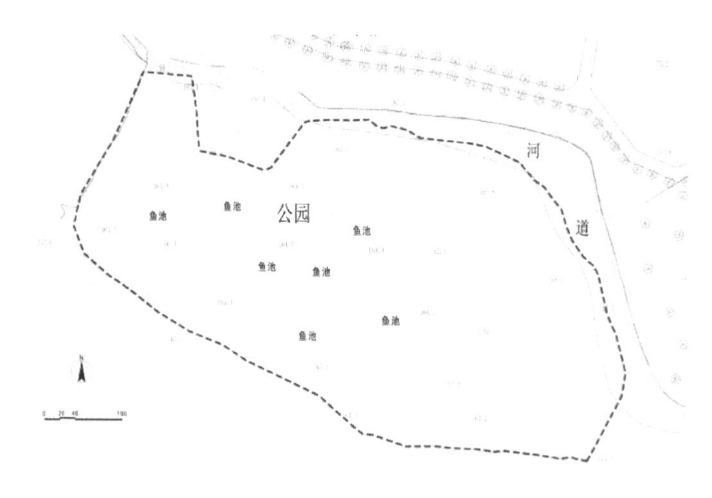

图3-38 某公园设计底图

3）对设计底图上显示的环境条件认真进行基地分析，依据原有地形进行合理的利用和改造。

4）在规划用地范围内设计山体、台地、坡地及微地形等地形形式。

5）地形设计考虑与其他景观元素相结合。

三、图纸内容

1）图名：某公园地形设计。

2）绘制地形设计平面图、立面图，要求线条流畅，构图合理，清洁美观，图例、文字标注以及图幅符合制图规范。

3）比例为1:1000，钢笔墨线图。

4）图纸大小：A1。

四、工作顺序及时间安排

周次	工作内容	备注
第1周	教师下达工作任务、学生资料收集与整理	30分钟（课内）
	地形设计草图方案构思、绘制	60分钟（课外）
第2周	地形设计草图方案修改、优化	45分钟（课内）
	成果汇报，学生、教师共同评价	30分钟（课内）

任务2　园林水体设计

教学目标

知识目标

- 了解园林水体的功能作用与景观作用。
- 掌握不同类型园林水体的设计手法。

能力目标

- 具有运用水体设计艺术手法进行不同类型水景设计的能力。
- 具有水体景观构筑物布局设计能力。

素养目标

- 培养自主探究，勇于创新的设计思维能力。
- 树立保护绿水青山的生态责任。

知识链接

水是生命之源，临水而居，择水而憩，人类自古就有亲水的本性。水作为自然界最活跃、最具灵气的因素，以其多变的形态及所蕴含的哲理思维，不仅早已融入我国文化艺术的各个领域，而且也成为园林中不可缺少的、最富魅力的一种要素。无水不园，无水不活，中国园林理水艺术从秦汉时期的一池三山至今，拥有上千年的理水艺术与审美文化传统，其丰富的文化内涵和独特的构思手法塑造了如诗如画的水景。

3.2.1 园林水体的功能作用

1）园林水体具有调节空气湿度和温度的作用，又可溶解空气中的有害气体，净化空气。

水体功能作用与景观特征

2）园林中的大型水面，除供游人划船游览外，还可作为水上运动和比赛的场所（图3-39），北方冬季在冰面可开展冰上运动。

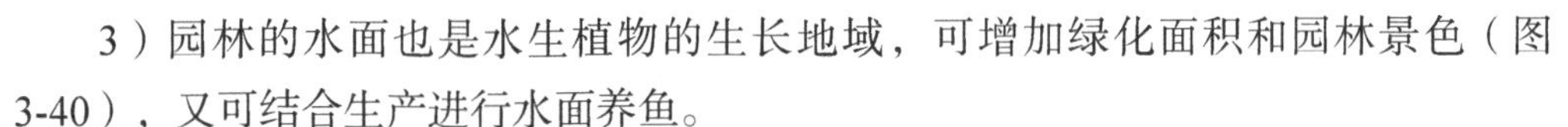

3）园林的水面也是水生植物的生长地域，可增加绿化面积和园林景色（图3-40），又可结合生产进行水面养鱼。

4）大多数园林中的水体具有蓄存园内的自然排水的作用，有的还能对外灌溉农田，有的又是城市水系的组成部分。

图3-39 游客泛舟水面

图3-40 水面上的植物

3.2.2 园林水体的景观特征

园林中水的形态、风韵、气势、声音蕴含着无穷的诗意、画意和情意，都给人以美的享受，引起人们无穷的遐想。有人将水喻为园林的灵魂，水不仅增添了活泼的生机，更增加了波光粼粼、水影摇曳的形声之美。

1. 丰富的形式

水随器而成其形，规则式园林的水体形式主要有河（运河式）、水池、喷泉、泉、壁泉、规则式瀑布和跌水等；自然式水体依据其形体的大小不同，有江、河、湖、海、溪、涧、瀑、潭、池以及泉等。“延而为溪，聚而为池”，中国传统园林理水十分注重水形、岸畔的设计，利用水面的开合变化塑造出丰富多变的水景，形成各具特色的水面景观。如颐和园内有开阔宁静的昆明湖（图3-41）；有狭长深邃而具有山林野趣的后湖（图3-42）；有谐趣园小巧玲珑的一潭碧水（图3-43）；利用不同水体形态的对比与交融，丰富了园林的趣味。

图3-41 昆明湖

图3-42 后湖

2. 有动有静

水景有动态和静态之分，静水是指成片状汇集的水面，常以湖泊、水池等形式出现。静态的水景平静、幽深、安逸，水平如镜的水面涵映出周围的湖光山色，呈现出烟波浩渺、扑朔迷离之美，如图3-44所示。“清池涵月，洗出千家烟雨”，正是古人对园林静水的赞美。动水主要是指溪流、泉水及瀑布等呈现出水的动态之美。动态的水景明快活泼，形态丰富多样，形声兼备，使环境富有动感和生机，如图3-45所示。

图3-43 谐趣园的一潭碧水

a）

b）

图3-44 静态水景

a）　b）

c）　d）

图3-45　活泼跳跃的动态水体

3. 有声有色

“何必丝与竹，山水有清音”表达出人们对大自然山水声音的赞美。轰鸣的瀑布，潺潺的溪水，叮咚的泉水，犹如琴韵，给人以悠远、渗透心灵的自然音响之美。园林造景常借助水声之美赋予景观诗情画意，如苏州拙政园的听雨轩，轩后种植一丛芭蕉，轩前一池碧水，池中荷花、池边芭蕉、翠竹前后相映，雨点落在不同的植物上，可聆听到别有韵味的雨声，如图3-46所示。取意于李商隐的“秋阴不散霜飞晚，留得残荷听雨声”的留听阁，利用水声成景，是赏秋荷听雨的绝佳之处，如图3-47所示。

图3-46　雨打芭蕉

图3-47　留听阁

4. 水色光影映射成景

水体收纳万象于其中，水平如镜时，水边山体、植物、建筑等均可在水中形成倒影，风拂影动，天光云影共徘徊。水岸边景物与倒影一动一静，形成动静相随的景致。水中倒影不仅给水面带来光波的动感，而且可以增加景深，扩大视觉空间，产生开阔、深远之感，如图3-48所示。拙政园的倒影楼就是以水影为主题的建筑，游人行走于水岸边，可观赏倒映在水中的楼影，天光云色，树影婆娑，显得虚幻而美丽，微风吹过，波光粼粼，给人以诗意、轻盈的视觉感受，如图3-49所示。

a）

b）

c）

图3-48 水体映射成景

图3-49 拙政园的倒影楼

3.2.3 园林水体的设计要点

1. 湖

自然式水体设计

湖是园林中大面积的水面，水量充沛，多为利用天然水体略加人工挖掘整理而成。如颐和园的昆明湖前身为天然湖泊瓮山泊，面积约为220公顷，空间辽阔，视野宽广，有一望千顷、海阔天空之气派。湖属于静态水体，湖的形状决定了水面的大小、形状与景观。静态的水面一平如镜，具有宁静安逸的景观特点，在光线下可以产生倒影、逆光、反射等，使湖面变得波光晶莹，色彩缤纷，带来无限光韵和动感，如图3-50、图3-51、图3-52所示。

湖在园林中一般作为中心景区，沿湖布置道路、植物、建筑、山石等，形成一种向心、内聚的格局，具有“纳千顷之汪洋，收四时之烂漫”的气概。湖面开阔宽广，为避免景观单调，常用堤、岛、桥等分隔水面，形成大小、主次有别的水域空间。湖岸线长，宜曲折自然地变化，用植物、建筑点缀，使湖岸景致优美多变，周围可添景、借景，丰富水天之间的风景轮廓线。

2. 池

池是园林中最常见的水景之一，面积可大可小，形状灵活多变，属于静态水体。在规则式园林中，水体的外形轮廓为几何形，多采用圆形、方形、矩形、椭圆形、梅花形、半圆形或其他组合类型，线条简洁；驳岸为垂直水岸，如图3-53所示。在自然式园林中，水池的水岸线由平滑流畅的自然曲线构成，体现水的流畅柔美；驳岸多为山石驳岸和自然式斜坡驳岸，如图3-54所示。

图3-50　北京植物园宁静安逸的湖面

图3-51　南京玄武湖

图3-52　哈尔滨太阳岛公园的太阳湖

a）

b）

c）

图3-53　规则式水池

a)

b)

图3-54 自然式水池

3. 河流

在自然界中，水自源头集水而下，流淌向前，形成河流。河流是线性流动水景，属于动态水体，具有灵动婉约的景观氛围，如图3-55所示。颐和园的后河区清流淙淙、绿草如茵、清幽雅致，体现了人与自然悠然共存的境界，如图3-56所示；香港迪士尼乐园的神秘河流景区，游人乘坐探险船在河流寻幽探秘，浪漫又神秘，如图3-57所示。

河流平面设计上应蜿蜒曲折，有分有合、有收有放、有宽有窄，在视觉上产生收放开合的节奏与韵律。在立面设计上，随地形变化形成不同高差的跌水，同时应注意河流在纵深方面上的藏与露。

a)

b)

图3-55 菖蒲河

图3-56 颐和园的后河区

图3-57 香港迪士尼乐园的神秘河流景区

4. 溪、涧

溪、涧是自然山涧中的一种水流形式，水面狭窄而细长，多蜿蜒曲折。溪、涧迂折回环，穿壑通谷，具有深邃藏幽之趣，耐人寻味。溪水因落差而呈现多样的水流形态，产生不同的水声，形成极具自然野趣的溪流景观，如图3-58所示。

溪流设计要提取自然山水中溪、涧景色的精华，水岸线要曲折多变，利用光线、植物等创造明暗对比的空间，利用跌落高差的变化、潺潺流淌的溪水创造悦耳动听的流水声音，具有欢快、活泼的景观特色，如图3-59所示。

图3-58　极具自然野趣的溪流景观

图3-59　欢快、活泼的小溪

5. 瀑布

自然界中，水从悬崖或陡坡上倾泻下来而形成瀑布，成为极富吸引力的自然景观。我国著名的瀑布有黄果树瀑布（图3-60）、黄山的九龙瀑布、牡丹江上镜泊湖的吊水楼瀑布、崂山的龙潭瀑布（图3-61）等。

图3-60　黄果树瀑布

图3-61　崂山的龙潭瀑布

人工瀑布主要是利用地形落差的变化而形成的落水景观。瀑布向下澎湃的冲击水声、水流溅起的水花，都能给人以激情澎湃的听觉和视觉享受。最基本的瀑布由上游水流、落水口、瀑身、受水潭以及下游泄水五个部分构成，其中瀑身是主要的观赏景观。

瀑布的落水形式有布落、线落、滑落、分落、丝落、段落、雨落、帘落以及乱落等。瀑布形成动态的水花，在光影衬托下更加绚丽多彩，令人陶醉。

丹麦艺术家奥拉维尔·埃利亚松在美国纽约建起的巨型人工瀑布，采用巨型金属支架代替悬崖，利用抽水系统把水抽送到金属支架顶端的水槽，四座巨型人工瀑布高27~37米不等，极具震撼力，如图3-62所示。赖特的流水别墅呈现出水与建筑的完美融合，如图3-63所示。落水与建筑树木结合，诗意浪漫，如图3-64所示。

a）

b）

图3-62 纽约的巨型人工瀑布

图3-63 赖特的流水别墅

图3-64 落水亭

6. 叠水

叠水是当地形呈阶梯状的落差时，水流呈现层层叠落的现象。叠水具有形式之美和动态之美，其规则整齐的形态适用于简洁明快的现代城市园林，如图3-65所示。美国沃斯堡流水公园是以非常独特的叠水设计而闻名遐迩，公园内很多个台阶可以让游人置身于流水的环绕之中，倾听水流合奏的交响乐，感受美妙独特的叠水景观，如图3-66所示。

规则式水体设计

图3-65　北京朝阳公园的叠水

图3-66　美国沃斯堡流水公园

7. 喷泉

喷泉是西方古典园林中常见的水景，主要是用动力驱动水流，利用喷射的速度、方向、水花等变化创造出多变的形态。随着现代技术的发展，水、声、光及电脑控制技术融入喷泉设计中，形成了音乐喷泉、雾化喷泉、激光喷泉、激光水幕电影等多种形式，使之呈现出变幻莫测、美轮美奂的视觉效果。

喷泉在现代城市园林中应用普遍，可以结合主题雕塑或园林小品共同形成景观，如图3-67、图3-68所示。捷克比尔森共和广场的“T”形喷泉造型别致，如图3-69所示。景观设计大师野口勇设计的Horace E.dldge喷泉，是由两个圆柱支撑起的一个圆形管道，管道下是一个圆形水池，喷泉可以向下或向上两个方向，隐喻了人们在追寻荣誉过程中的矛盾，如图3-70所示。迪拜音乐喷泉是世界上最大的喷泉，它的总长度为275米，最高可以喷到150米，具有无与伦比的震撼力，是迪拜的标志性景观，如图3-71所示。济南泉城广场的荷花音乐喷泉是广场的主要景观，在圆形水池中，盛开着一朵巨大的金属荷花，水自水池及荷花中喷射而出，形成大小不一的无数个喷泉，最高的达数十米，蔚为壮观，如图3-72所示。雾化喷泉利用雾状喷头喷出的细小水滴，完全成雾状，形成若有若无、虚幻飘逸的梦幻感，如图3-73、图3-74所示。

图3-67　香港迪士尼乐园的主题喷泉

图3-68　香港海洋公园的海洋生物喷泉

图3-69 捷克比尔森共和广场的“T”形喷泉

图3-70 Horace E.dldge喷泉

图3-71 迪拜音乐喷泉

图3-72 泉城广场的荷花音乐喷泉

图3-73 香港迪士尼乐园的雾化喷泉

图3-74 哈佛大学的唐纳喷泉

8. 旱喷泉

旱喷泉将喷泉设施放置在地下，喷头和灯光设置在网状盖板以下，喷泉喷出的水柱通过盖板或花岗岩等铺装孔喷出，比普通喷泉具有更高的安全性。旱喷泉有效地利用了空间面积，不喷水时可作为广场供人们休息、散步、娱乐活动，喷水时人们可在水帘中穿梭、嬉戏，感受水的魅力，如图3-75所示。

a）

b）

图3-75　旱喷泉

9. 壁泉

在人工建筑的墙面，水从墙壁上顺流而下形成壁泉。壁泉适用于空间狭小的庭园，壁泉的尺寸可大可小，水由墙面的出水口流出，产生涓涓细流的水景，发出潺潺水声，增添了自然的神韵与气质，如图3-76所示。

a）

b）

图3-76　壁泉

3.2.4　园林水体景观的构筑物

园林水体景观构筑物设计

园林中的集中形式的水面，多设置岛、堤、桥、汀步等划分水面，增加水面的层次与景深，扩大空间感，增添园林的景致与趣味。

1. 岛

为了避免水面的平淡和空旷，园林中可以用岛来划分水面的空间，使水面形成几种情趣的水域，水面仍有整体的连续性，增加了水面层次。岛是欣赏四周风景的中心点，同时又是被四周所观的视觉焦点，因此可在岛上与岸边建立对景。岛也是游人很好的活动空间，在岛上观赏四周景色，碧波环绕于周围，具有远离尘俗之趣。

图3-77 琼华岛

（1）岛的类型

1）土山岛。土山岛以土为主，因土壤的稳定性使坡度受限制，不宜过高，地形变化平缓，岛上可以种植花木，在水面形成郁郁葱葱的植被景观。如燕京八景之一的琼岛春荫，就是指北海公园琼华岛上青翠欲滴的苍松翠柏，掩映潋滟水光，如图3-77所示。

2）石山岛。石山岛以石为主，在小面积范围内就可形成峰峦叠嶂、悬崖峭壁的山体景观。

图3-78 礁

3）平岛。平岛是指泥砂淤积而成的坡度平缓的岛，岸坡平缓地伸入水中，岸线圆滑，使水陆之间自然地融为一体，较大的平岛具有生动自然的景色。平岛的建筑常临水或深入水面布置，水边可以布置一些水生植物，以形成自然生动的水景。

4）半岛。半岛是陆地深入水中的一部分，一面连接陆地，三面临水，岛上道路可与陆地道路相连，便于游览。半岛的布置可参照山岛和平岛。

5）岛群。岛群是指成群布置的分散的岛，疏密有致，富有情趣。如杭州西湖的三潭印月，由数个岛连接成岛中湖或湖中岛，形成内外不同的景色。

6）礁。礁是指水中散置的点石。石体要求玲珑奇巧或浑圆厚重，只作为水中孤石欣赏，不许游人登临，在较小的水面中，礁可代替岛的艺术效果，如图3-78所示。

（2）岛的布置

水中设岛忌居中与整形，一般多设在水面的一侧或重心处，不破坏水面有大片完整的视觉效果。岛的数量不宜过多，应视水面的大小和造景的要求而定，大水面可设1~3个大小不同、形态各异的岛屿。岛的大小与水面的大小应比例适当，一般情况下宁小勿大。岛的分布要自然灵活、疏密相间，可结合障景、借景布置，形成超脱、秀逸的意境。

2. 堤

堤是将较大的水面分隔成不同景区的带状陆地。堤不但可以划分水面空间，还可作为游览的路线，成为一道景观独特的风景线。园林中多为直堤，曲堤较少。堤在水面的位置不宜居中，多靠水面一侧，将水面划分成大小不同、形态各异、主次分明的空间。为避免堤上景观单调平淡，堤不宜过长；为便于水上交通和沟通水流，堤上常设桥。堤上如设桥较多，桥的大小形式要有变化。如颐和园西堤从北向南依次建有界湖桥、豳风桥、玉带桥、镜桥、练桥、柳桥六座式样各异的桥亭，蜿蜒昆明湖中的西堤好似一条钻石项链，在波光粼粼的水面上发出璀璨的光芒，如图3-79所示。

图3-79 颐和园昆明湖中的西堤

堤上植树可加强分隔的效果，长堤上植物叶花的色彩产生连续的韵律之美。西湖苏堤沿堤栽植杨柳、碧桃等树木，春季杨柳吐翠，艳桃灼灼，红翠间错，“西湖十景”中的苏堤春晓因此而得名。

3. 园桥

园桥既可以分隔水面，又是水岸联系的纽带。园桥对水面的分隔可以隔而不断，断中有连，具有虚实结合的分隔特点，有利于隔开的水面、在空间上相互交融和渗透，创造动人的园林意境。桥一般建在水面较狭窄的地方，偏向水面的一侧，分隔成大小不同、主次分明的两个水面。

园林中桥的形式丰富多变，有平桥、曲桥、拱桥、廊桥、亭桥等。

（1）平桥

平桥外形简单，有直线形和曲折形，结构有梁式和板式。板式平桥适用于跨度较小的水面，如南京瞻园小溪的石板桥，简朴雅致，如图3-80所示。梁式平桥适用于跨度较大的水面，需设置桥墩或柱，上安木梁或石梁，梁上铺桥面板，如北京颐和园谐趣园中的知鱼桥（图3-81）。

图3-80 板式平桥

图3-81 梁式平桥

（2）曲桥

曲折线形的平桥，不论三折、五折、七折、九折，通称曲桥，其作用不在于便利交通，而是要延长游览行程和时间，以扩大空间感，如图3-82所示；在曲折中变换游览者的视线方向，做到步移景异；也有的用来陪衬水上亭榭等建筑物，如狮子林连接湖心亭的曲桥，如图3-83所示。

a）

b）

c）

图3-82 曲桥

图3-83 狮子林连接湖心亭的曲桥

（3）拱桥

拱桥造型优美，曲线圆润，富有动态感，有单拱桥和多孔拱桥之分。颐和园玉带桥是由汉白玉制成的单拱石桥，造型流畅、柔和、秀美，宛若一条玉带垂虹卧波，如图3-84所示。多孔拱桥适用于跨度较大的宽广水面，常见的多为三孔、五孔、七孔。著名的颐和园十七孔桥映卧水面，连接南湖岛，丰富了昆明湖的层次，成为万寿山的对景，如图3-85所示。

图3-84 颐和园玉带桥

图3-85 颐和园十七孔桥

（4）廊桥、亭桥

桥上建亭或长廊，除具有连接水面的功能之外，还可供游人遮阳避雨、休息和赏景，如图3-86、图3-87所示。拙政园内小飞虹就是将廊和桥置于一体，朱红色桥栏倒映水中，水波粼粼，宛若飞虹，如图3-88所示。瘦西湖的五亭桥是桥和亭两种建筑形式完美的结合，造型典雅秀丽的五亭桥是扬州的标志景观之一，如图3-89所示。

图3-86　颐和园亭桥——练桥

图3-87　颐和园亭桥——柳桥

图3-88　廊桥——拙政园内小飞虹

图3-89　亭桥——瘦西湖的五亭桥

4. 汀步

汀步，又称为步石、飞石，是在浅水中按一定间距布设微露水面的块石，使人跨步而过。汀步多选石块较大、外形不整而较平的山石散置于水浅处，石与石之间高低参差、质朴自然、别有情趣。

案例分析

戴安娜王妃纪念喷泉

位于英国伦敦海德公园蛇形湖畔左岸的戴安娜王妃纪念泉，是为纪念1997年8月辞世的英国王妃戴安娜而建。戴安娜王妃辞世两年后，英国政府宣布建造一座纪念她的喷泉。在最初的方案征集过程中，共有100多位艺术家参与提出了设计方案，最终美国风景园林师凯瑟琳·古斯塔夫森的设计方案被定为实施方案。喷泉的设计理念基于戴安娜王妃生前的爱好与事迹，以“敞开双臂——怀抱”为概念，设计了一个顺应场地坡度的浅色闭环流泉，如图3-90所示。整个景观水路经历跌水、小瀑布、涡流、静止等多种状态，反映戴安娜起伏的一生，如图3-91所示。纪念喷泉于2004年7月建成并对公众开放，仅2005年就有超过200万人拜访，成为当年伦敦最热门的旅游景点。

图3-90 鸟瞰戴安娜王妃纪念喷泉

图3-91 戴安娜王妃纪念喷泉的优美曲线

纪念喷泉由545块巨大的花岗岩石材砌筑而成，长度达210米的椭圆形水渠的线形飘逸灵动。水流从水渠南端的最高点喷出，然后分成两股流向不同的方向，东部的水流通过池底表面凹凸不平的岩面奔流跳跃；而西部的水流则宁静平稳，两股水流最终汇集于水渠低处稍宽阔的水面之中，通过高差以及水渠机理的变化，展现出丰富的水景形态，如图3-92所示。

a）

b）

图3-92 戴安娜王妃纪念喷泉丰富的水景形态

整个纪念喷泉的设计与施工不仅有景观设计师的参与，还有计算机建模专家、工程师、专业石匠的参与。从设计的初始就利用模型制作出纪念泉底部让水翻滚、跌落或涌出气泡的复杂纹理与图案，白色的水渠石条带在大地艺术般起伏的绿色草地上蜿蜒着，充满生机和雕塑感，体现了自然与艺术的完美结合，如图3-93所示。

a）

b）

图3-93　充满生机与艺术感的纪念喷泉

知识拓展

罗马特莱维喷泉

特莱维喷泉别称“少女喷泉”，但它最著名的名字还是“许愿泉”。特莱维是三岔路的意思，因为喷泉前面有三条道路向外延伸，这也正是喷泉名字的由来。

特莱维喷泉总高约25.9 米、宽19.8米，是全球最大的巴洛克式喷泉。喷泉水池中有一个巨大的海神驾驭着马车，四周环绕着西方神话中的诸神，每一个雕像神态都不一样，栩栩如生，诸神雕像的基座是一片看似零乱的海礁。喷泉的主体在海神的前面，泉水由各雕像之间、海礁石之间涌出，流向四面八方，最后又汇集于一处，如图3-94所示。特莱维喷泉历时30年才建成，整个喷泉气势磅礴、大气恢宏，在电影《罗马假日》上映后而风靡全球。许愿泉有一个美丽的传说，据说背对着喷泉、从肩上投出一枚硬币，如果能投进水中，就能梦想成真，如图3-94所示。游人排着队来到泉边，背对着泉池，把硬币抛进水里，许下今生能够重返罗马的愿望。

a）

b）

图3-94　特莱维喷泉

工作任务

某公园水体改造设计

一、公园水体改造设计的工作目标

通过某公园水体改造设计的工作任务实训，培养学生灵活运用园林水体设计的基础理论知识，结合场地的现状特征及周边环境因素完成水系改造设计方案，使学生掌握园林水体的设计步骤与方法，为园林方案详细设计的开展打下良好基础。

1. 知识目标

1）熟悉水体的功能作用与类型。

2）掌握水体的布局形式与不同类型水景设计手法。

2. 能力目标

1）具有综合分析场地现状问题和解决问题的能力。

2）具有不同类型水体布局设计能力。

3. 素养目标

1）培养严谨认真、精益求精的工匠精神。

2）坚持保护自然生态环境及可持续发展的设计理念。

二、公园水体改造设计工作任务

1）某县域公园在规划用地范围内，结合公园原有地形、路网、水体分布进行水体改造设计，如图3-38所示。

2）认真读图，全面分析设计底图的环境条件，依据原有场地现状进行合理的利用和改造。

3）在规划用地范围内设计一处或两处自然式水体。

4）水体设计考虑与其他景观元素相结合。

三、图纸内容

1）图名：某公园水体改造设计。

2）绘制水体设计平面图，要求线条流畅，构图合理，清洁美观，图例、文字标注以及图幅符合制图规范。

3）比例为1:1000，钢笔墨线图。

4）图纸大小：A1。

四、工作顺序及时间安排

周次	工作内容	备注
第1周	教师下达工作任务、学生资料收集与整理	45分钟（课内）
	水体改造设计草图方案构思、绘制	60分钟（课外）
第2周	水体设计草图方案调整、优化	45分钟（课内）
	成果汇报，学生、教师共同评价	30分钟（课内）

过关测试

一、单选题

1.（　　）是组织开敞空间的有利条件，便于游人集中、疏散，组织开展各种集体性娱乐活动，营造开朗通透的景观。

A. 坡地　　B. 微地形　　C. 台地　　D. 平地

2. 扬州个园最具特色是的叠山艺术，采用分峰用石的手法，运用不同石材堆叠形成（　　）。

A. 池山　　B. 四季假山　　C. 壁山　　D. 楼山

3. 艺圃的总体布局是：一山一池一水阁。建筑景观延光阁与假山景观互为（　　），两者隔水相望，可望而不可即，营造出“盈盈一水间，脉脉不得语”的意境。

A. 借景　　B. 对景　　C. 障景　　D. 夹景

4.（　　）处理有利于园内排水和土方平衡，形成优美的景观空间层次，达到增强园林空间的艺术性和改善生态环境的目的。

A. 微地形　　B. 台地　　C. 平地　　D. 台阶

5.（　　）质坚而脆，纹理纵横、脉络显隐。石面上自然形成沟、缝 、穴、洞，窝洞相套，玲珑剔透，宛若天然抽象图案一般,具有极高的观赏价值。

A. 房山石　　B. 黄蜡石　　C. 太湖石　　D. 英石

6.（　　）是指多块不同大小石材按照有聚有散、主次分明、高低起伏、顾盼呼应的艺术手法组合在一起，常用来点缀草坪、路边、水畔、林下、驳岸、建筑角隅处等，使之具有自然野趣。

A. 对置景石　　B. 散置景石　　C. 孤置景石　　D. 特置景石

7.（　　）是线性流动的水景，属于动态水体，具有灵动婉约的景观氛围。

A. 喷泉　　B. 水池　　C. 河流　　D. 湖

8. 水面中岛的数量不宜过多，应视水面的大小和造景的要求而定，大水面可设（　　）大小不同、形态各异的岛屿。

A. 1~2个　　B. 1~3个　　C. 3~4个　　D. 4~5个

9.（　　）是将较大的水面分隔成不同景区的带状陆地。堤不但可以划分水面空间，还可作为游览的路线，成为一道景观独特的风景线。

A. 水阁　　B. 桥　　C. 堤　　D. 岛

10. 拙政园内小飞虹是（　　），朱红色桥栏倒映水中，水波粼粼，宛若飞虹。

A. 亭桥　　B. 廊桥　　C. 曲桥　　D. 单拱桥

二、多选题

1. 在规则式园林中，地形一般表现为不同标高的（　）。

A. 平地　　B. 坡地　　C. 台地　　D. 山地

2. 在自然式园林中，地形表现为（　　）等自然地貌景观。

A. 平地　　B. 坡地　　C. 山地　　D. 微地形

3. 园林山体按堆叠的材料可分为（　　）。

A. 土山　　B. 石山　　C. 土石山　　D. 塑山

4. 景石在园林中的主要应用形式有（　　）。

A. 特置景石　　B. 对置景石　　C. 散置景石　　D. 水中景石

5. （　）被誉为江南园林四大名石。

A. 冠云峰　　B. 玉玲珑　　C. 青芝岫　　D. 瑞云峰

6. 中国传统的赏石理念和审美标准是（　）。

A. 高　　B. 瘦　　C. 皱　　D. 漏

7. 西湖苏堤沿堤栽植（　）等树木，春季红翠间错，苏堤春晓因此而得名。

A. 雪松　　B. 垂柳　　C. 樱花　　D. 碧桃

8. 园林中桥的形式丰富多变，有（　）。

A. 拱桥　　B. 平桥　　C. 曲桥　　D. 亭桥

9. 曲桥一般为（　）折。

A. 三　　B. 五　　C. 二　　D. 七

10. 汀步又称为（　），是在浅水中按一定间距布设微露水面的块石，使人跨步而过。

A. 小岛　　B. 飞石　　C. 休息岛　　D. 步石

项目4

园林道路与广场设计

铸魂育人

厚植爱国情怀，青岛五四广场景观

青岛五四广场因“五四运动”而得名，广场的中心雕塑好似是燃烧的火焰，又好像旋转的劲风，被命名为“五月的风”，象征着中华民族的爱国力量，如劲风一般，又如火焰一样生生不息。

1919年，第一次世界大战中取胜的27个协约国在巴黎举行“和平会议”。中国作为战胜国之一，北洋政府派出了陆征祥、顾维钧等5位代表参加会议。会议拒绝了中国提出的合理要求，把德国在青岛及山东的特权全部转交给日本。巴黎和会上中国外交失败的消息传到国内，中国人民积聚已久的愤怒终于像火山一样爆发了。5月4日下午，北京高校3000余名学生冲破反动军警的阻挠，从四面八方汇聚到天安门前，举行抗议集会，他们提出“外争主权、内除国贼”“取消二十一条”“还我青岛”等口号，震惊中外的五四运动爆发。各城市爱国青年纷纷游行，坚决捍卫我国领土完整，拒绝签字。五月的风刮遍了华夏大地，情愤激昂的青年学生奔走呐喊，不畏强暴，他们用自己的热血和行动维护了中华民族主权的完整，他们用年轻的身躯捍卫了我们的民族利益，为中国近代史书写了浓重的一笔。

在中国人民的英勇斗争下，终于在1922年12月10日，中日双方在青岛举行了交接仪式，中国正式收回青岛主权，青岛结束了它长达25年的遭受德日殖民统治的惨痛历史；五四运动取得决定性的胜利，是中国历史上的重大事件。五四运动鲜明地贯穿着彻底的不妥协的反帝反封建的爱国主题，孕育了“爱国、进步、民主、科学”的伟大精神，为了纪念这场为国为民的爱国运动，让后人记住“弱国无外交”的命运，青岛于1997年把新建广场取名“五四广场”，这就是五四广场的来源。

五四广场位于青岛市南区东海西路，与青岛市人民政府办公大楼相对，南临浮山湾，是一处集草坪、喷泉、雕塑于一体的现代化风格广场。五四广场以东海路为界分为南北两区：北区以绿荫大道间的草坪为主，中央建有喷泉；南区由露天舞台、点阵喷泉、观海迎月台和雕塑“五月的风”等组成，总占地面积为10万平方米。

五四广场标志性雕塑“五月的风”，直径达27米，高约30米，重达700吨，由艺术家黄震设计；采用螺旋向上的钢体结构组合，并用火红色的外层喷涂，以简洁的线条、厚重的质感，表现出腾空而起的“劲风”形象，给人以力的震撼。雕塑以单纯简练的造型元素排列组合成旋转腾空的“风”，顶部装置有火炬头，通体火红，寓意青岛与五四运动的渊源。五四运动是点燃新民主主义革命的“火种”，雕塑如火炬，又如升腾的旋风，体现了五四运动反帝、反封建的爱国主义基调和民族力量，象征着中华民族的爱国力量，如劲风一般，又如火焰一样生生不息。五月的风雕塑不仅是青岛市地标，更是岛城历史足迹的见证者，同时象征着青岛正以更具活力、蓬勃的姿态展现在人们眼前，如图4-1所示。

图4-1 青岛五四广场

五四广场植物配置以四季常绿的冷季型草坪为主调，以小龙柏、金叶女贞、紫叶小檗、丰花月季等组合造景。雕塑周围是开阔的绿地，草坪、灌木和乔木构成的林带，形成花开三季、四时常青的景观。大色块的花带，松柏、合欢等花木点缀其中，与主体雕塑和海天自然环境有机地融为一体，运用大面积风景林衬托出充满生机和现代气息的广场景观。

五四广场景观展现出了中华民族永不低头、捍卫主权的坚定信念以及张扬腾升的民族力量，成为百年青岛对历史和民族荣辱兴衰的追忆。从1919年巴黎会议至今，中国经历了百年风云变幻，爱国主义一直以来就流淌在中华民族血脉之中，习总书记在纪念五四运动100周年大会上的指出："新时代中国青年要继续发扬五四精神，以实现中华民族伟大复兴为己任，不辜负党的期望、人民期待、民族重托，不辜负我们这个伟大的时代。"

任务1 园林道路设计

教学目标

知识目标

- 理解园路的作用与类型。
- 熟悉园路的铺装类型与材料。
- 掌握园路的设计要点。

能力目标

- 具有园路布局设计能力。
- 具有园路铺装设计能力。
- 能巧妙处理园路与其他造景元素的关系。

素养目标

- 培养严谨治学的学习态度、勇于创新的设计思维。
- 培养精益求精、一丝不苟的园林工匠精神。
- 培养园林设计师的专业素养与使命担当。

知识链接

4.1.1 园路的作用

园路的作用与类型

园路是组成园林的重要景观要素，像人体的脉络一样，是贯穿全园的交通网络，是划分和联系各景区、景点的纽带和风景线，因此在其使用功能和美观方面都应有较高的要求。园路除了具有组织交通、引导游览、划分空间、构成景色等作用以外，还有提供散步、休息，改善园林小气候等作用。

1. 组织交通

园路最主要的作用是满足园内交通通行的需求，首先是游览交通，即为游人提供一个舒适、便利、既能游遍全园又能深入到各景区和景点的道路系统，设计时要充分考虑到人流的分布、集散和疏导；其次是园务交通，满足园林绿化养护、园务管理以及安全、防火等对交通通行的需要，在设计时要考虑园务管理车辆通行路段路面的宽度和质量，保证园务交通的畅通无阻。

2. 引导游览

任何一座园林，无论其规模大小，都会划分成若干个景区，设置若干个景点，布置许多景物，而园路好似一条纽带把它们联结起来，构成一座富有节奏和韵律的园林空间。“人随路走”“步移景移”，从某种意义上来说，园路其实就是游客的导游，根据游人的游览需求，把游人引导到各景区景点的最佳观赏位置，有层次、有节奏地向游人展现园林艺术之美。

3. 划分空间

园路本身又是一种线性、狭长的空间，因此还可以起到划分空间和组织空间的作用。园路将园林划分成不同形状、不同大小、不同明暗的一系列景观空间，通过大小、形状、明暗的对比，极大地丰富了园林空间的形象，增强了空间的艺术表现力，给游人带来多变的游园体验。

图4-2　园路的曲线之美

4. 构成景色

园路是园林中重要的造景元素，优美的曲线（图4-2）、精美的图案纹样（图4-3）、独特的质感（图4-4）、丰富的文化内涵等都给人美的享受。园路与建筑、地形、水体、植物、景石等造园元素组合造景，不仅是“因景设路”，而且是“因路得景”，因此园路可行可游，行游合一。雅致美观的园路不仅可以满足游人的审美需求，而且能更好地引导人们游览园林景色。

除以之外，园路还为园林中的水电工程打下基础，园路的走向对园林的通风、光照和园林中的小气候均有一定的影响。

图4-3 园路的图案之美

图4-4 园路的质感之美

4.1.2 园路的类型

在园林规划设计中，按照园路性质功能的不同，园路可分为主要道路、次要道路、游息道路和变形道路。

1. 主要道路

主要道路是园林中的主干道，是从园林入口通向全园的各景区中心、各主要广场、建筑、次要路口及管理区的道路。它联系全园，是园林内大量游人所要通行的路线。由于游人一般都存在不愿走回头路的心理，因此如果场地现状条件允许，主要道路应尽可能设计成环形。主要道路宽度为4~6米，一般不超过6米。

2. 次要道路

次要道路是主要道路的辅助道路，用于连接园林内的主干道不能到达的景观空间。次要道路宽度为2~4米，要求能通行小型服务车辆。

3. 游息道路

游息道路也称为游息小路，是供游人游览、散步、休息的小路，引导游人深入地到达园林各个角落。游息道路多蜿蜒曲折、自由灵活布置，分散于林中、山上、水边，并结合植物和起伏的地形，形成亲切自然、静谧幽深的自然游步道。游息小路宽度为1.2~2米。

4. 变形道路

根据游览和观赏功能的不同，园路还有步石、休息岛、台阶、礓礤、磴道等变形路。

（1）步石

步石是在自然式草地或建筑附近的小块绿地上放置一块至数块天然石或预制成圆形、树桩形、木纹板形等自由组合的铺块，如图4-5、图4-6所示。步石易与自然环境协调，能取得轻松活泼的景观效果。一般步石的数量不宜过多，块体不宜太小，两块相邻块体的中心距离应考虑人的跨越能力的不等距变化。步石设计要同时兼顾美观性与实用性，大小一般为30~40厘米，间距为15~30厘米左右比较合适。

图4-5　整齐式步石

图4-6　自然式步石

（2）休息岛

园路穿过林地和草坪时可以局部面积增大，设置园椅、园亭、花架等休闲设施，成为供人们休息和赏景的休息岛，如图4-7、图4-8所示。

图4-7　北京航空航天大学校园内休息岛

图4-8　哈尔滨太阳岛公园内休息岛

（3）台阶

当园路坡度超过12° 时，为了便于游人通行，在不通行车辆的路段上应设置台阶。一般情况下，台阶的宽度为30~38厘米，高度为10~15厘米。为防止台阶积水，每级台阶应有1%~2%向下的坡度，以利排水。台阶可用天然山石、预制混凝土做成木纹状、树桩等形式，更显自然质朴，如图4-9、图4-10所示。在古典园林中还常常用天然山石布置在园林建筑的入口台阶处，俗称如意踏跺。

图4-9 仿木台阶

图4-10 沈阳世博园内木质台阶

（4）礓礤

在园路坡度超过15%时，本应设置台阶，但考虑车辆通行，可将斜面做成锯齿形坡道，称为礓礤。

（5）蹬道

在山体或地势陡峭处，为了与自然式园林风格相协调，局部利用天然山石或用水泥混凝土仿木树桩，依山顺势，砌成山石蹬道，如图4-11所示。

图4-11 山石蹬道

4.1.3 园路的铺装

园路铺装设计

1. 园路的铺装形式

园路铺装按其表面的材料不同分为整体路面、块状路面、简易路面和架空路面。

（1）整体路面

整体路面是用沥青、水泥、混凝土等修成的路面，具有平整、耐压、耐磨的特点，养护简单、便于清扫，多用于园林内通行车辆和人流集中的主要道路和规则式园路，如图4-12所示。

（2）块状路面

块状路面包括用预制水泥砖块、整形石块、片石等块料铺地，主要用于休闲散步的次要园路和游息小路上，如图4-13所示。块状路面装饰性强，除可做成各种颜色、各种纹理以外，还可拼接组合成各种图案。块状路面因其成本较低、颜色丰富，且可以重复使用，在园路铺装中应用广泛。

图4-12 整体路面

图4-13 块状路面

（3）简易路面

简易路面是用砂石、碎杂石等材料铺装的路面。简易路面只适合游人较少的游息小路或登山小道，一般多用于自然风景区或森林公园，给人亲切、自然、返璞归真之感。

（4）架空路面

架空路面是草地中用木材铺设的一种桥式路面，是防止植物被践踏而采取的一种特殊的保护形式，常用于湿地公园内，如图4-14所示。

图4-14 哈尔滨太阳岛公园内架空路面

2. 园路的铺装材料

不同材料铺设的园路具有不同的风格特点，或自然野趣、或古典优雅、或现代新潮。正如伟大的美国建筑师赖特所言："每一种材料都有自己的语言，每一种材料都有自己的故事。"在现代园林中，除沿用沥青、混凝土、石材、木材、预制路面材料等传统材料外，玻璃、金属、合成树脂等新型材料以其简洁、明朗、大方的格调增添了园路的时代感。世界上许多著名的广场都因精美的铺装设计而给人留下深刻的印象，如米开朗基罗设计的罗马市政广场、澳门的中心广场等。

（1）沥青

沥青是一种理想的园路铺装材料，具有造价低廉、铺设简单、耐压耐磨等优点，但是沥青路面色彩多为黑色和灰色，景观效果较为单调，常用于园林主路、停车场等。

彩色沥青除具有沥青的优点外，还具有色彩丰富、鲜艳持久的特点。利用彩色沥青活泼跳跃的色彩烘托和渲染环境氛围，给游人的心理和视觉带来丰富的游园体验。彩色沥青的出现使园路铺装的材料有了较多的选择性，为园林添上了一笔亮丽的色彩，如图4-15所示。

图4-15 彩色沥青路面

（2）混凝土

混凝土路面是用水泥粗细骨料（碎石、卵石、砂等）和水按一定的配合比拌匀后现场浇筑的路面。表面可用抹子抹平、刷子拉毛等方法处理，也可用简单清理表面灰渣的水洗石饰面和铺石着色饰面等。混凝土路面整体性好，耐压强度高，具有造价低廉、铺设简单等优点，景观效果朴素、简单。

（3）石材

园路铺装常用的石材主要有花岗岩、板岩、卵石、机制石和砾石五大类型。

1）花岗岩。花岗岩一般是指具有装饰功能，结构致密、质地坚硬、性能稳定、可加工成所需形状的各种岩石。根据加工工艺的不同，花岗岩面层质感常划分为磨光面、亚光面、火烧面、手凿面、机凿面和自然面，如图4-16所示。

2）板岩。板岩属于多孔石材，具有环保、无辐射、吸音、吸潮、吸热、保温、防滑、色泽自然等特点。园林中常选类型有青石板、绣石板，给人以自然、幽静的感觉，适用于游览小径。

3）卵石。卵石颜色丰富、古朴自然，充满情趣且体积小，可以拼贴成不同的图案，如图4-17所示。卵石路具有一定的障碍性，一般情况下过长卵石路对行人会造成不便，在《园冶》中有"鹅子石，宜铺于不常走处"的论述。常用普通鹅卵石、五彩石和雨花石作为健身步道的路面材料。

图4-16　花岗岩铺装

图4-17　卵石铺装

4）机制石。机制石一般分为水洗石、黄金石等，是由小石子、海砂等经过水磨机打磨后形成粒径小于10毫米的细石米，常用颜色有黄色、红色、白色及混色，多用于游览步道。

5）砾石。砾石在自然界中到处可见，砾石在园林中也能够创造出极其自然、野趣的景观效果。砾石具有极强的透水性，砾石铺设的园路不仅干爽、稳固、坚实，而且还为植物提供了最理想的掩映效果。砾石铺装多用于自然风景区、森林公园等。

（4）砖

砖是由黏土或陶土烧制而成，具有防滑性、色彩丰富、形式风格多变等特点，常用于广场和人行道等场地。砖还适用于小尺度空间的铺砌，如拐角处和不规则边界等。砖可以通过不同的砌筑方法形成不同的纹理效果，如人字、席纹、斗纹等，增加景观的趣味性，如图4-18、图4-19所示。

图4-18　人字铺装纹理

图4-19　席纹铺装纹理

（5）木材

园路铺装材料中，木质铺装更显得典雅、自然，一般是由桉木、柚木、冷杉木、松木等原木材经过防腐处理而成，有一定弹性。木质铺装最大的优点就是给人以柔和、亲切的感觉，步行舒适、防滑、透水性强，多用于园林中的栈道、架空路面、亲水平台，如图4-20所示。

图4-20　木质铺装

（6）预制路面材料

预制路面材料主要由陶土砖、混凝土砖、黏土砖、瓦片等一系列以黏土、页岩、煤矸石、粉煤灰为主要原料焙烧而成，具有牢固、平坦、防滑、耐磨、抗冻、防腐能力，便于施工和管理等特点，适用范围较大。

（7）玻璃

玻璃作为一种具有独特个性的新型铺装材料，清澈明亮、质感光滑，通过透射、折射、反射光线，呈现出虚幻的效果，增加景观情趣，具有较强的景观艺术表现力，如图4-21所示。不同的垫层材料和玻璃铺装搭配又会产生变化莫测的感觉，如选用小卵石会使整体铺装感觉轻松自然，选用小黑色砾石又会展现出一种后现代的工业气息。

图4-21　玻璃铺装

（8）合成树脂

合成树脂路面包括人工草皮路面、弹性橡胶路面和合成树脂路面。

人工草皮路面适用于露台、屋顶花园、游乐场等，它的运动特性跟天然草坪非常接近，并可一年四季、全天候地使用。

弹性橡胶路面适用于露台、屋顶广场和体育场，具有良好的弹性，排水良好，但成本较高，易损坏，如图4-22所示。

合成树脂路面适用于屋顶广场、体育场，具有行走舒适、色彩丰富、富有弹性的特点。

图4-22　弹性橡胶铺装

（9）金属

金属材料具有耐腐、轻盈、高雅、光辉、质地独特的性能，因其良好的可塑性和独特的景观表现力赢得了现代景观设计师的青睐。

（10）嵌草铺装

嵌草铺装是指铺设在园林道路及停车场，具有植草孔或预留缝隙，能够绿化路面及地面工程的砖和空心砌块等。嵌草铺装既可以形成一定覆盖率的草地，发挥绿地一定的生态效益，又可用作铺装路面使用，如图4-23所示。

图4-23　不同形式的嵌草铺装

3. 园路的铺装设计

在园林设计中，铺装景观是不可忽略的重要组成部分，在营造空间的整体形象上具有极为重要的作用。重视园林铺装设计，在足够、合理运用各种艺术手法的同时，也要更加注重园林铺装的生态效应，达到功能性、艺术性和生态性的完美结合，实现空间景观资源的最大化利用。

1）园林道路的铺装，除满足一般道路要求的坚固、平稳、耐磨、防滑和易于清扫外，还有丰富景色、引导游客的作用。

2）在形式内容上应有所变化，要注意统一，不可一时一变，整体的主干道要有统一感。主要道路、次要道路和游息小路的铺装设计应结合景区特点安排。

3）靠近建筑的广场路面或人流停留时间长的场地，路面铺装可以精细美观，以增强装饰性。

4）靠近林园草坪的小路，可以采用步石或嵌草铺装。

5）登山的小路应与山体的自然形态相一致，可以采用简洁粗犷的石块做成自然蹬道，使其富于山野情趣。

6）色彩能把风景强烈地诉诸情感，从而作用于人的心理。园路铺装的色彩更应该与植物、山水、建筑等统一起来进行综合设计。如果场地的地面色彩简单，可通过线与形的变化来丰富空间的特征。园路铺装的色彩一般是衬托风景的背景，或者说是底色，人和风景才是主体，色彩应稳重而不沉闷、鲜明而不俗气，色彩的选择应能为大多数人所接受。不同的色彩会引起人们不同的心理反应，一般认为，暖色调表现热烈、兴奋；冷色调表现幽雅、宁静、开朗、明快，给人以清新愉快之感；灰暗色调表现忧郁、沉闷。因此在铺装色彩设计中，应有意识地利用色彩的变化来丰富和加强空间的气氛。

4.1.4　园路的布局形式

园路的布局设计

自然式园林绿地中常见的园路系统布局形式主要有为套环式、条带式和树枝式三种。

1. 套环式园路

套环式园路由主路构成一个闭合的大型环路或一个8字形的双环路，再由很多的次园路和游息小路从主园路分出，并且相互穿插连接闭合，构成一些较小的环路，如图4-24所示。主园路、次园路和小路构成了环环相套、互通互联的关系，其中少有尽端式道路。套环式园路将各景区、各景点贯穿连通，游人从任何一点出发都能遍游全园，满足了游人不愿走回头路的心理，是应用最为广泛的园路布局形式。

2. 条带式园路

条带式园路布局形式的特征是：主园路成条带状，始端和尽端各在一方，并不闭合成环，如图4-25所示。在主路的一侧或两侧可以穿插一些次要道路和游息小路，次要道路和游息小路可以局部闭合成环路。条带式园路系统适合于滨水公园、带状公园等地形狭长的园林绿地。

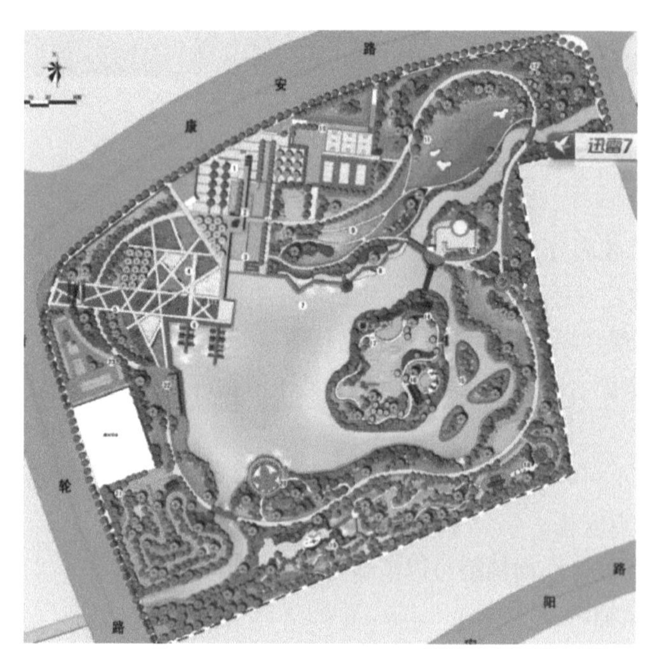

图4-24　套环式园路

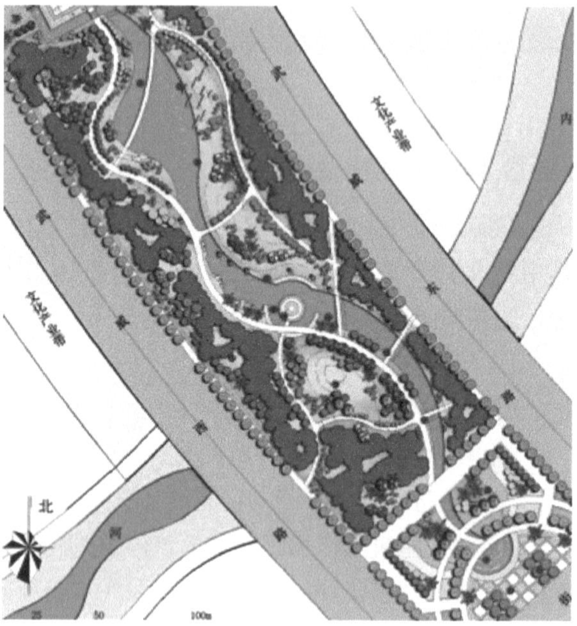

图4-25　条带式园路

3. 树枝式园路

以山谷、河谷地形为主的风景区和市郊公园，主园路一般只能布置在谷底，沿着河沟从下往上延伸。两侧山坡上的多处景点都是从主路上分出一些支路，甚至再分出一些小路加以连接，支路和小路多数是尽端式道路。这种园路布局形式的平面形状就像树枝一样，称为树枝式园路。

4.1.5　园路的设计要点

1. 园路设计要因地制宜，整体连贯

园路设计要根据园林面积的大小和地形、地貌来确定，因地制宜，整体连贯。如狭长的园林地形，园内的主要景物、景观设施自然呈带状分布，其主路也必然是条带式布局，不能生硬地做成环状，如哈尔滨的斯大林公园。对于面积较小的园林绿地，游览内容较少，没有必要分出主、次干道及游息小路；对于面积较大的自然山水园，园内的主要活动设施往往沿湖或环山布置，园内的主干道也必然是套环式。

园路设计避免出现以下问题：

1）从满足游人的游览交通来讲，园路系统尽可能呈环路或环状串联，避免出现“死胡同”或使游人走回头路。

2）避免出现过分长直、景色单一枯燥的园路。

3）避免出现两条近距离、平行前进的园路。

4）避免出现主次不清、方向不明的龟纹状的园路。

2. 园路设计要主次分明，方向明确

园路系统只有做到主次分明，方向明确，才能使游人在游览的过程中具有明确的方向性。园路的主次分明要从园林的使用功能出发，根据地形、地貌、景物的分布和园内活动的需要综合考虑，统一规划。

园路的主次分明主要体现在线形、宽度、曲度、路面铺装材料的不同，见表4-1。

表4-1 园路设计的主次分明表现

园路类型	功能	宽度	线形特点	铺装材料
主要道路	联系各景区、主要景点，导游，组织交通	4~6米	舒缓流畅、曲度小	混凝土、沥青（整体路面）
次要道路	用于连接园林内的主干道不能到达的景观空间	2~4米	自由优美，曲度加大	砖、石材、预制路面材料等
游息小路	深入园中各角落，游览、散步、休息	1.2~2米	蜿蜒曲折、自由灵活布置，忌讳平直	卵石、砾石、木材等

3. 园路的线形设计

园路的线形主要有直线、折线和自然曲线，不同的线形往往反映不同的园林艺术风格。

中国古典园林道路讲究峰回路转、曲径通幽，而西方古典园林讲究轴线对称、园路开阔笔直。在自然园林中，园路多为自然曲线。究其原因：一是地形、地貌、景物布局的要求，如园路在前进的方向上遇到山丘、水体、建筑、植物等要绕路而行，或者是山路较陡，为了减缓坡度而需要盘旋而上；二是功能上的要求，为了组织景色，延长游览路线，增加游览趣味，扩大空间，使园路在平面上有适当的曲折，这也是中国古典园林“小中见大”的处理手法之一。

园路的起伏转折与景区空间的变化要协调一致，而不是三步一弯、五步一曲，为曲而曲，相邻的两个曲折半径不能相同，避免形成蛇形路，给人以矫揉造作之感。陈从周说：“园林中曲与直是相对的，要曲中寓直，灵活应用，曲直自如。”优美线形的园路要随地形和景物而若隐若现，“路因景曲，境因曲深”，形成“山重水复疑无路，柳暗花明又一村”的景观效果。

4. 园路的疏密设计

园路的疏密与园林的规模、性质、地形、游人的多少有关。一般安静休息区的道路密度和宽度可以小些；山地和地形复杂地区的道路密度可以小些；文化娱乐区及各类展览道路密度和宽度要大些。总体来讲，园路的布局不宜过密，园路过密不但增加了投资，还会造成空间分隔混乱。公园内道路面积大致为总面积的10%~12%，在动物园、植物园或小游园内路网的密度可以稍大，但不宜超过25%。

5. 园路的交叉口设计

1）两条园路相交，尽量采取正交方式，为避免游人拥挤，可在道路交叉口做扩大处理形成小广场。

2）如果两条道路相交呈锐角，锐角不能过小，并使两条道路的中心线交于一点上，对顶角最好相等，以求美观。

3）两条道路相交时应交于一点，防止交叉后道路错开。

4）两条道路呈“丁”字形交接时，交点处应布置道路的对景，在主干道与次干道交点应留出一定的视距广场。

5）避免多条道路交于一点，因为这样易使游人迷失方向，应在交叉口设指示牌。

6. 山体道路设计

园林中的主干道一般不穿越山地，因为山地受到地形的限制，道路不宜过宽。一般属于次干道类型的道路，宽度为1.2~3米，小路则不大于1.2米。

当道路坡度在6%以内时，可以按照一般道路来处理；当坡度在6%~10%时，就应该顺着等高线做盘山道以减小坡度；当坡度超过10%时，下山有收不住脚的感觉，因此有必要设置台阶。山道台阶每15~20级最好有一段平坦的路面使人间歇，并适当设置园椅、园亭等休闲性设施供人休息，静观远眺。

体量较大的山地，山路应该有主次。主路为盘山路，力求道路平缓或者部分平缓，沿路设置平台、坐凳；次路可随地形取捷径，呈羊肠小道。盘山道是指把上山的道路处理成左右转折，利用等高线斜交的办法减小道路坡度，同时使游人视线产生变化。

7. 园路与其他景观元素的关系处理

（1）园路与建筑的关系

园林道路不能穿越建筑物，而应从四周绕过。在园路与建筑的交接处，靠近道路的建筑一般面向园路，并不同程度地后退，远离道路。对于游人量较大的园林主体建筑，一般后退道路较远，采用广场或林荫道的方式与园路相连，这样既可以在功能上满足人流集散的需要，而且也可突出主体建筑立面的艺术效果，创造开阔明朗的环境气氛。园亭、长廊、花架等规模小的园林建筑一般不直接与主要园路连接，而是依据地形起伏的变化，采用自由灵活的小路连入建筑，创造幽静、雅致的景观环境。

园路与其他景观元素

园路与建筑的交接，有平行交接、正对交接和侧对交接三种方式。平行交接和正对交接是指建筑物的长轴与园路中心线平行或垂直，如图4-26所示。侧对交接是指建筑长轴与园路中心线相垂直，并从建筑

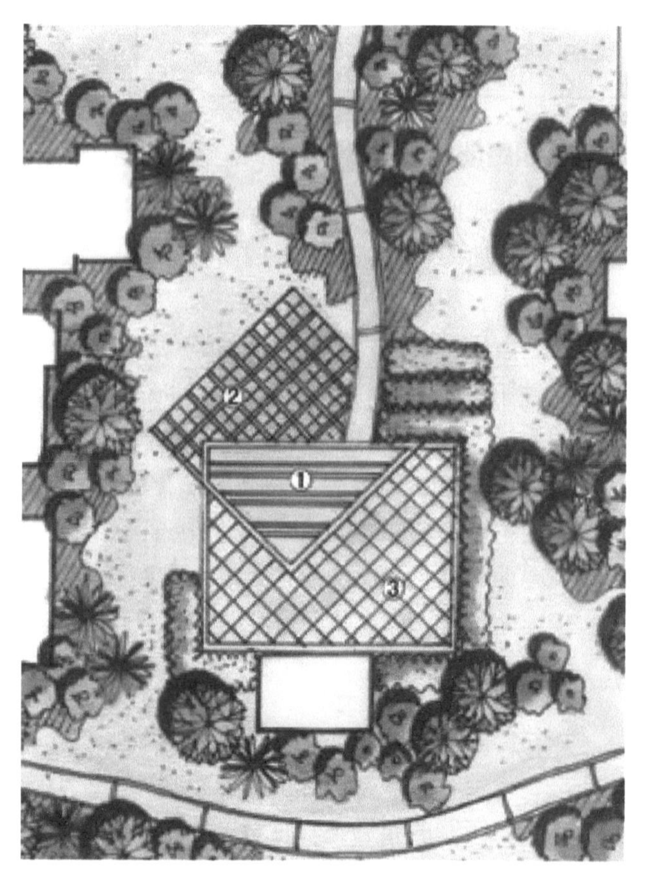

图4-26　园路与建筑正交

正面的一侧相交接，或者园路从建筑物的侧面与其交接。园路与建筑物的交接应避免斜交，特别是正对建筑某一角的斜角，冲突感很强。对必须斜交的园路，要在交接处设一段短的直路作为过渡，或者将交接处形成的路角改成圆角避免建筑与园路斜交。

（2）园路与水体的关系

在规则式园林中，水景与园路广场形成一体空间。如广场中的喷泉、水池、主干道中间的带状喷泉、跌水等，这些水体是道路广场的组成部分，是所在空间的主景。

在自然式园林中，常常以水面为中心，主干道环绕水面并联系各景区，是理想的园路布局形式。当主路临水布置时，园路不能始终与水面平行，这样缺少变化而显得平淡乏味。较好的园路设计是根据地形的起伏、周围的景色和功能，使主路与水面若即若离；靠近水岸的道路一般设有临水建筑和临水平台、石矶，与对岸构成对景，形成开敞的景观；随着道路前行，进入远离水岸的密林中，透过林木望见若隐若现的水面，随之可能被建筑、山体等完全挡住望水的视线而进入另外的景观空间中，继续前行；道路又引导游人靠近水面，视野开阔，给人一种豁然开朗的感觉。

（3）园路与桥的关系

桥是沟通陆地与水面的景观要素，其风格、体量、色彩必须与园林总体设计、周围环境相一致。桥应设计在水面较窄处，园路与桥、水岸应正交，桥与水岸应垂直，以利于观景。主要道路上的桥以平桥为宜，拱度要小，桥头应设有拓宽的场地，以利于游人集散，次要道路和游息小路上的桥多用曲桥或拱桥，增加变化、丰富园景。

（4）园路与景石的关系

在自然式园路两侧经常布置数量不等、高低不等、大小不等的景石，按照艺术审美的规律和自然法则搭配组合的一种手法进行布置，构成景色。在园路的交叉路口，转弯处也常设置假山，既能疏导交通，又起到美观的作用。

（5）园路植物景观设计

园路的面积在园林中占有一定的比例，又遍及各处，因此两旁植物造景的优劣直接影响到全园景观。园路两旁的植物配置应自然多变，不拘一格，游人漫步其上，远近各景可构成一幅连续的动态画卷，产生步移景异的效果。

1）主要道路的植物景观设计。主要道路的植物景观通常代表园林的形象和风格，应与园林的氛围协调统一。黑龙江森林植物园笔直的主路两侧种植高耸的樟子松，营造出郁郁葱葱的森林景观氛围，如图4-27所示。平坦笔直的主路两旁常用规则式植物配置，最好种植观花乔木，并以观花观果灌木作为下木，丰富主路植物景观的层次和色彩，节奏明快且富有韵律，景观特征鲜明，避免规则式植物景观的单调。如果主要道路前方有建筑、雕塑、喷泉或花坛等作为对景时，两旁植物可以紧密栽植，形成夹景，以起到突出主景的作用。

图4-27　黑龙江森林植物园主要道路的植物景观

园林入口处常常为规则式植物造景，可以烘托出雄伟、壮观的气氛。长春雕塑公园入口的植物景观采用侧柏剪型做规则对称的布局，营造出大气、开阔的景观氛围，如图4-28所示。武汉江滩公园次入口采用规则式植物造景，形成端直、美观的园林空间，如图4-29所示。

自然曲折的主要道路不宜采用成排成行的植物种植形式，应以自然式的植物造景呼应整体园林的风格。植物景观上有疏林草地、花地、灌木丛、树丛、孤植树，甚至水面、山坡、建筑小品等不断变化，游人沿路漫游可经过大草坪，也可在林下小憩，或与绚丽缤纷的花卉擦肩而过，感觉美妙自然。

主要道路旁若有地形变化或园路本身高低起伏，应采用自然式植物景观设计。在路旁微地形隆起处配置复层混交的树群，展现自然之美。如东北地区可用油松、樟子松、红皮云杉、银中杨、蒙古栎等作为上层乔木；用榆叶梅、丁香、连翘、绣线菊等作为下木；用鸢尾、地肤或美女樱等作为地被。主要道路路边若有景可赏，植物景观设计时要留出风景视线。

2）次要道路的植物景观设计。次要道路是游人主要的游览路线，植物配置只有做到步移景异的变化才能引人入胜。次要道路的植物景观设计要注意沿路视觉上有疏有密、有高有低、有开有敞，布置草坪、花丛、树丛、灌木丛、孤植树等，为游人创造丰富的视觉体验，如图4-30、图4-31所示。

3）游息小路的植物景观设计。游息小路的植物景观设计应以自然式为宜，可更灵活多样，由于路窄，有的只需在路的一旁种植乔灌木，就可达到既遮阴又赏花的效果。“曲径通幽处，禅房花木深”中描绘的就是游息小路深邃、幽静、浓郁的植物景观，蜿蜒曲折的小路，密植的植物可与热闹喧嚣的园林空间分隔，如图4-32所示。

为创造简洁轻松、活泼自然的花园小径气氛，可采取小灌木、地被、山石相结合或花境的配置方式，形成有高有低、有疏有密的自然景象，局部地段可配置小乔木覆盖一部分地面，使之产生阴暗之感，并通过乔木透视远景。平地小路常采取乔木或乔灌木树丛自然植于路边的方式，在游人少的幽静小路，创造自然田野之趣，应注意选用树姿自然、体形高大的树种，乔木以不超过三个树种为宜，并以自然石块散置路旁或设简朴的小亭等，如图4-33所示。

图4-28　长春雕塑公园入口的植物景观

图4-29　武汉江滩公园次入口的植物景观

图4-30　北京元大都公园次要道路的植物景观

图4-31　上海世纪公园次要道路的植物景观

图4-32　哈尔滨太阳岛公园游息小路的植物景观

图4-33　武汉江滩公园游息小路的植物景观

游息小路的某些地段可以突出某种植物组成的景观，如北京颐和园后山的连翘路、山杏路、山桃路，还可以在游息小路两旁配置花灌木、花境、花带，形成花径。花径可以选择开花丰满、花形美丽、花色鲜艳、花香怡人、花期较长的树种，如山楂、丁香、绣线菊、榆叶梅、连翘等，配植时注意株距宜小，给人以“穿越花丛”的感觉，采用花灌木时，应注意背景树的布置，如图4-34~图4-36所示。扬州个园的竹径景观，小径弯弯曲曲地穿行于浓密的竹林中，并借地形起伏变化形成了“夹径萧萧竹万枝，云深幽壑媚幽姿”的深远意境，如图4-37所示。

图4-34　哈尔滨太阳岛公园花境路

图4-35　黑龙江森林植物园郁金香花径

图4-36　泰国某公园游息小路的植物景观

图4-37　扬州个园的竹径景观

4）园路转弯处的植物景观设计。园路转弯处的植物配置，要求起到对景、导游和标志的作用。在园路的转弯处，可以利用植物进行强调，可以配置观赏树丛，以常绿树作为背景，前景配以浅色灌木或色叶树及时令花卉，既有引导游人的功能，又创造出了亲切宜人的优美环境。园路的交叉路口，应种植耐修剪的矮灌木，以免影响游人的视线，可以设置中心绿岛、回车岛、花树坛等，或选择一些匍匐植物、宿根花卉、地被植物结合点石、花钵点缀其间。泰国某公园内道路交叉口设置的中心绿岛和花坛，具有美观和疏导游人的作用，如图4-38、图4-39所示。

图4-38　泰国某公园内道路交叉口的中心绿岛

图4-39　泰国某公园内道路交叉口的花坛

（6）山体道路的植物景观设计

山体道路两旁的树木宜选高大挺拔的乔木，树下用低矮地被植物，使道路浓荫覆盖，具有一定郁闭度，使光线阴暗些，产生如入自然山林之感。山路要有一定的坡度和起伏。坡度不大时，通过降低路面、坡上种高树等手法显其山林的幽深和陡度。山路要有一定的长度和曲度，长则显得深远，曲则可增加上下透景，显得深邃。利用周围自然山林的气氛，开辟园路时结合自然的山谷、溪流和岩石等，如图4-40、图4-41所示。

图4-40　柳荫公园山体道路的植物景观

图4-41　太阳岛公园山体道路的植物景观

案例分析

日本帝京平成大学——地面铺装营造艺术空间

日本帝京平成大学是于1987年设立的日本私立大学。平成大学中野校区的广场设计极富创意。设计师采用类似调色板的手法，广场鸟瞰就是一幅画，黑色作底，浅黄色、淡红色、浅灰色相间（图4-42）。更巧妙的是，设计师根据需要将某些色块拉伸即为坐凳，甚至将木坐凳当作色块融入其中，将广场的铺装与木坐凳统一为有机的整体，如图4-43所示。

图4-42　帝京平成大学树阵广场鸟瞰

图4-43　帝京平成大学广场彩色矩形块组合铺装

融入彩色格子的树阵广场提供了实用性很强的交流小空间，不同高度、不同材质的坐凳和休息平台满足不同年龄层次人群的需求，既有适合成年人的，也有适合儿童的，如图4-44所示。种植池与坐凳、休息平台完美地协调统一，如图4-45所示。这种开放空间也为人们提供了理想的休闲场所。

图4-44　帝京平成大学树阵广场的休息平台与休息空间

图4-45　帝京平成大学种植池与坐凳、休息平台

知识拓展

中国古典园林铺地艺术赏析

中国古典园林的铺地艺术历史悠久，铺地纹样精致华美、构思精巧，形成了独特的风格。利用不同材质铺砌产生不同的纹理、图案，或朴素、粗犷，或自然、幽静，或威严、端庄，或活泼、生动，体现了浓郁的人文色彩和文化内涵。

最为常见的是“五蝠捧寿”铺地图案，图案呈圆形，外围是5只蝙蝠，围住正中的是1个“寿”字或象征“寿”的松、鹤图案，象征着迎祥和祈福，如图4-46所示。花瓶中插有三根戟，谐音“平升三级”，寓意步步高升，如图4-47所示。“盘长”是佛门八宝之一，象征贯彻天地万物的本质，期望达到心物合一、无始无终、永恒不灭的最高境界；盘长铺装纹样象征绵延贯通，好事无尽头，如图4-48所示。

蝴蝶纹样铺地以蝴蝶旺盛的繁殖力象征子孙兴旺，如图4-49所示。莲花和莲蓬铺装纹样寓意纯洁高雅的品质，如图4-50所示。拙政园的海棠春坞庭院铺地用青红白三色鹅卵石镶嵌而成海棠花纹，与院内种植的海棠花呼应，清静幽雅，表达了主人淡泊从容的情愫，如图4-51所示。仙鹤铺装纹样以仙风道骨的优雅姿态，代表了长寿、富贵的美好寄托，如图4-52所示。

图4-46　五蝠捧寿铺装纹样

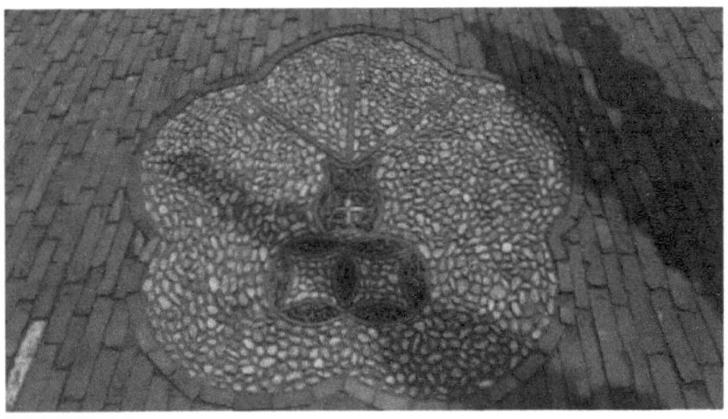

图4-47　平升三级铺装纹样

图4-48　盘长铺装纹样

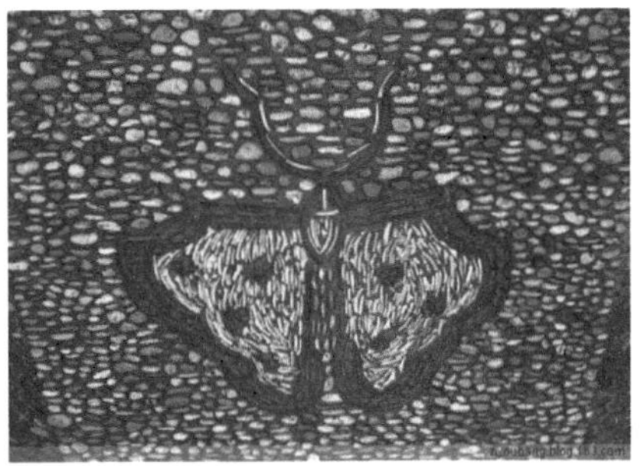

图4-49　蝴蝶铺装纹样

图4-50　莲花和莲蓬铺装纹样

图4-51　海棠铺装纹样

图4-52　仙鹤铺装纹样

工作任务

园林道路设计

一、工作任务目标

通过园林道路设计实训，培养学生掌握并能灵活运用园路设计的基础理论知识结合场地现状完成园路设计方案，培养学生综合分析问题和解决问题的能力，为将来园林方案设计打下良好基础。

1. 知识目标

1）熟悉园路的作用与类型。

2）掌握不同层次园路的设计方法。

2. 能力目标

1）具有综合分析场地现状问题、发现问题和解决问题的实践能力。

2）具有园路布局设计能力。

3. 素养目标

1）培养实事求是的科学态度与刻苦钻研的精神。

2）养成敬业、诚信、友善等社会主义核心价值观。

二、工作任务要求

某县域公园，没有道路，结合公园地形设计工作实训内容（图3-38）在现有地块内进行道路布局设计。

1）确定主要、次要出入口位置。

2）明确各级园路的等级与作用，主次分明，整体连贯。

3）结合园路布局设计方法，注意道路交叉口的处理。

4）尊重场地环境，巧妙处理园路与其他园林要素的布局关系。

三、图纸要求

1）图名：园路设计。

2）绘制园路设计方案平面图。

3）图例、文字标注、图幅符合制图规范。

4）比例1:400，钢笔墨线图。

5）图纸大小：1号图。

四、工作顺序及时间安排

周次	工作内容	备注
第1周	教师下达工作任务、学生资料收集与整理	30分钟（课内）
	园路设计草图方案构思、绘制	60分钟（课外）
第2周	园路设计草图方案修改、优化	45分钟（课内）
	成果汇报，学生、教师共同评价	30分钟（课内）

任务2 广场设计

教学目标

知识目标

- 了解各类城市广场的类型与特点。
- 掌握城市广场的设计手法及植物配置形式。

能力目标

- 具有城市广场景观方案设计能力。
- 能根据广场的性质、功能及特点，分析判定其布局形式。

素养目标

- 树立诚信担当的理念，形成踏实严谨的作风。
- 发展创新思维，养成精益求精、追求卓越的品质。

知识链接

4.2.1 广场的类型、特点

现代城市广场的类型通常是依据广场的功能性质、尺度关系、空间形态、材料构成、平面组合和剖面形式等方面划分的，其中最为常见的是根据广场的功能性质进行分类。

1. 市政广场

市政广场一般位于城市中心位置，通常是市政府、城市行政区中心、老行政区中心和旧行政厅所在地。它往往在城市主轴线上，成为一个城市的象征，如美国旧金山圣弗朗西斯科市政广场，如图4-53所示。在市政广场上，常有表现该城市特点或代表该城市形象的重要建筑物或大型雕塑等。图4-53是圣弗朗西斯科市政广场的主体建筑。

图4-53 圣弗朗西斯科市政广场

市政广场的特点是：

1）市政广场应具有良好的可达性，要合理有效地解决好人流、车流问题，有时甚至用立体交通方式，如地面层安排步行区，地下安排车行、停车等，实现人车分流。

2）市政广场一般面积较大，为了让大量的人群在广场上有自由活动、节日庆典的空间，一般多以硬质材料铺装为主，如北京天安门广场、莫斯科红场等；也有以软质材料绿化为主的，如美国华盛顿市中心广场，其整个广场如同一个大型公园，配以坐凳等小品，把人引入绿化环境中去休闲、游赏。

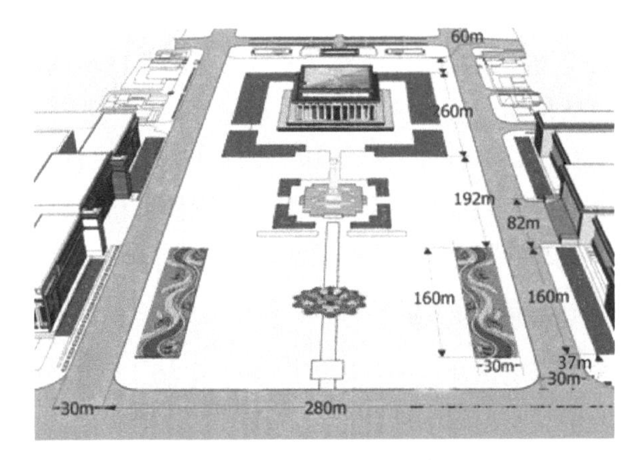

图4-54 北京天安门广场鸟瞰图

3）市政广场布局形式一般较为规则，甚至是中轴对称的。标志性建筑物常位于轴线上，其他建筑及小品对称或对应布局，广场中一般不安排娱乐性、商业性很强的设施和建筑，以加强广场稳重严整的气氛。北京天安门广场是世界上最大的城市中心广场，气势磅礴，如图4-54所示。

2. 纪念广场

图4-55 美国二站纪念广场

城市纪念广场的题材非常广泛，涉及面很广，可以是纪念人物，也可以是纪念事件。通常广场中心或轴线以纪念雕塑、纪念碑、纪念建筑或其他形式纪念物为标志，主体标志物应位于整个广场构图的中心位置。

纪念广场的大小没有严格限制，只要能达到纪念效果即可。因为通常要容纳众人举行缅怀纪念活动，所以应考虑广场中具有相对完整的硬质铺装地面，而且与主要纪念标志物保持良好的视线或轴线关系，如图4-55所示。

纪念广场的选址应远离商业区、娱乐区等，严禁交通车辆在广场内穿越，以免对广场造成干扰，并注重突出严肃深刻的文化内涵和纪念主题。宁静和谐的环境气氛会使广场的纪念效果大大增强。由于纪念广场一般保存时间较长，所以纪念广场的选址和设计都应紧密结合城市总体规划统一考虑。

图4-56 南京火车站站前广场（交通广场）

3. 交通广场

交通广场是为了有效地组织城市交通，包括人流、车流等，是城市交通体系中的有机组成部分。它是连接交通的枢纽，起交通集散、联系过渡及停车的作用，通常分为两类。

1）城市内外交通会合处，主要起交通转换作用，如火车站、长途汽车站站前广场（图4-56）。站前交通广场是城市对外交通或者是城市区域间的交通转换地，设计时广场的规模与转换交通量有关，包括机动车、非机动车、人流量等，广场要有足够的行车面积、停车面积和行人场地。对外交通的站前交通广场往往是一个城市的入口，其位置一般比较重要，很可能是一个城市或城市区域的轴线端点。广场的空间形态应尽量与周围环境相协调，体现城市风貌，使过往旅客使用舒适，印象深刻。

2）城市干道交叉口处交通广场（即环岛交通广场）。

4. 休闲广场

在现代社会中，休闲广场已成为广大市民最喜爱的重要户外活动空间。它是供市民休息、娱乐、游玩、交流等活动的重要场所，其位置常常选择在人口较密集的地方，以方便市民使用为目的，如街道旁、市中心区、商业区甚至居住区内。休闲广场的布局不像市政广场和纪念广场那样严肃，往往灵活多变，空间多样自由，但一般与环境结合很紧密。广场的规模可大可小，没有具体的规定，主要根据现状环境来考虑，如图4-57所示。

图4-57 大连星海广场

休闲广场以让人轻松愉快为目的，因此广场尺度、空间形态、环境小品、绿化、休闲设施等都应符合人的行为规律和人体尺度要求。就广场整体主题而言是不确定的，甚至没有明确的中心主题，而每个小空间环境的主题、功能是明确的，每个小空间的联系是方便的。总之，以舒适方便为目的，让人乐在其中。

5. 文化广场

文化广场是为了展示城市深厚的文化积淀和悠久历史，经过深入挖掘整理，从而以多种形式在广场上集中地表现出来。因此，文化广场应有明确的主题，与休闲广场无须主题正好相反，文化广场可以说是城市的室外文化展览馆，一个好的文化广场应让人们在休闲中了解该城市的文化渊源，从而达到热爱城市、激励上进的目的，如图4-58所示。

图4-58 西安大雁塔北广场

6. 古迹（古建筑）广场

古迹广场是结合城市的遗存古迹保护和利用而设的城市广场，生动地代表了一个城市的古老文明程度。可根据古迹的体量高矮，结合城市改造和城市规划要求来确定古迹广场的面积大小。古迹广场是表现古迹的舞台，所以其规划设计应从古迹出发组织景观。如果古迹是一幢古建筑，如古城楼、古城门等，则应在有效地组织人车交通的同时，让人在广场上逗留时能多角度地欣赏古建筑，登上古建筑又能很好地俯视广场全景和城市景观，如图4-59、图4-60所示。

图4-59　西安鼓楼广场

图4-60　哈尔滨索菲亚教堂广场

7. 宗教广场

我国是一个宗教信仰自由的国家，许多城市中还保留着宗教建筑群。一般宗教建筑群内部皆设有适合该教活动和表现该教之意的内部广场。而在宗教建筑群外部，尤其是入口处一般都设置供信徒和游客集散、交流、休息的广场空间，同时也是城市开放空间的一个组成部分。宗教广场的规划设计首先应结合城市景观环境整体布局，不应喧宾夺主、重点表现。宗教广场的设计应以满足宗教活动为主，尤其要表现出宗教文化氛围和宗教建筑美，通常有明显的轴线关系，景物也是对称布局，广场上的小品以与宗教相关的饰物为主，如图4-61所示。

8. 商业广场

商业功能是城市广场最古老的功能，商业广场也是城市广场最古老的类型。商业广场的形态空间和规划布局没有固定的模式可言，它总是根据城市道路、人流、物流、建筑环境等因素进行设计的，可谓“有法无式”“随形就势”。但是商业广场必须与其环境相融、功能相符、交通组织合理，同时商业广场应充分考虑人们购物休闲的需要。例如，交往空间的创造、休息设施的安排和适当的绿化等。商业广场是为商业活动提供综合服务的功能场所。传统的商业广场一般位于城市商业街内或者是商业中心区，而当今的商业广场通常与城市商业步行系统相融合，有时是商业中心的核心，如上海市南京路步行街广场，如图4-62所示。此外，还有集市性的露天商业广场，这类商业广场的功能分区是最重要的，一般将同类商品的摊位、摊点相对集中地布置在一个功能区内。

图4-61　圣彼得广场

图4-62　上海市南京路步行街广场

4.2.2 广场的景观特点

随着城市的发展，各地大量涌现出的城市广场已经成为现代人户外活动最重要的场所之一。现代城市广场不仅丰富了市民的社会文化生活，改善了城市环境，带来了多种效益，同时也折射出当代特有的城市广场文化现象，成为城市精神文明的窗口。在现代社会背景下，现代城市广场面对现代人的需求，表现出以下基本特点：

1. 性质的公共性

现代城市广场作为现代城市户外公共活动空间系统中的一个重要组成部分，首先应具有公共的特点。随着工作、生活节奏的加快，传统封闭的文化习俗逐渐被现代文明开放的精神所代替，人们越来越喜欢丰富多彩的户外活动。

2. 功能上的综合性

现代城市广场应满足的是现代人户外多种活动的功能要求。年轻人聚会、老人晨练、歌舞表演、综艺活动、休闲活动等，都是过去以单一功能为主的专用广场所无法满足的，取而代之的必然是能满足不同年龄、性别的各种人群（包括残疾人）的多种功能需要，具有综合功能的现代城市广场。

3. 空间场所的多样性

现代城市广场功能上的综合性，必然要求其内部空间场所具有多样性的特点，以达到不同功能实现的目的。综合性功能如果没有多样性的空间创造与之相匹配，是无法实现的。

4. 文化休闲性

现代城市广场作为城市的“客厅”或是城市的“起居室”，是反映现代城市居民生活方式的“窗口”，注重舒适、追求放松是人们对现代城市广场的普遍要求，从而表现出休闲性的特点。

现代城市广场的文化性特点主要表现为：

1）对城市已有的历史、文化进行反映。

2）对现代人的文化观念进行创新。现代城市广场既是当地自然和人文背景下的创作作品，又是创造新文化、新观念的手段和场所，是一个以文化造广场、又以广场造文化的双向互动过程。

4.2.3 广场的设计手法

1. 广场形式的轴线控制设计手法

轴线是虚存线，但它有支配广场全局的作用，按一定规则和要求将广场空间要素形成空间序列，依据轴线对称设计关系，使广场空间组合构成更具有条理性。在西安大雁塔北广场入口，大型铜雕史书、水景景观带、大雁塔等景观构成了清晰的广场轴线，如图4-63所示。大雁塔南广场的玄奘雕塑与大雁塔等景观构成了南广场的主轴线，如图4-64所示。

图4-63 西安大雁塔北广场主轴线

2. 广场形式的特异变换设计手法

广场形式的特异变换设计手法是指广场在一定形式、结构以及关联的要素中，加入不同的局部形状、组合方式的编译、变换，以形成较为丰富的、灵活的和新奇的表现力。

图4-64 西安大雁塔南广场主轴线

3. 广场形式的母体设计手法

广场形式的母体设计手法使用最为普遍，它通常运用一个或两个基本形作为母体的基本形，在此基础上进行排列组合、变化，使广场形式具有整体感，也易于统一。代表性作品是世界著名景观设计大师佐佐木叶二设计的琦玉新都心榉树广场。

4. 广场形式的隐喻、象征设计手法

运用人们所熟悉的历史典故和传说中的某些形态要素，重新加以提炼处理，使其与广场形式融为一体，以此来隐喻或象征表现其中的文化传统韵味，使人产生视觉的、心理上的联想。代表性作品是美国新奥尔良的意大利广场。

4.2.4 广场的植物种植设计

城市广场的绿地种植主要有四种基本形式，行列式种植、集团式种植、自然式种植和花坛式种植（即图案式种植）。

1. 行列式种植

行列式种植属于整形式，主要用于广场周围或者长条形地带的隔离、遮挡、或作背景。单排的绿化栽植，可在乔木间加种灌木，灌木丛间再加种草本花卉，但株间排列上短期可以密一些，几年以后可以考虑间移，这样既能使短期绿化效果好，又能培育一部分大规格苗木。乔木下面的灌木和草本花卉要选择耐阴品种。并列种植的各种乔木、灌木在色彩和形体上要注意协调，如图4-65所示。

图4-65 行列式种植

2. 集团式种植

集团式种植也是整形式的一种，是为避免成排种植的单调感，把几种树组成一个树丛，有规律地排列在一定的地段上。这种形式有丰富、浑厚的效果，排列整齐时远看很壮观，近看又很细腻。可用草本花卉和灌木组成树丛，也可用不同的灌木或乔木和灌木组成树丛，如图4-66所示。

图4-66 集团式种植

3. 自然式种植

自然式种植与整形式不同，是在一定地段内，花木种植不受统一的株矩、行矩限制，而是疏密有序地布置，从不同的角度望去有不同的景致，生动而活泼。这种布置不受地块大小和形状限制，可以巧妙地解决与地下管线的矛盾。自然式树丛布置要密切结合环境，此方式对管理工作的要求较高，如图4-67所示。

图4-67　自然式种植

4. 花坛式（图案式）种植

花坛式种植即图案式种植，是一种规则式种植形式，装饰性极强，材料选择可以是花、草，也可以是修剪整齐的木本树木，可以构成各种图案。它是城市广场最常用的种植形式之一。

花坛或花坛群的位置及平面轮廓应与广场的平面布局相协调，如果广场是长方形的，那么花坛或花坛群的外形轮廓也以长方形为宜。当然也不排除细节上的变化，变化只是为了更活泼，过分类似或呆板会失去花坛所渲染的艺术效果。

在人流、车流交通量很大的广场，或是游人集散量很大的公共建筑前，为了保障车流交通的通畅及游人的集散，花坛的外形并不强求与广场一致。例如，正方形的街道交叉口广场上、三角形的街道交叉口广场中央，都可以布置圆形花坛，长方形的广场可以布置椭圆形的花坛。

花坛与花坛群的面积占城市广场面积的比例，一般最大不超过1/3，最小不小于1/5。华丽的花坛，面积的比例要小些；简洁的花坛，面积的比例要大些。

花坛还可以作为城市广场中的建筑物、水池、喷泉、雕塑等的配景。作为配景处理的花坛，总是以花坛群的形式出现的。花坛的装饰与纹样应当与城市广场或周围建筑的风格保持一致。

花坛表现的是平面图案，由于人的视觉关系，花坛不能离地面太高。为了突出主体，利于排水，同时不遭受行人践踏，花坛的种植床位应该稍稍高出地面。通常种植床中土面应高出平地7~10厘米。为了便于排水，花坛的中央拱起，四面呈倾斜的缓坡面。种植床内土层厚在50厘米，以肥沃疏松的沙壤土、腐殖质土为好，如图4-68所示。

为了使花坛的边缘有明显的轮廓，并使植床内的泥土不因水土流失而污染路面和广场，也为了不使游人因拥挤而践踏花坛，花坛往往利用缘石和栏杆保护起来，缘石和栏杆的高度通常为10~15厘米，可以在周边用植物材料做矮篱，以替代缘石和栏杆。

图4-68　花坛式（图案式）种植

案例分析

美国明尼阿波利斯联邦法院广场

由玛莎·施瓦茨设计的明尼阿波利斯联邦法院广场（Federal Courthouse Plaza）位于 KPF 设计的新联邦法院大楼前，面对市政厅，占地5公顷，于1998年建成。项目要求设计能开展市政及个人活动，有自己的形象和场所感。

一、空间布局

设计将建筑立面上有代表性的竖向线条延伸至整个广场的平面中来，以取得与建筑的协调关系。在入口通道的两侧，一些与线条成30°夹角的不同高度和大小的水滴形绿色草丘从广场中隆起。草丘是这个设计中最吸引的要素，它的形状源于本地区的一种特殊地形“drumlin”——一万年前冰川消退后的产物，如图4-69所示。由于广场的地下是一个停车场，受承重力的限制，草丘上只种植了一种当地乡土的小型松树，如图4-70所示。平行于这些草丘的是一些粗壮的原木，被分成几段作为坐凳，也代表着这个地区经济发展的基础，如图4-71所示。

图4-69　广场草丘

图4-70　草丘上的小型松树

二、设计特色

明尼阿波利斯联邦法院广场具有明显的极简主义和大地艺术的特征，在明尼阿波利斯市以直线、方格为特征的城市景观中是极具个性的。尽管许多批评家认为这个广场缺乏对功能完善性的考虑，但玛莎·施瓦茨认为，对于明尼阿波利斯市的这个中心广场来说，最大的功能是“创造一个标志，一段记忆，一个场所”。她的设计是要提供一个引人注目的、可识别的景观以吸引这个城市的居民，使他们在忙碌的路边能够驻足小憩并留下记忆。实际上广场建成后被很好地利用，特别是午餐时，许多附近的职员来到广场上休息，有的还躺在那里接受日光浴，广场还为附近的一个学前学校提供了活动场地。

图4-71　广场原木

三、文化意义

玛莎·施瓦茨的设计构思受到明尼苏达州典型的冰丘地形以及印第安人史前时代在密西西比河东岸建造的土丘的启迪，使当地联邦法院广场体现出了一道别出心裁的风景。玛莎·施瓦茨认为，美国不像欧洲国家有着很好的艺术根基，她希望能够通过自己的作品不断号召国人对艺术教育的投资。土丘和原木代表了明尼阿波利斯的文化和自然史，它们被用来作为广场的标志和雕塑元素，既象征了自然景观，又代表了人们对其主观性的改造。那些土丘试图唤起人们对地质和文化形式的回忆；他们也暗示了冰河时代的冰积丘、有风格的山丘，或者像日本庭院一样可以依照不同的尺度来解读它——系列山脉或土丘间的低地。泪珠状土丘高7英尺，上面栽种了短尾松——明尼苏达州北部森林中一种常见的矮小的先锋树种。那些原木同样使人想起吸引移民并成为当地经济基础的用材林。

知识拓展

城市广场设计原理

广场设计既是建造实质空间环境的过程，也是一种艺术创造过程。它既要考虑人们的物质生活需要，又要考虑人们的精神生活需求。在广场设计过程中，必须综合考虑广场设计的各种需要，协调统一解决各种问题。总体来讲，好的广场设计具有独特的构思和创意、良好的广场功能和总体布局、解决好广场的风格、特色的艺术处理以及建造广场所需要的技术设计等问题。

一、广场的布局

广场的总体布局应有全局观点，综合考虑、预想广场实质空间形态的各个因素，做出总体设计。广场的功能和艺术处理与城市规划等各个因素应彼此协调，使之形成一个有机的整体。在广场总体设计构思中，既要考虑使用的功能性、经济性、艺术性以及坚固性等内在因素，同时还要考虑当地的历史、文化背景、城市规划要求、周围环境、基地条件等外界因素。

二、广场的构思

广场设计构思要把客观存在的“境”与主观构思的“意”相结合。一方面要分析环境对广场可能产生的影响，另一方面要分析设想广场在城市环境或自然环境中的特点，应因地制宜，结合地形的高低起伏，利用水面环境以及实际环境特色进行设计。现代城市的居民，希望更多地接触大自然，在城市广场设计中应多建造和创造利用自然环境因素进行设计的“绿色广场”。但这个“绿色广场”不是简单地将古典园林造园手法在任何环境中去套用，造成许多不协调的环境关系，而是追求广场设计构思的独特性。

三、广场的功能

广场的功能是随着社会的发展和生活方式的变化而发展变化的。各种广场设计的基本出发点就是广场要满足人们习惯、爱好、心理和生理等需求，这些需求影响到广场的功能设计。

1. 广场的功能分区

一般广场由许多部分组成，设计广场是要根据各部分功能要求的相互关系，把它们组成若干个相对独立的单元，使广场布局分区明确、使用方便。

2. 广场的流线设计

人在广场环境中活动，认识广场中的活动主题，所以广场设计要安排交通流线，合理的交通流线使各个部分的相互联系变得方便、简捷。

四、广场的艺术处理

广场具有实用和美观的双重作用，根据不同广场的性质和特征，它们的双重作用表现是不平衡的。实用性比较强的交通广场的实际作用效果是首要的，艺术处理处于次要地位。作为政治广场和文化、纪念性广场，它们的艺术处理就居于比较重要的地位，尤其是政治、纪念性广场的艺术设计要求更加突出。广场艺术设计不仅是广场的美观问题，而且有着更深刻的内涵。广场可以反映出它所处的时代精神面貌，反映特定的城市一定历史时期的文化传统积淀。

1. 广场的造型

良好的广场艺术设计，首先要有良好的总体布局、平面布置、空间组合，具有合适的比例和尺度、还要有细部设计与之配合，从而考虑到材料、色彩和建筑艺术之间的相互关系，形成统一的具有艺术特色和个性的广场，如图4-72所示。

图4-72　西安大雁塔北广场造型

2. 广场的性格

广场的性格主要取决于广场的性质和内容，广场的功能要求很大程度上取决于广场形象的基本特征，广场形式要有意识地表现广场性质和内容所决定的形象特征。政治性、纪念性广场要求布局严整、庄重，休闲性广场的形式应自由、轻松、优雅。

五、广场的特色

广场的特色，就是要表现其所具有的时代性、民族性和地方性。广场的特色是一个国家、一个民族在特定的城市、特定的环境中的体现，是广场设计成功与否的重要标志。特色就是与众不同，它只能出现在某一处，具有不可代替的形态和形式。广场特色还反映在当地人民的社会生活和精神生活之中，它体现在当地人民的习俗和情趣之中，如图4-73所示。

a）

b）

图4-73 西安大雁塔北广场特色

广场不仅要具有特色，它还是一个时代特征的重要载体。广场设计必须要有时代精神和风格，为了更好地表现出广场的时代特征，就必须运用最新设计思想和理论，追求新的创意，利用新技术、新工艺、新材料、新的艺术手法，反映时代水平，使广场设计更具有时代特征，如图4-74所示。

图4-74 西安大雁塔北广场夜景

工作任务

某城市广场设计

一、工作任务目标

通过城市广场设计实训，培养学生熟练掌握并运用广场设计的基础理论知识结合场地现状完成广场设计方案，培养学生综合分析问题和解决问题的能力，为将来园林方案设计打下良好基础。

1. 知识目标

1）熟悉广场的设计类型与景观特点。

2）掌握广场的设计手法与植物种植设计方法。

2. 能力目标

1）具有城市广场设计方案的设计与表现能力。

2）具有城市广场设计说明编写能力与方案汇报能力。

3. 素养目标

1）培养严谨的设计态度和刻苦认真的职业精神。

2）培养创新思维和求实精神。

二、工作任务要求

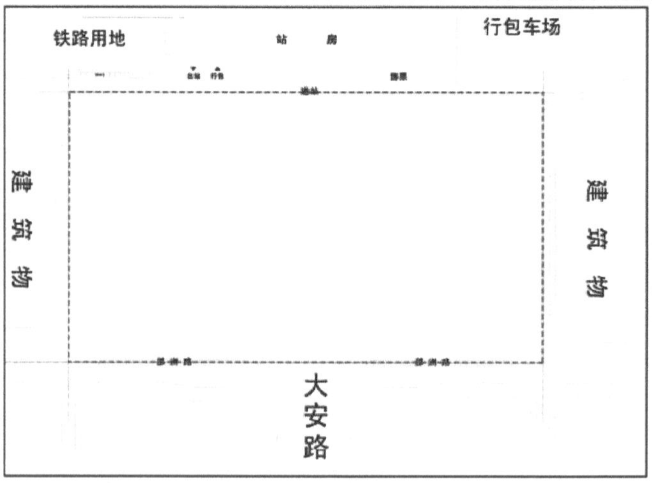

某城市拟建一个站前广场，设计环境如图4-75所示，场地地势北高南低，地形基本平坦，土质良好。广场位于城市主干道一侧，其余两面均有公共建筑物。要求根据城市广场规划设计的相关知识，规划设计出能符合交通、群众文化、城市特色等功能要求，具有地方特色且又能有较高景观效果、生态效果的交通广场。

铁路用地　站房　行包车场
建筑物　建筑物
大安路

图4-75　站前广场平面图

1）了解并掌握各种有关广场的外部条件和客观情况，收集相关图样和设计资料，确定广场规划设计的目标。

2）广场布局形式和出入口的设计。

3）广场功能分区的规划设计。

4）广场标志物的规划设计。

5）广场详细方案设计。

三、图纸内容

1）图名：某城市站前广场设计。

2）绘制站前广场设计方案平面图。

3）完成植物配置方案。

4）比例1:400，钢笔墨线图、淡彩表现。

5）图纸大小：A2。

四、工作顺序及时间安排

周次	工作内容	备注
第1周	教师下达广场工作任务、学生资料收集与整理	45分钟（课内/课外）
	草图方案构思设计	
第2周	设计方案修改、优化	60分钟（课内）
	版面构图、方案绘制	60分钟（课内）
	成果汇报，学生、教师共同评价	30分钟（课内）

过关测试

一、单选题

1. 主要道路是园林中的主干道，是从园林入口通向全园的各景区中心、各主要广场、建筑、次要路口及管理区的环形道路，它联系全园，是园林内大量游人所要通行的路线。主要道路宽度一般为（　）。

A. 1~2米　　B. 2~3米　　C. 3~4米　　D. 4~6米

2. 次要道路是主要道路的辅助道路，用于连接园林内的主干道不能到达的景观空间。次要道路宽度为（　），要求能通行小型服务车辆。

A. 1~2米　　B. 2~4米　　C. 3~4米　　D. 4~6米

3. 游息小路是供游人游览、散步、休息的小路，引导游人深入地到达园林各个角落。游息小路宽度一般为（　）左右。

A. 1. 2~2米　　B. 2~2. 5米　　C. 2. 5~3米　　D. 3~4米

4. （　）是绿地中用木材铺设的一种桥式路面，是防止践踏植物而采取的一种特殊的保护形式，常用于湿地公园内。

A. 简易路面　　B. 架空路面　　C. 整体路面　　D. 块状路面

5. （　）是以规整的砖为骨，与不规则的石板、卵石、碎瓷片、碎瓦片等废料相结合，组成色彩丰富、图案精美的各种纹梯，如人字纹、席纹、冰裂纹等。

A. 简易路面　　B. 花街铺地　　C. 整体路面　　D. 块状路面

6. （　）既可以形成一定覆盖率的草地，发挥绿地生态效益，又可用做铺装路面使用，在停车场应用较多。

A. 冰裂纹铺地　　B. 花街铺地　　C. 嵌草铺装　　D. 卵石铺地

7. （　）是用沥青、水泥、混凝土等修筑而成的路面，具有平整、耐压、耐磨的特点，养护简单、便于清扫，多用于园林内通行车辆和人流集中的主要道路和停车场等。

A. 简易路面　　B. 架空路面　　C. 整体路面　　D. 块状路面

8. （　）布局适合于滨水公园、带状公园等地形狭长的园林绿地。

A. 套环式园路　　B. 条带式园路　　C. 树枝式园路　　D. 8字形的双环路

9. “曲径通幽处，禅房花木深”诗中描绘的就是（　）深邃、幽静、浓郁的植物景观。

A. 主要道路　　B. 次要道路　　C. 游息小路　　D. 步石

10. （　）题材非常广泛，涉及面很广，可以是纪念人物，也可以是纪念事件。

A. 市政广场　　B. 交通广场　　C. 纪念广场　　D. 休闲广场

二、多选题

1. 园路的功能作用有（　）。

A. 组织交通　　B. 引导游览　　C. 划分空间　　D. 构成景色

2. 在园林景观设计中，按照园路性质功能的不同，可分为（　）。

A. 一级道路　　B. 主要道路　　C. 次要道路　　D. 游息小路

3. 园路铺装按其表面的材料不同分成（　）。

A. 整体路面　　B. 块状路面　　C. 简易路面　　D. 架空路面

4. 园林布局设计中，需要注意的问题是（　）。

A. 园路系统尽可能呈环路或环状串联　　B. 避免出现“死胡同”而使游人走回头路

C. 园路转折相邻的两个曲折半径相同　　D. 避免出现过分长直、景色单一、枯燥的园路

5. 城市广场绿地种植主要有四种基本形式（　）。

A. 行列式种植　　B. 集团式种植　　C. 自然式种植　　D. 花坛式种植

6. 商业广场类型有（　）。

A. 步行商业广场　　B. 步行商业街　　C. 集市露天广场　　D. 集市街

7. 广场按使用功能分为（　）。

A. 商业性广场　B. 纪念性广场　C. 交通性广场　D. 附属广场

8. 广场按空间形态分为（　）。

A. 开敞性广场　B. 封闭性广场　C. 半开敞性广场　D. 半封闭性广场

9. 广场绿地种植设计的基本形式有（　）。

A. 排列式种植　B. 集团式种植　C. 自然式种植　D. 混合式种植

10. 广场按尺度关系分为（　）。

A. 特大广场　B. 中型尺度广场　C. 中小尺度广场　D. 小型尺度广场

项目5

园林建筑与小品设计

铸魂育人

追寻文化之美，颐和园长廊的雕梁画栋

世界文化遗产颐和园是中国最后一座皇家园林，也是中国现存最大的皇家园林。颐和园的中心建筑群坐落在万寿山南麓与昆明湖交界一带，长廊也是这组建筑的一部分，长廊始建于乾隆十五年，1860年遭英法联军焚毁，在19世纪末光绪年间得以重建。

长廊以颐和园建筑的最高点佛香阁脚下的排云殿为中心，呈东西走向，向两边延伸，以它的长度与佛香阁的高度遥相呼应。长廊东起邀月门，西至石丈亭，全长728米，共计273间，长廊上分布着四座重檐八角攒尖亭，分别名为“留佳、寄澜、秋水、清遥”，每个亭子代表一个季节，象征春夏秋冬四季。

长廊如同彩带一般，把前山各风景点紧密连接起来，又以排云殿为中心，自然而然把风景点分为东西两部分，在山水间形成了诗意的线性景观。长廊以木结构为主，长期暴露于空气中，受阳光辐照、风吹日晒雨淋等影响，极易腐朽损坏，而油饰彩画就像给长廊穿上外衣，起到保护和装饰的作用。

长廊以丰富绚丽的苏式彩画而闻名于世，每个建筑构件上都绘有大小不同的彩画，内容涵盖人物故事、山水风景、亭台楼榭等，共计1.4万余幅。长廊彩画属于“苏式彩画”，它的特点是主要画面被括在大半圆的括线内；民间称之为“包袱”画，彩画底子色调多采用砖红，土黄色或白色为基调，基本构成暖色调子。彩画采用分段布图的方法，中间一段画包袱里的图案就是我们看到的人物故事、山水风景等，外边用一层比一层深的颜色画上包袱框，显得非常有立体感。彩画无固定结构，全凭画工发挥，同一题材可创作出不尽相同的画面，彩画的内容有惟妙惟肖的人物、栩栩如生的花鸟、风光旖旎的山水，画师们将中华数千年的历史文化浓缩在这长长的廊上，美轮美奂的彩画不仅把长廊装饰得绚丽无比，更使其蕴含了深刻的文化内涵和艺术品位。长廊内雕梁画栋，色彩鲜明，富丽堂皇，它的长度和丰富的彩画在1990年就被收入了《吉尼斯世界纪录大全》。

长廊是一条艺术的画廊、故事的长廊，这里间间都有彩画，步步都有故事；而其中最引人入胜的当数人物故事画，一共2000多幅画，没有哪两幅是相同的。这些人物故事彩画大多出自中国古典文学名著《红楼梦》《西游记》《水浒传》《三国演义》等，更有趣的是彩画几乎没有任何文字说明，只能根据画中人物的衣着特征、容貌、神情、动作、场景判断故事的内容，仿佛走进一座迷宫，你对中国历史文化了解越深，所能讲出的故事就越多。在古香古色的廊下去想一段历

史，去猜一个典故，这何尝不是一种特别的喜悦。八仙过海、孔融让梨、三娘教子、宝黛情长……一个个神话传说、戏曲故事，一部部古典名著、人物传奇，犹如一扇扇历史小窗，从三皇五帝到最后一个封建王朝，诉说着中华文明的源远流长，如图5-1所示。

图5-1 颐和园长廊彩画

在众多彩画中，不仅人物故事彩画构图生动、形态逼真，描摹花鸟鱼虫的彩画同样也表达了丰富的含义；有万字、寿字、葫芦、蝙蝠等各种图案以及麻姑献寿、松鹤延年、一路连科等极富吉祥寓意的绘画作品：如画牡丹点缀着两只白头翁，寓意着“富贵白头”；画喜鹊立在梅花枝头，寓意着“喜上眉梢”；画荷花又有燕子衬托，寓意着“海晏河清”。这些都是对盛世太平、国泰民安的美好向往，寄托着古人对美好生活的向往与追求。

长廊以其精美的建筑、巧妙的构思和极为丰富的彩画而负盛名，是我国园林中最长的廊。走进长廊，赏心悦目，领略彩画中的美妙意境，感受能工巧匠们的精湛技艺，为中国古典园林的文化魅力所折服。

任务1　园林建筑设计

教学目标

知识目标

- 熟悉园林建筑的功能与类型。
- 理解传统园林建筑的基本形式及设计要点。

能力目标

- 具有根据场地现状条件进行园林建筑规划布局能力。
- 具有园亭、长廊等传统园林建筑设计能力。

素养目标

- 坚定文化自信，传承优秀园林文化。
- 培养创新设计能力、动手实践能力。

在进行园林规划与设计时，为了满足游人对休息、娱乐、餐饮、服务等功能的需求，人为建造了一些符合功能要求的建筑物，这些建筑在设计时要考虑与园内景观的有机结合，使建筑与环境成为统一的整体。好的园林建筑设计，不仅能提供休闲娱乐的服务空间，还可以成为园林中的人工景观，甚至可能作为标志性建筑伫立园中。无论是中国古典园林还是现代园林，建筑的色彩、尺度、样式都对园林的风格影响很大。建筑往往被作为园林平面设计中的一个点，对景观起到了画龙点睛的作用。

知识链接

5.1.1 园林建筑的功能

建筑的产生是为了满足人们日常生活需要，是物质和精神功能需求的产物。人们用某种物质手段组织了特定空间，将工程技术与艺术结合在一起形成建筑特有的空间形式。适用、经济、美观是建筑设计的基本原则。在设计中求变化，在变化中求统一。通过运用比例与尺度、对比与微差、均衡与变化等设计手法，实现建筑在满足功能需求的同时，也能够满足人们的精神需求。

园林建筑的产生同样是为了满足某些功能与精神的需求，如人们在园中游玩，累了需要休息，于是就产生了亭、廊、榭等建筑空间，加上餐饮就产生了餐厅、冷饮厅、茶室等建筑形式。除此之外，还有服务类的园林建筑也是必不可少的，如公共卫生间、游船码头、售票厅等。因此，园林建筑的功能与常说的建筑设计的功能有相似之处。同时园林建筑还以它特殊的形象成为园林景观中的一景，园林建筑应有较高的观赏价值。在中国古典园林中，建筑往往被赋予了诗情画意，淋漓尽致地表达了环境中的建筑情感。建筑的有无是园林有别于天然景区的重要标志。

5.1.2 园林建筑的类型

园林建筑的分类方法有很多种，按中国传统形式和使用功能不同分为两种方式。

1.按传统形式分类

按传统形式园林建筑分为亭、廊、榭、舫、厅、堂、塔、楼、阁、斋、殿、馆、轩等十余种类型。

2.按使用功能分类

文教类：展览馆、陈列馆、阅览室、宣传廊等。

文体类：露天剧场、音乐厅等。

服务类：餐厅、冷饮厅、小卖部、茶室、公厕等。

点景、游憩类：亭、榭、塔、廊等。

园林管理类：办公室、仓库、温室、园门、园墙等。

5.1.3 传统园林建筑

中国传统园林有着悠久的文化历史，保存至今的中国园林一直受到人们的认可与喜爱，享誉国内外。亭、廊、水榭、舫等十余种传统建筑形式在中国园林设计中更是应用广泛。

园亭设计

1.亭

在中国古典园林中，园亭是运用最多的一种建筑形式。无论是传统的古典园林，还是现代的风景园林，园亭都以其独特的身姿伫立其中。

史料记载中最早出现的亭可以追溯到商周苑囿中供帝王停歇的高台。《批文切字集》中提到了“有上盖的高台”，这种高台可以算是亭的雏形。汉代以前的亭，建筑形象与魏晋南北朝以后的亭也有很大的差异。汉代以前的亭，大致是一种目标显著，四面临空，便于登高、眺望的较高建筑物（图5-2）。古陶文中的“亭”字更是形象地描绘了园亭的特点与雏形，如图5-3所示。

图5-2 亭石画像

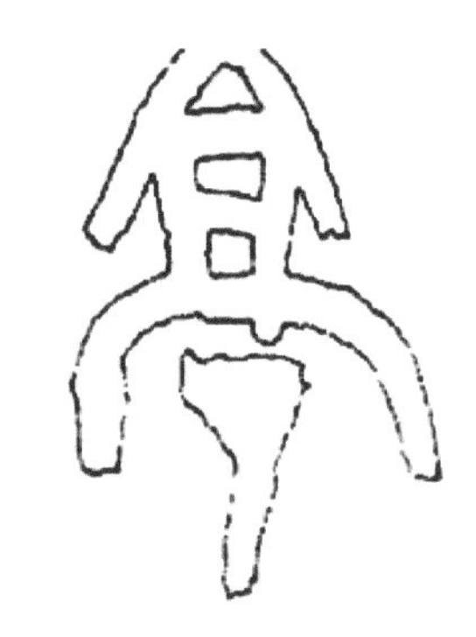

图5-3 古陶文中的“亭”字

（1）亭的功能与历史

园亭主要为在园中游览的人们提供休息、纳凉、避雨的临时场所，同时它还是远眺观景的最佳视点。在使用功能和形式上没有严格的要求，可以结合环境，满足空间构图需要，最大限度地发挥园林艺术特色。

汉代以前园亭的功能大致有四方面内容：①作为标志性建筑，如设于城内与城厢的都亭，设于城门的门亭，市场上的标志物旗亭，还有街亭、市亭等。②交通干道的亭包括邮亭，驿亭（兼有驿站和旅社的作用）。③战国时期，国与国之间为防御敌人，在边境上设亭。④秦汉时期，在乡村十里设一亭，置亭长，管治安，理明事。

魏晋南北朝时期，由于统治者自相残杀，人们更追求返璞归真，把自然视为至善至美的产物，这一观点成为造园艺术发展的主要推动力量。随着园林艺术的发展，亭的性质也发生了变化，供游览观赏的亭逐步出现。

隋唐以后，亭成为园林中必不可少的建筑物，此时亭无论在造型、形式，还是用材上都发展得比较成熟。四角方形、六角、八角和圆形等不同形式的园亭形态也相继出现。屋顶出现了攒尖、庑殿、歇山等形式，在建材上多采用木、石、茅草、竹等。

宋元时期，亭的设计已经考虑了“对景、借景”等手法，把亭和人工山池结合在一起。伴随着文学诗词绘画艺术的发展，人们对自然美的认识已经纳入到建亭的构思之中，开始寻求组织、构筑寓情于物的人工景观，如图5-4所示。有关桥亭的记载最早见于宋代，洛阳的苗师园中记有：“池中有桥与轩相对，桥上又建有亭”。有着亚洲第一廊桥之称的重庆黔江风雨廊桥，就是桥亭的典型代表，桥上还建有塔亭，如图5-5所示。

图5-4 建于元代的“放鸽亭”

图5-5 重庆黔江风雨廊桥

明清时期是中国园林发展的最后兴盛时期，在重视亭本身造型的同时，也非常注重亭的位置选择及与其他建筑的关系。由于文人和画家加入到了亭的设计过程之中，赋予园亭在意境和文化内涵方面的创造。人们运用各种手段，寓情于景，移情入境，把主观的情感融入筑亭中。所以明清时期的造园活动在建筑的艺术和技术两个方面都已经达到十分成熟而又趋于完善的境地，此时也是中国古典亭发展的鼎盛时期，如图5-6、图5-7所示。

图5-6 上海豫园中的园亭

（2）亭的景观特点

亭从体量上看，一般小而集中，但是有相对独立而完整的建筑形象。亭的立面一般可划分为亭顶、柱身、台基三个部分。从任何角度看，亭都是一个完整的个体。亭大多所占空间不大，所以布置起来灵活自由。

图5-7 北京明清时期的园亭

亭的构造虽然繁简不一，但大多结构简单，施工方便。过去多以木构瓦顶居多，但不宜长久保留，因此，现多用钢筋混凝土材料替代木构件，也有用竹子、石材等地方性材料的，用料经济便利。

亭功能单一，主要是为了游人驻足休息、纳凉避雨，兼作观赏周边景物的作用。因此，在空间构图过程中，可以结合园林规划需要，灵活布置，最大限度地成为园林景区中的点睛之笔。

（3）亭的造型与类型

亭的造型非常灵活、多样。虽然体量不大，但是形式各异。亭的造型主要取决于它的平面形式、平面间的组合以及屋顶的形式等。我国古代的亭起初是四方亭，结构简单，随着经济技术的发展，亭又逐步发展成多边多角形、圆形、十字形等复杂形式。同时，出现了亭与亭的组合，亭与墙、石壁等的结合，大大丰富了空间形式。亭在竖向上不再拘泥于单檐，重檐、三重檐的形式相继出现。根据亭子的不同规模，两层空间的亭更增加了亭的竖向层次，开阔了游人的视野范围。我国园林中的亭常与廊、墙等组合设计，形式丰富多样，以民族传统风格居多，它们不仅仅是古时候劳动人民留下的智慧结晶，也是我国园林设计艺术中一份可贵的遗产。

亭子的平面形式大致分为单体、多体块组合、与廊墙结合三种形式。

1）单体亭。单体亭有一个独立的亭空间，包括正多边形亭、圆亭、长方形亭、圭角形亭、扁八角形亭、扇面亭等，如图5-8所示。

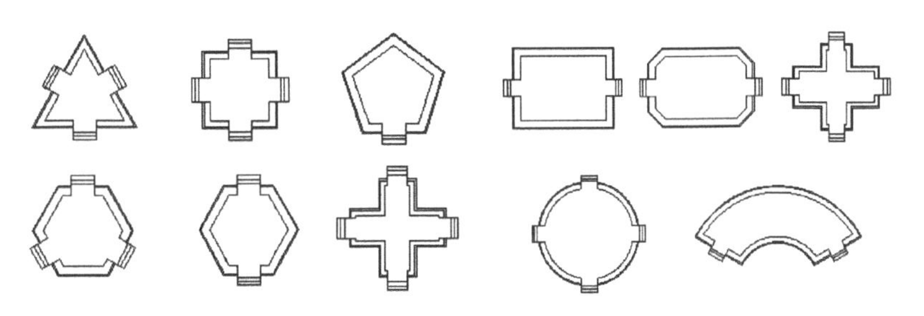

图5-8 单体亭的各种平面形式

正多边形亭的平面形式多见于正三角形、正四边形、正五边形、正六边形、正八边形、正十字形等。

三角亭屋顶平面呈三角形，下面由三根立柱支撑。体形在亭中显得最轻巧，占地面积小，能够很好地迎合特殊环境，如图5-9、图5-10、图5-11所示。杭州西湖的三角亭属于桥亭，位于一组折桥的拐角上，体态轻盈，通透，与漂浮在桥上的其他亭子形成构图的均衡效果，如图5-12所示。

图5-9　黄山周边村庄的三角亭

图5-10　浙江大慈岩的三角亭

图5-11　无锡惠山里的三角亭

正四边形亭平面结构简单，使用广泛，最为多见。如苏州拙政园绿漪亭（图5-13）、梧竹幽居亭（图5-14）、绍兴小兰亭（图5-15）。

图5-12　“三潭印月”的三角亭

图5-13　苏州拙政园绿漪亭

图5-14　苏州拙政园梧竹幽居亭

五角亭不多见（图5-16），如上海天山公园正五角形荷花亭。六边形亭很常见，边数比正四边形多，相应的顶部处理更加丰富，有利于造型。无锡的锡惠公园六角亭（图5-17）、峨眉山清音阁六角牛心亭（图5-18）、苏州拙政园塔影亭（图5-19）等都是正六边形亭，檐口飞翘，体态优美。

图5-15　绍兴小兰亭四角亭

图5-16　某景区五角亭

图5-17　无锡锡惠公园六角亭

正八边形亭，面积较大，多以重檐或较为高挺复杂的屋檐形式出现，以满足良好的竖向比例关系。八角亭多设计在视野较为宽阔的景区，服务人群数量多，可提供多角度的观赏空间。同时，八角亭的形体高大，也往往成为园中的重要景观之一，如北京颐和园廓如亭（图5-20）、白塔山生肖园八角亭（图5-21）。

图5-18　峨眉山清音阁六角牛心亭

图5-19　苏州拙政园塔影亭

图5-20　北京颐和园廓如亭

圆亭的屋顶平面为圆形，如图5-22所示。体形多小巧，与环境结合位置灵活。在现代园林中，也常常以伞形、蘑菇形等形象出现，活跃气氛。

图5-21　白塔山生肖园八角亭

图5-22　某公园圆亭

长方形亭、扇面亭等平面形式往往随地形、环境以及功能要求的不同而灵活运用。如拙政园中部的雪香云蔚亭建于人工土山上，因山形扁平，故采取长方形平面，如图5-23所示。该园西部的扇面亭，因位于池岸向外凸起处，故采用扇形平面，既配合了环境，又拓宽了视野，如图5-24所示。

2）组合亭。将形态相同的两个或几个亭子的檐部连接在一起，使亭空间能够贯通，扩大亭子体量的同时形成体态优美的组合形式，如图5-25所示。

图5-23　苏州拙政园雪香云蔚亭

图5-24　苏州拙政园扇面亭

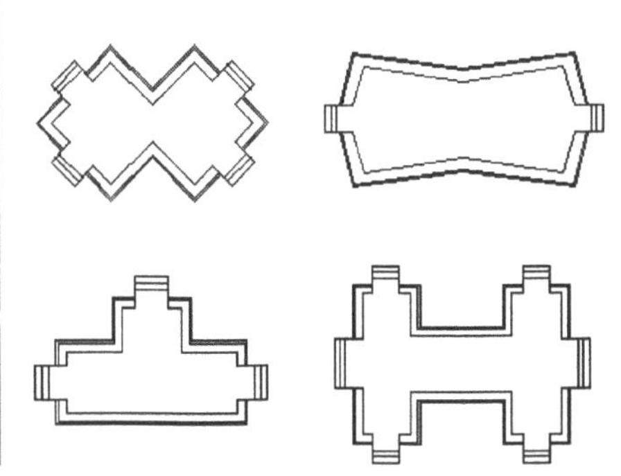

图5-25　组合亭的平面形式

组合式亭有双三角形亭、双方形亭、双圆形亭、双六角形亭及各种形状亭的组合，如图5-26、图5-27、图5-28所示。

图5-26　北京天坛公园双环亭

图5-27　北京颐和园荟亭

图5-28　北京天坛公园方胜亭

3）半亭。半亭是亭与廊、墙、石壁结合设计时，为了更好地处理亭与墙面、石壁的连接处，使亭空间很好地帖服在山墙或廊壁上而采用的一种形式，如图5-29、图5-30所示。半亭可以活跃建筑山墙处的景观，打破石壁、廊、墙的单调与呆板。

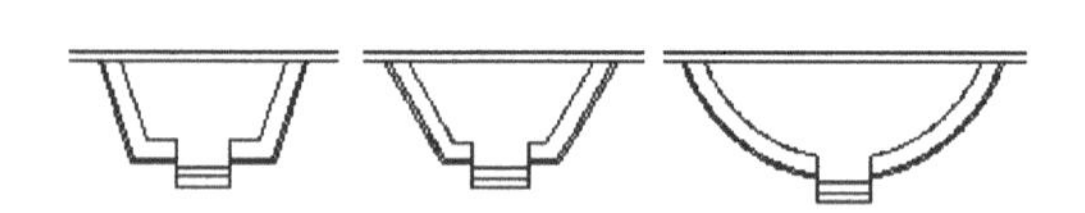

图5-29　半亭的平面形式

图5-30　各种形式的半亭

4）亭的竖向造型。亭的竖向造型以一层居多，规模较大的也有二层甚至三层的。立面檐口有单檐、重檐、三重檐等，形式上多采用中国古典的屋顶形式。亭的屋顶形式是中国古典建筑屋顶形式的荟萃，如各种攒尖顶，方攒尖、圆攒尖、六角攒尖、八角攒尖等，还有歇山顶、硬山顶、悬山顶、十字脊，也有用盏顶的，在四角攒尖顶的上部做成层层叠起的盏顶，但以攒尖顶为主，如图5-31、图5-32、图5-33、图5-34所示。

攒尖顶大多应用在平面是正多边形或圆形的亭子上。攒尖顶成伞状，由戗脊形成支撑骨架始于柱中，向上汇聚于中心尖顶，表面覆盖顶饰，如图5-35、图5-36所示。

图5-31　无锡寄畅园知鱼槛歇山顶

图5-32　北京颐和园谐趣园饮绿亭卷棚歇山顶

图5-33　北京太庙井亭盝顶

图5-34　北京故宫御花园万春亭圆攒尖顶

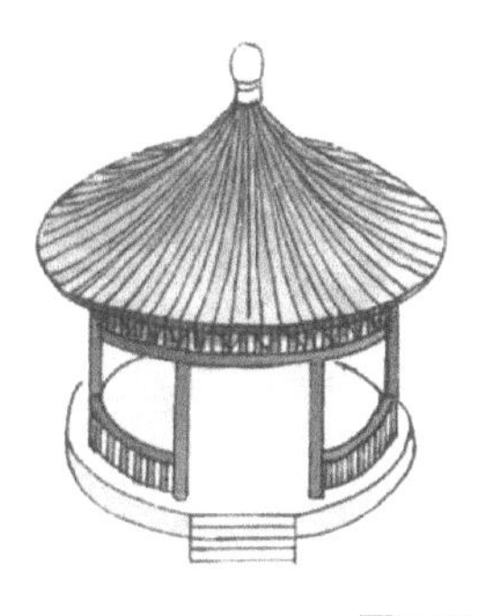

图5-35　圆攒尖顶亭

图5-36　北京颐和园中的廓如亭

5）亭的材料选择。中国园林中的传统亭多以木结构或石材为主。随着时代的发展，混凝土、钢、膜结构等多种建筑材料应用到园亭中，现代化园亭的造型和色彩更加丰富多变，可以是简洁的、抽象的，也可以是夸张的、与众不同的。但是无论怎样与时俱进和变化，园亭的基本功能没有改变，它正在以崭新的形象与个性特征去迎合周边的环境设计，满足人们不同时期的审美需求，如图5-37所示。

a）

b）

c）

d）

e）

f）

g）

图5-37　不同材料建造的亭

a）草亭　b）砖木结构亭　c）竹亭　d）石亭　e）混凝土亭　f）玻璃顶亭　g）膜结构亭

（4）亭的位置选择

与其他建筑设计一样，亭的设计也要首先考虑位置选择，这是园林空间规划时就应考虑的问题。亭，在古时候是供行人休息的地方。园中之亭，应当是自然山水或村镇路边之亭的“再现”。水乡山村道旁多设亭，供行人歇脚，有半山亭、路亭、半江亭等。亭的设置主要应考虑位置的选择和亭本身的造型。亭的形式是方是圆，是攒尖顶还是硬山顶，都必须依据基址的形式和环境景观的特征来决定。在我国园林中，亭的设置与周围环境相配合，无论是建在园林中的亭，还是建造于街肆的亭，其位置的选择都由“景”来决定，“因景而成，得景随形”。

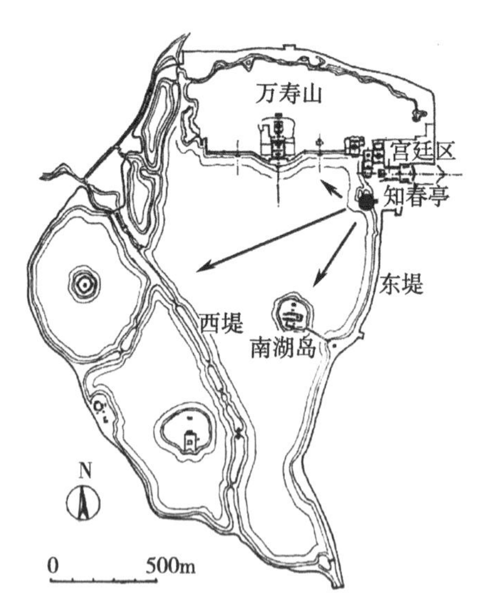

图5-38 颐和园总平面图

亭的布局位置十分灵活，不受整体格局所限，可独立设置，也可依附其他建筑物，更可结合山石、水体等，充分利用各种奇特的地理基址创造出优美的园林意境。

亭的选址，一方面要考虑游人驻足休息时向外远望时的视觉、精神需求；另一方面还要考虑亭子本身对周边环境的影响。从亭中向外远眺，应满足观赏者和景观的距离要求，并且考虑观赏角度问题。不同的观赏对象对观赏距离和角度的要求又是各不相同的。北京颐和园中的知春亭是主要的观景点之一，如图5-38所示。站在亭中向外望，颐和园前山景区的景色尽收眼底。从北面的万寿山到西堤、玉泉山、西山，再到南面的十七孔桥、廊如亭，180° 的视线范围形成了立体的景观长轴画卷。万寿山前山至十七孔桥范围内的建筑是人视力所及的距离为500~600米，人能够清楚地看见这一范围的建筑轮廓。因此，这一区域形成近景区，而相对较远的玉泉山等则成为相对虚化的剪影陪衬其后，形成摄影中的景深效应，使视野内的景象富有层次。再换一种角度去看知春亭，站在东堤上看万寿山，知春亭成为丰富画面的近景。站在乐寿堂上看东堤，知春亭打破了东堤的平淡与单调，丰富了湖面的层次。因此不难看出，知春亭的位置选择既起到了良好的“观景”效果，又为景区的“点景”立下汗马功劳，堪称画龙点睛之作。

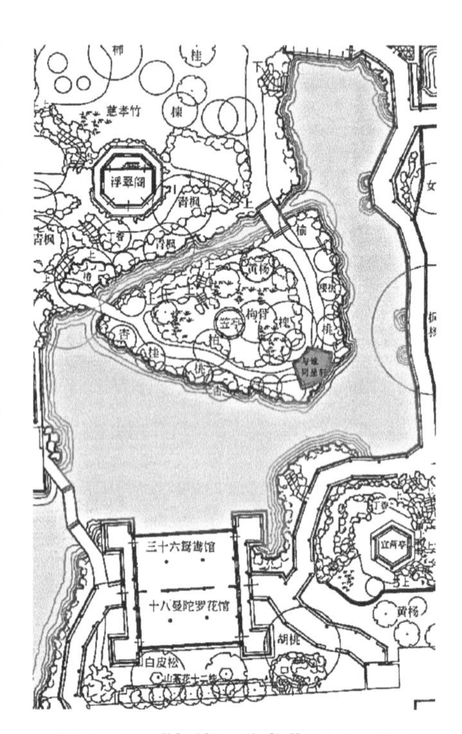

图5-39 “与谁同坐轩”总平面图

我国江南造园颇多，而这些园林又多半是在平地上人工创作的综合性园林，以建筑为基础，着重直接的景物景象与间接的联想相结合，互相陪衬、互相影响。“对景”“借景”“框景”等手段是园林建筑中常用的构图方式，以此来创造景物间的对应关系，最终实现各种形式的美好画面。“与谁同坐轩”是位于拙政园西部的一个扇形的亭子，又名“扇亭”，它所处的位置三面临水，一面背山。站在亭中视野范围可达180°。“别有洞天”的圆洞门入口位于它的正前方，彼此相互照应。扇亭的两侧墙面上分别开着模仿陶器形状的窗洞，透过洞口可以看到一侧的“倒影楼”和另一侧的“三十六鸳鸯馆”。这种对景方式使得景物间相互联系、相互渗透。站在亭中，视野范围不仅宽阔，而且观景有针对性。人在轩中，无论是倚门而望、凭栏远眺，还是依窗近视、小坐歇息，均可感到前后左右美景不断。因此，“与谁同坐轩”的位置选择堪称不可替代，如图5-39、图5-40所示。

1）山上建亭。亭子设于山上，多半为了远眺和驻足休息。因此，亭子常常建于山巅、山脊等利于远眺的位置，视野开阔。崖旁建亭，有的亭子甚至建立在崖壁上，这样既增加了景观的魅力，同时又营造了飘渺虚幻的景观气氛。除山顶建亭外（图5-41），还常于山腰建亭（图5-42）。山腰设亭通常选择突出地段，使景亭不致被树木等其他景物遮挡住，既便于人们在亭中眺望山上、山下的景色，又能使亭醒目突出，成为其他空间的对景。山中建亭不仅丰富了山的轮廓，还使山景富有生气，如图5-43所示。

图5-40 “与谁同坐轩”

图5-41 肇庆七星岩山上建亭

图5-42 山腰建亭

图5-43 北山上的亭

承德避暑山庄是通过在山上建亭来控制景区范围的成功案例。承德避暑山庄选在有山、有水、有平原的地段。建园初期，首先在最接近水面和平原西北部的几个山峰上分别建设了“北枕双峰亭”“南山积雪亭”和“锤风落照亭”。随着园区建设与发展，西北部山区最高点上又建设了“四面云山亭”。园区的景色被四个亭子控制在了一个高低错落的视线网中，平原风景与山区风景相互呼应，实现视线贯通。后来在乾隆年间，为了俯瞰北宫墙外的“须弥福寿之庙”“罗汉堂”“广安寺”“殊像寺”“普陀宗乘之庙”等建筑群，山庄北部最高峰上又修建了“谷俱亭”。建筑群与山庄在通过的视线上取得了空间联系与呼应。由此可见，承德避暑山庄的亭子虽然数量不多，但对于各个景区的视线交融与贯通起到了不可忽视的作用，如图5-44所示。

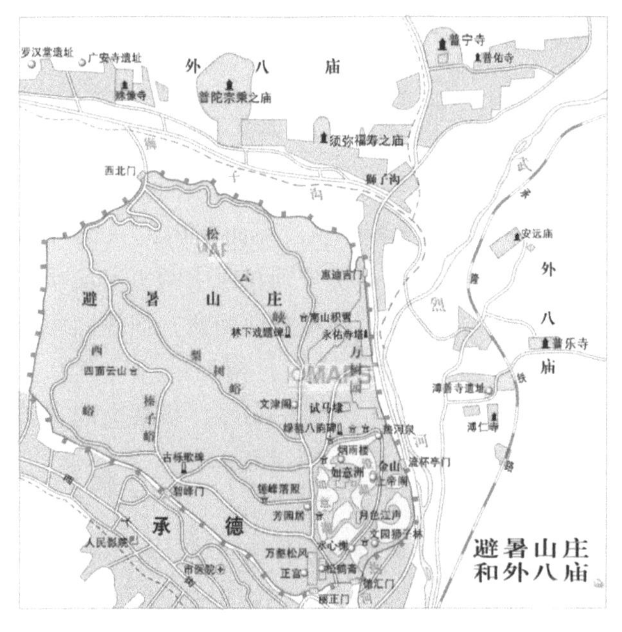

图5-44 避暑山庄平面图

山上建亭还要注意亭与山的比例与尺度。有些亭设置于假山上，亭的大小应与假山相协调。苏州园林中有许多假山上建亭的成功作品，如留园中的可亭（图5-45），沧浪亭园林中的沧浪亭，拙政园中的北山亭（图5-46）。

图5-45　苏州留园可亭

图5-46　拙政园中的北山亭

2）临水建亭。临水建亭也是亭规划设计中常常选择的位置。水与山石比起来，水是动态的，而山石是静止的。园林设计中往往动静结合，通过山石和水体设计丰富空间层次，营造多变的环境气氛。不同形式的水体设计往往是景观的重点，是游览时视线的焦点。因此，水边建亭不仅方便了游人的观景需求，同时也给水景增添了空间层次，丰富了景观效果，如图5-47所示。

图5-47　临水建亭

亭位于水面之上，不宜过高，应尽量贴近水面，三面或四面被水环抱。荷风四面亭是拙政园中的单檐攒尖顶六角亭，一面临山，三面环水（图5-48）。两个曲桥分别在西南两边连接亭与水岸。人位于亭中，眺望东西两侧，拙政园中部湖面及周边建筑尽收眼底。南面的远香堂、南轩，北部的北山亭、雪香云蔚亭，折桥边的“香洲”“别有洞天”等也隐约可见。

图5-48　苏州拙政园中的荷风四面亭

亭的大小依水面大小而定。水面面积小而蜿蜒，可采用小体量的亭作为点缀。如苏州园林临池的亭，体量都不大。宽阔的水面上亭子一般都较高大，烘托气势。有时甚至将多个亭子组合在一起，成为一个亭子的组群空间，增加建筑的体量感，空间感强，层次丰富。如北海公园的五龙亭

（图5-49），承德避暑山庄的水心榭，扬州瘦西湖的五亭桥等都是公园景区中的著名景点，用桥与岸相连，形成规划构图的中心，也成为游客游览时的视线焦点。

水中的亭，也常常建于石台或岛、半岛之上。通过河堤或各种形式的桥与岸边相连。如颐和园中的知春亭，苏州西园的湖心亭，上海城隍庙的湖心亭等均属于这个类型。除此之外，还有桥上建亭，如北京颐和园西堤六桥中的柳桥（图5-50）、练桥（图5-51）、镜桥，扬州瘦西湖的五亭桥（图5-52）。桥上建亭应注意亭与桥身的协调，比例与尺度要适当。

图5-49　北海公园五龙亭

图5-50　颐和园西堤的柳桥

图5-51　颐和园西堤的练桥

3）平地建亭。平地建亭有时位于道路的交叉口上，有时位于路旁的树荫下，还有时建于草坪、花圃之中。除了休息、观景的作用之外，亭子位于某个特定的位置时还兼起标志性建筑的作用。亭子的颜色、材料、造型都要结合周边的环境，如苏州留园冠云亭，借助周围山石陪衬景色，起到了很好的效果，如图5-53所示。

图5-52　扬州瘦西湖的五亭桥

图5-53　苏州留园的冠云亭

总之，亭的位置选择或建于山间、水面，或建于平地、路边。无论建于何处都应考虑亭中观景和园中观亭的视觉感受与景观效果。亭的规模应与环境协调，完成亭建筑在规划中的地位与作用。亭或成为园中亮点，或融入环境成为游人闲情逸致的雅间。在设计之初，亭的位置选择是亭设计成功与否的关键。

（5）亭的尺度

亭的平面尺度一般为3米×3米至6米×6米。亭的高与平面宽之比，方亭为0.8∶1；六角或八角亭为1.5∶1。亭柱直径（或宽）与柱高比为1∶10。

亭的尺寸在设计中可根据构图需要稍有变化，但不可比例失调。

2. 廊

廊是中国古代建筑中有顶的通道，包括回廊和游廊，其基本功能为遮阳、防雨和供人小憩。从河

南偃师二里头遗址中发现，主殿的屋檐下已有廊，并且四周用回廊围成庭院。据司马相如《上林赋》所叙，游廊在西汉武帝时即已出现，称为“步”。

廊是形成中国古代建筑外形特点的重要组成部分。中国古建筑多以木构架建筑为主，平面形式简单、独立。廊是连接这些建筑的纽带，也是建筑物室内外过渡的空间，是增强建筑立面的虚实变化和韵律感的重要手段。廊可以丰富建筑空间层次，还可以使各单体建筑间关系紧密，方便使用。围合庭院的回廊，对庭院空间的格局、体量的美化起重要作用，并能产生庄重、活泼、开敞、深沉、闭塞、连通等不同效果。园林中的游廊则主要起着划分景区、形成多种多样的空间变化、增加景深、引导最佳观赏路线等作用。如果我们把园林设计总平面看作一个面，亭、榭等建筑为点，那么廊就是平面构成中的线。这些线把不同的点联系在一个画面中，形成一个完整的有机体。因此，廊的设计在园林建筑设计中同样是必不可少的。

与西方古典园林中的廊不同，中国的廊常配有几何纹样的栏杆、坐凳、鹅项椅（又称为美人靠或吴王靠）、挂落、彩画，隔墙上常饰以什锦灯窗、漏窗、月洞门、瓶门等各种装饰性构件。廊的构造和结构形式比较简单。在中国古典园林中，廊多为木构件体系，屋顶采用坡屋顶或卷棚顶的形式。在现代园林建设中，廊多采用钢筋混凝土的形式，屋顶平整，形式多变。在南方地区，还有用竹子做成竹廊形式的，结构与施工都不繁琐。廊的宽度根据园林风格不同而有差异。在江浙一带，以私家园林居多，景观表现细腻而变化丰富，廊的宽度大多不超过1.5米，高度也较矮，空间亲人而舒适。北方的廊较南方略宽，园林中建筑多高大、气派，彰显皇家风范。从空间比例上长廊要迎合建筑风格与空间尺度，同时还要满足多人同时通过的功能要求，因此，应适当加宽加高廊的空间尺度。但是，也不要过宽，如北京颐和园的长廊属于宽大型的，宽度也不过2.5米。廊的形式可弯可直，可顺应地势起伏变化，蜿蜒曲直，有很大的灵活度。

（1）廊的基本类型

廊按剖面形式大致可分为单面空廊、双面空廊、复廊和双层廊四种形式，如图5-54所示。

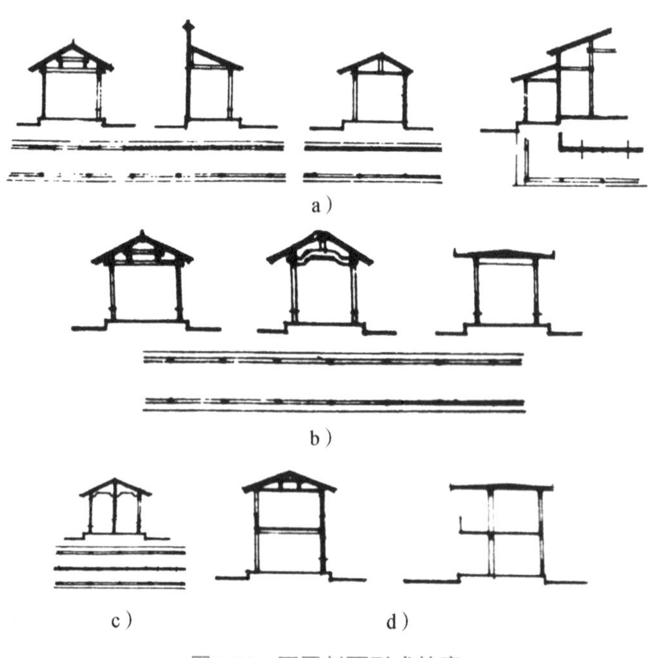

图5-54 不同剖面形式的廊

a）单面空廊 b）双面空廊 c）复廊 d）双层廊

1）单面空廊。单面空廊是一侧为镂空的柱廊，镂空面向优美的景观，视野开阔；另一侧为实墙，有效地遮挡不利的环境因素。或是将廊依靠在建筑的外墙上，形成檐部向墙外斜坡的形式，与建筑形体结合在一起，形成过度空间；或是在廊的实墙面上开景窗，透过景窗渗透出墙那边的植物或风景，形成一幅幅优美的自然画卷，如图5-55所示。

图5-55　单面空廊

在颐和园的西跨院扬仁风的前院中，有一个单面空廊连接着乐寿堂与邀月门。透过墙面上的各种窗洞，昆明湖的景致像画一样剪裁其中，如图5-56所示。

图5-56　颐和园乐寿堂与邀月门间的游廊

2）双面空廊。双面空廊两侧均为通透柱廊，可将廊两侧的景色尽收眼底。例如，北京颐和园内著名的游廊，全长728米，号称中国古典园林中最长的游廊。它北侧依靠万寿山，南面紧邻昆明湖，沿路的繁花秀树与其相应穿插，廊两侧风光尽收眼底。它像一条长长的丝带将万寿山前的十几组建筑群紧密地联系起来。它既是园林建筑之间的联系路线，又是各大建筑组合成丰富的空间层次不可或缺的重要元素，对丰富园林景致起着突出的作用，如图5-57所示。

图5-57　颐和园内的长游廊

3）复廊。双面空廊中间夹一道墙就形成了复廊。复廊将廊的空间分隔成内外两部分，因此，也称为内外廊。复廊与其他形式的廊相比，由于兼顾内外空间的使用，所以截面较宽。复廊中间的实墙上面可设景窗，虚实相间，游人在廊内游览的过程中使墙两边不同的景致尽收眼底。同时，复廊的设置还可以延长游览的路线，增加游廊观赏的趣味性。

苏州园林中沧浪亭的复廊以其因地制宜形成的“藕断丝连”的视觉效果而天下闻名。沧浪亭本身无水，但北部园外有河有池，建筑偏南设置，北部用复廊形式顺着蜿蜒的河道划分空间，复廊中的空窗将两边的景致尽收眼底。行于廊上，临水一侧可观水景，好似园外的水是园中的一部分，而院内的古木苍松又透过景窗隐约可见，在园内一侧的游廊同样可以感受园外的碧波荡漾，内外的景色相互渗透、相得益彰，如图5-58所示。

图5-58　苏州沧浪亭复廊

4）双层廊。将两层廊叠加起来的形式叫双层廊，也叫楼廊。上下两层的廊，可供游人在不同的高度游览和观赏风景。同时，双层廊还可以联系不同标高的建筑物，组织人流。它的竖向层次变化有助于丰富园林建筑的外部形态及建筑轮廓。

北海公园的琼岛延楼呈半圆形，环抱于琼岛北麓的北海湖畔，长300米，共60间，分为上下两层。延楼游廊是仿江苏镇江金山江天寺而建的观景廊。延楼游廊东西两端分别建有倚晴楼和分凉阁。它宛如一条彩带，把琼岛和瑶池紧密地联系起来，起着烘托和丰富山光水色的重要作用，如图5-59所示。

图5-59　北海公园的琼岛延楼游廊

廊按总体造型及其与地形、环境的关系可分为直廊、曲廊、抄手廊、回廊、爬山廊、叠落廊、桥廊、水廊等，如图5-60所示。

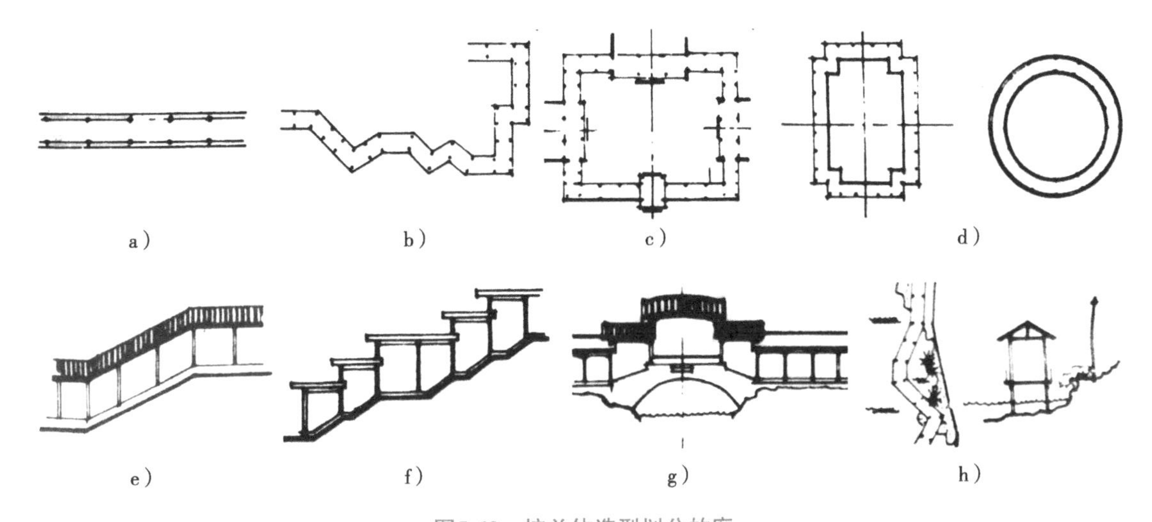

图5-60　按总体造型划分的廊

a）直廊　b）曲廊　c）抄手廊　d）回廊　e）爬山廊　f）叠落廊　g）桥廊　h）水廊

双面空廊与地形结合考虑时，多采用直廊、回廊、抄手廊等形式，或深入风景层次较多的大空间，或在曲折蜿蜒的小空间中游走。

苏州留园中有一个双面空廊，位于中部西北边上。廊沿着环境的边界，顺应地势，或紧贴外墙，或脱空布置，运用占边的设计手法，与环境有机地结合在一起。在廊墙相间的小空间内，布置了不同的植物与叠石，形态各异，在白墙的衬托下犹如一幅幅别有情趣的水墨画，雅致不凡。廊时而挺直时而曲折，游人在行进中不断地变换着观赏角度，如图5-61、图5-62所示。

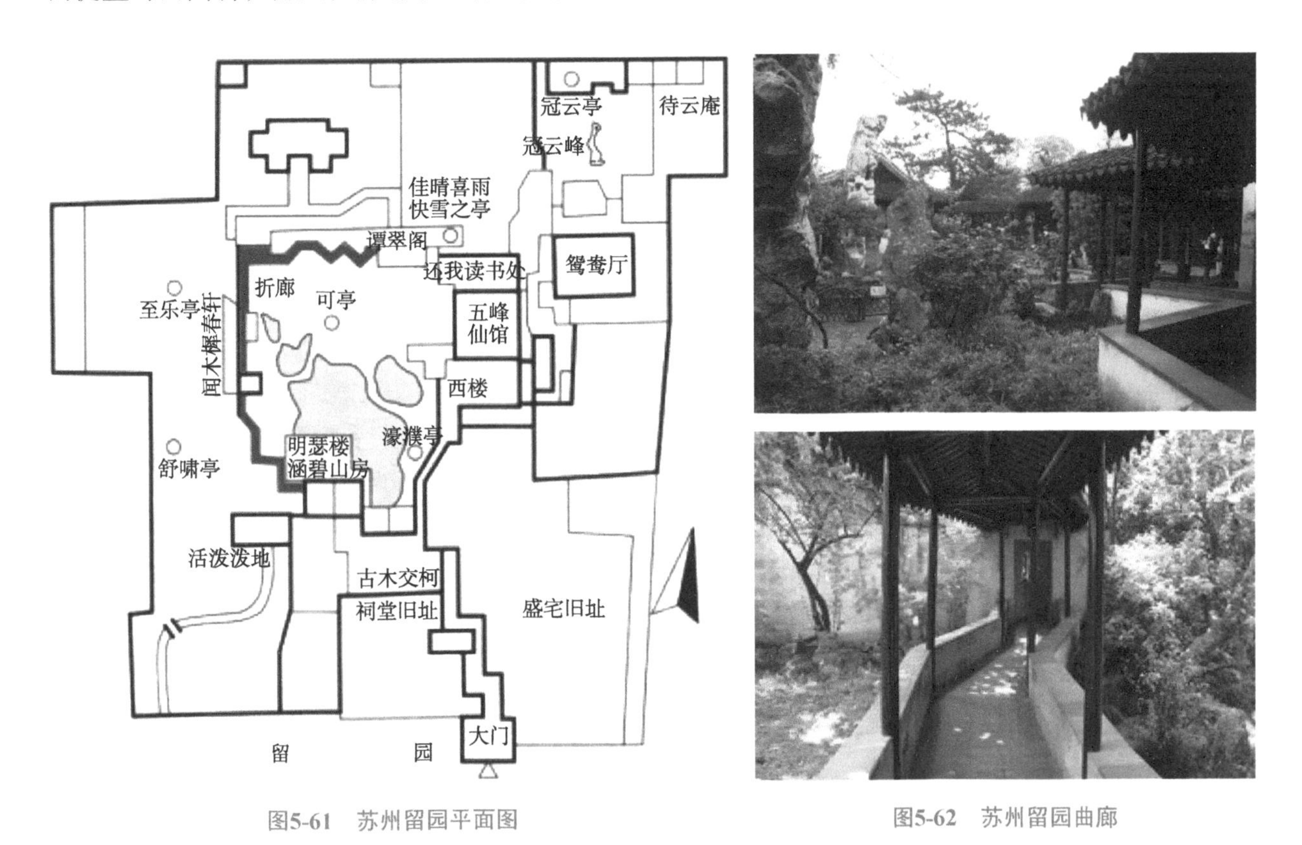

图5-61　苏州留园平面图

图5-62　苏州留园曲廊

（2）廊的位置选择

廊在园林设计中可根据地形的不同、所需空间的不同、观景的需要等要求设置廊的位置和形式，大致可分为平地建廊、水边建廊、山地建廊等形式。

1）平地建廊。当园林空间较小或在园林的小空间内建廊时，可沿着园墙或周边建筑物进行“沿边”设计。这样可以使主要空间突出与集中，彰显中心景观，使得有限的空间尽可能地显得开阔。同时，沿着外墙设置长廊，可以打破墙体的单调与呆板，丰富空间层次。苏州的留园、狮子林、沧浪亭、拙政园等园林设计中，都将廊沿外墙进行环路设计，它不但使得空间丰富，同时还起到了为游人游览过程中遮风挡雨的作用，如图5-63所示。除此之外，平地建廊还多与景观呼应，根据观景的需要，或是蜿蜒曲折，或是笔直多折，如图5-64所示。

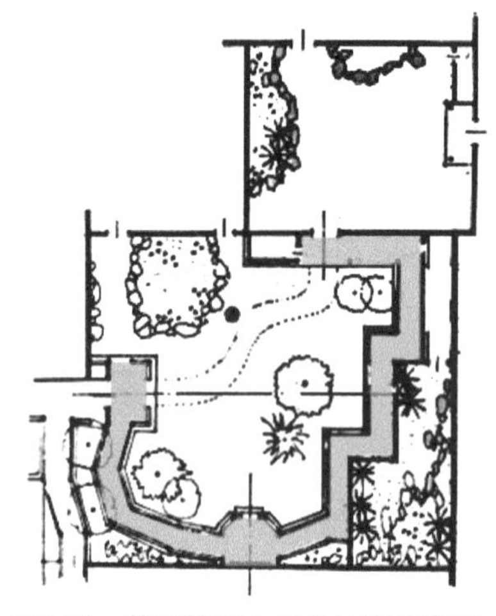

图5-63 苏州怡园入口处的庭院空间

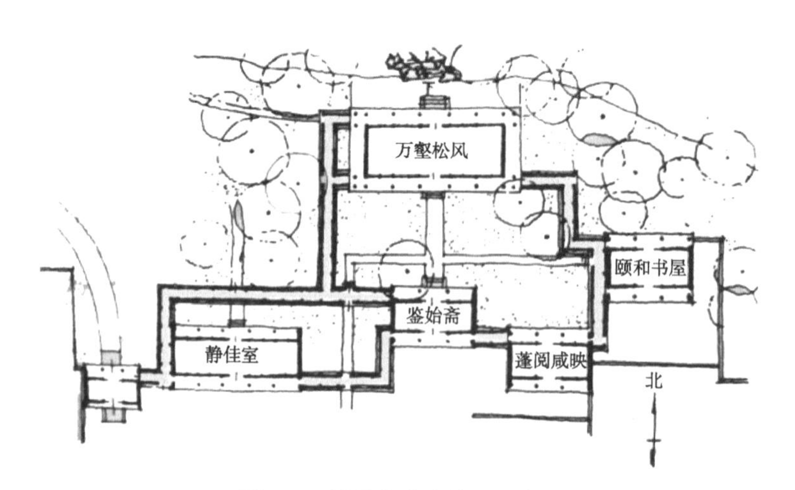

图5-64 避暑山庄中的一组建筑群

2）水边建廊。建在水边或水上的廊，称为水廊。水廊为观赏水景及联系水面或岸边建筑提供空间。位于岸边的水廊，尽可能将廊的平面紧贴岸边，与水相连。如果水岸不规整，曲折多变，廊大多在顺应环境的情况下自由延伸。如苏州拙政园中的波形廊，连接了建筑物的同时，还注意到与环境的结合，中间一段三面凌空，突出水池之中，漂浮于水面之上，轻盈而有动感。廊的尺度较小，廊下支撑或是用天然湖石作为支撑点，或是靠墙上伸出的挑板支撑，使其好似漂浮于水面之上，如图5-65所示。

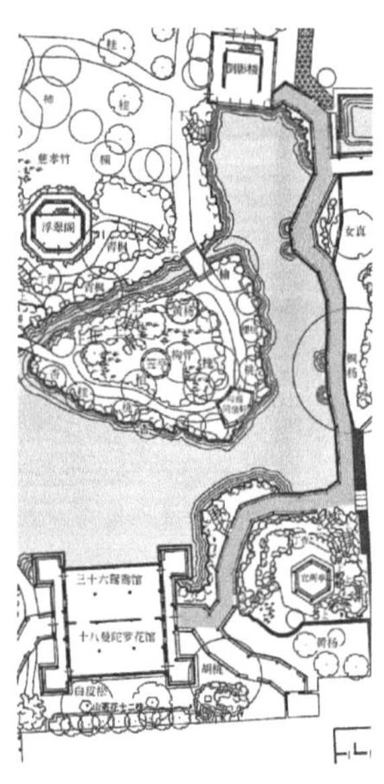

图5-65 苏州拙政园波形廊

北京颐和园谐趣园的游廊，也是顺着荷花池的边缘依势而建，如图5-66所示。它有曲有直，自由活泼，有时行走于溪上，有时退离岸边，在叠石与松柏、翠竹间穿梭。游廊将建筑与环境紧密地结合在一起，以水面为中心，人们行走于廊中，步移景异，不同景致尽收眼底，如图5-67、图5-68所示。

图5-66　北京颐和园谐趣园的游廊

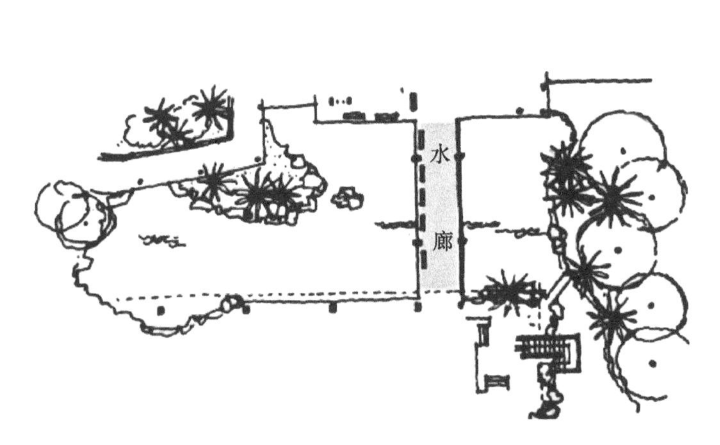

图5-67　广州矿泉别墅水廊平面图

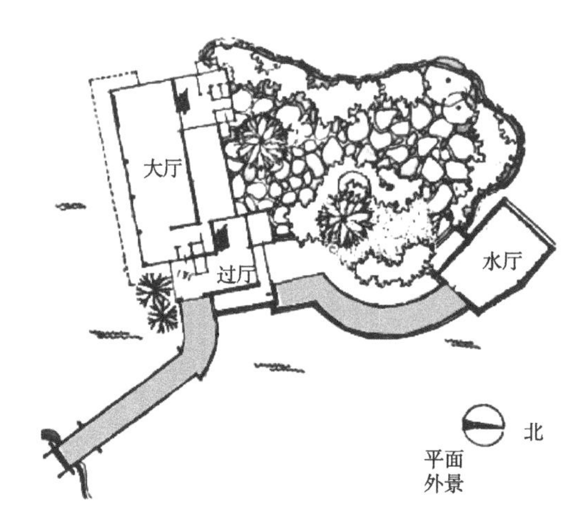

图5-68　广州泮溪酒家水廊平面图

桥廊往往也是水上建廊常用的设计手法。桥本身横跨于水面，造型独特，在水中的倒影更是如诗如画，如果在桥上建廊就更加锦上添花、别具一格。苏州拙政园中的小飞虹桥廊，形态优美纤巧，左右两边分别是大小不同的两种水面空间，前后又与折廊相连通，到达不同的景点，如图5-69、图5-70所示。

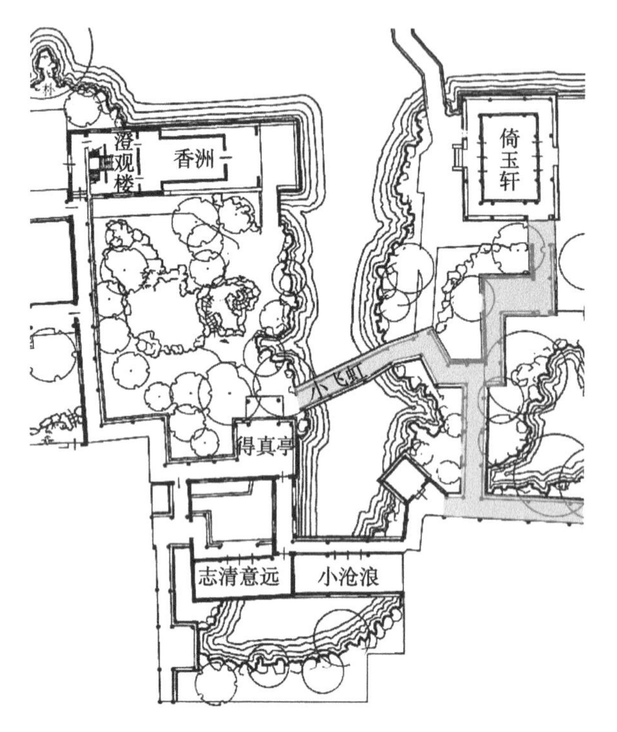

图5-69 苏州拙政园小飞虹桥廊平面图

图5-70 苏州拙政园小飞虹桥廊实景

3）山地建廊。山地建廊主要是为游人提供观景空间，同时还可以成为不同标高的建筑物的联系纽带。廊的形式可顺应山势将基座设为斜坡，也可以将基座设成层层叠落的阶梯式，也常常将这两种形式结合在一起使用。当高差不大时，可用斜坡式；当高差较大时，斜坡式不便于行走，阶梯式是最好的选择，如图5-71、图5-72所示。

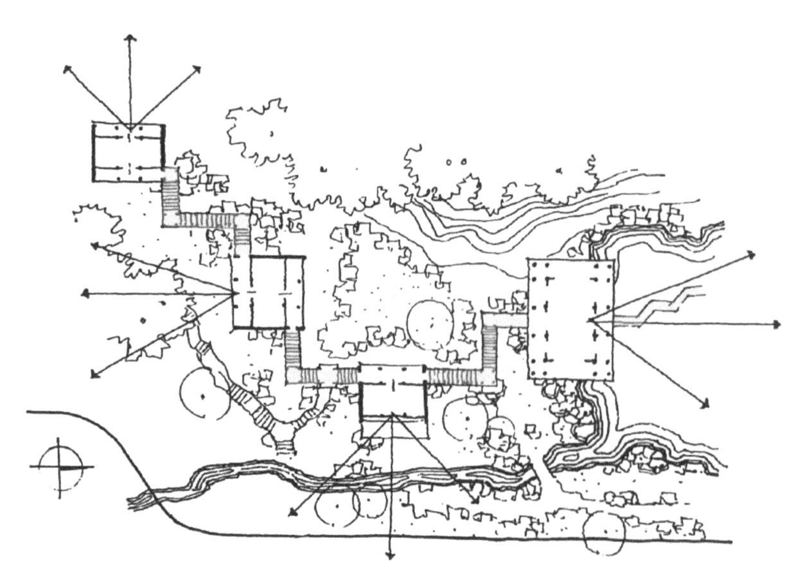

图5-71 北海濠濮间爬山折廊平面图

图5-72 北海濠濮间爬山折廊实景

3. 水榭

榭是园林中的邻水建筑，多建于水面上或岸边，功能与亭有相似之处，都是供人们驻足观景或休息的公共场所，在园林设计中起到点的作用，从属于自然环境。榭虽不是园林中的主体建筑，但是对丰富园林景观和游览内容起到不可忽视的作用。与亭相比，它的内部空间比亭大，可设置落地的门窗，除了驻足观景外，还可以进行吹拉弹唱、下棋打牌等小型娱乐活动。

（1）水榭的造景作用

古时建榭，多考虑周围景色，榭的结构形式也会顺应自然，因环境而变化。传统水榭常将一个平台伸向水面，平台一半浮于水面，一半与岸边陆地相连，平台四周做栏杆扶手，平台上建木构造建筑，平面多以长方形居多。屋顶常采用卷棚歇山式样，檐下构件轻巧，与柱、门窗、栏杆、座椅等形成一套完整的建筑。

南方园林中，水是不可缺少的一个景观，而榭正是水面上的点睛之笔。许多南方园林面积不大，空间丰富，水池形式也蜿蜒多变，面积较小，水榭往往小巧而轻盈，尺度与水面协调一致。将半边或全部的平台跨入水面，下面用湖石或其他梁柱结构深入池底进行支撑。水面与平台面尽可能地接近。建筑邻水侧开敞、通透，或设栏杆，或设鹅颈靠椅。屋顶多为歇山回顶式，起翘纤细而轻盈。

苏州拙政园芙蓉榭是一座卷棚歇山顶的单体建筑，坐东面西，一半建在岸上，一半伸向水面，秀美倩巧，玲珑剔透。凭栏眺望，拙政园东部景致尽收眼底。水中有成片的荷叶，荷花又名水芙蓉。在芙蓉榭旁的岸边还植有木芙蓉，当水中荷花开谢后，木芙蓉就开放了，芙蓉榭的名字由此而生。榭的平台之中建有漏窗、粉墙和圆洞，外围是回廊。四周立面开敞，简洁而轻快的建筑形式与环境相得益彰，如图5-73所示。

图5-73　苏州拙政园芙蓉榭

图5-74　北京中山公园水榭

图5-75　北京颐和园谐趣园中的“洗秋”和“饮绿”

北方园林中的榭，相比南方要恢宏大气，特别是皇家园林中的水榭，形式浑厚敦实，体量较大，彰显皇室气派。如北京中山公园的水榭（图5-74），颐和园谐趣园中的长方形“洗秋”与正方形“饮绿”等建筑。“洗秋”是面阔三间的长方形建筑，内部空间宽阔，中轴线正对着谐趣园的入口，屋顶为卷棚歇山顶。“饮绿”是正方形建筑，体态比“洗秋”小，如图5-75所示。

（2）水榭与水岸的关系

水榭是邻水建筑，因此，它的位置与水是分不开的。在设计中应注意以下几点：

1）水榭三面或四面临水。若受不利因素影响，建筑不能伸向水面，也应将平台向水面延伸，形成水与建筑的过渡空间，为游人提供亲水平台，体现榭与水景的融合，如苏州怡园的“藕香榭”（图5-76），杭州的“平湖秋月”（图5-77）。

图5-76 苏州怡园的“藕香榭”

图5-77 杭州的“平湖秋月”

北京颐和园的“鱼藻轩”，将建筑深入湖中，三面邻水，前方视野开阔，能够看到宽广的湖面，西面越过碧波荡漾的湖水还能看到玉泉山的景色，是游人驻足、摄影的最佳场所，如图5-78所示。南京中山陵水榭，三面临水，一面用石阶与岸相连。卷棚式屋顶铺乳白色琉璃瓦，红色立柱，轻盈的姿态在水中形成优美的倒影，特别是周围绿树青山的映衬，更使得它在阳光下光彩夺目，如图5-79所示。

图5-78 北京颐和园的“鱼藻轩”

图5-79 南京中山陵水榭

2）水榭宜尽可能贴近水面，不宜过高。当水榭与水面高差较大，又无法贴近水面时，应对水榭下部的支撑部分做适当处理，如以叠石做水面与建筑台面间的过渡，或者将出挑的台面尽可能地接近水面，在水面上形成轻快漂浮的感觉，台面与建筑以台阶相连，形成不同层次的空间形式。

浙江舟山群岛东南部的桃花岛修建了一群仿宋代建筑，其中的水榭深入湖面，利用不同标高的平台与水面逐渐接近，视野开阔，亲水性好。不同高度的地平丰富了空间层次，如图5-80所示。南京梅花谷水榭建于岸边，在建筑面向水的一面设置出挑于水面的平台作为陆地与水域的过渡空间。平台下架空出挑，没有柱脚支撑，与后面的建筑结合，好像游船漂浮于水面，如图5-81所示。

水榭的设计在风格和比例尺度上要与周围环境相协调。首先，水榭的风格要与周边环境及其他建筑相协调，不能一味地照抄、照搬。其次，水榭的体量要考虑水面大小。当水面较小时，水榭的建筑形式应小巧、轻盈，尽可能营造舒适、悠闲的惬意空间；当水面较大时，可与相邻建筑、廊、桥等建筑结合布置，扩大建筑整体规模，凸显体量开阔的视野空间。

4.舫

舫是中国园林中的一种特有表现形式。它与榭相似，都建于岸与水的交界处，但建筑形式模拟船形，三面邻水，设平桥好似船上的跳板与陆地相连，更似一叶方舟停于岸边。游人置于其中，或是游玩饮宴，或是赏景观月，都有置身于船中的感觉。因此，舫又名“不系舟”。

舫的由来源自于我国江南地区，那里气候温和，雨量充沛，多湖泊水系，船成为人们生活中的主要交通工具。达官显贵们经常乘船在水面游玩，船上装饰华丽，绘有彩画，这样的船被称为画舫。江南注重造园理水，但水域都较小，不能划船，设置船形建筑于岸边，虽不能像船那样在水中游走，但也营造了在船中观景的意境，于是产生了舫这种建筑。

在江南一带的私家园林中，舫比较多见，如苏州拙政园的“香洲”（图5-82），怡园的“画舫斋”等。北方园林中的舫引自于南方，北京颐和园中的石舫“清晏舫”，全长36米，上部船舱原本为木结构，被英法联军烧毁后，重建时改用石材雕琢的西洋样式。清晏舫的位置设置很巧妙，好似从后湖开过来一样，为后湖景致起到引申作用，如图5-83所示。

图5-80　浙江舟山群岛东南部的桃花岛

图5-81　南京梅花谷水榭

图5-82　苏州拙政园“香洲”

图5-83　北京颐和园石舫“清晏舫”

案例分析

青岛雕塑园心海拾贝音乐厅

图5-84 青岛雕塑园心海拾贝音乐厅

雕塑园位于青岛市崂山区，南邻礁石海滩，北邻东海路，西邻极地海洋世界，东邻现代文化艺术中心。它是青岛规模最大的以文化为主题的海滨公共场所，而心海拾贝音乐厅就建在该园区内的海滨沙滩上，如图5-84所示。

该音乐厅的造型模仿张开的贝壳稳稳地停留在沙滩之上，伴随着潮起潮落，岿然不动地依旧卧在那里，无论是朝阳还是落日余晖，它都显得那么绚烂而富有生机。音乐厅的建筑构思来源于人们对大海的记忆。每当退潮的时候，总会有许多贝壳留在沙滩上。设计者将这一片段转化为建筑，让有生命的个体永远地绽放在海边。

除此之外，该建筑还运用了现代科技，使得贝壳的上壳能够在人工操控下自由开启。音乐响起，贝壳升起；音乐停止，贝壳落下，好似音乐会后的落幕一般。同时，格构形式的上壳还有效地遮挡了海风，缓解了风对建筑本身的影响。建筑周围晶莹剔透的“石头”是海边礁石的缩影，也是建筑与周边环境的过渡空间，由玻璃与钢构成。它们有些散落在建筑周边，有些与建筑穿插，形成建筑内部的休闲茶室。建筑形式与功能得到了完美统一。

“心海拾贝”并不是孤立存在于环境之中，它与环境是互融的统一体。它赋予了海边景致的生机与活力；它犹如雕塑园内的生灵，打破了环境中的沉寂。同时，当人们看到它时，对海边的遐想与回忆将油然而生，这就是建筑赋予景观的生命力。

知识拓展

现代游憩性建筑

随着社会的进步和经济的发展，人们的审美也在不断地产生变化。日新月异的新型建筑材料使得建筑形式与功能空间有了更多的可能性。伴随着技术的革新，园林建筑的形式也在不断地发生变化。现代的科技产品使得园林中的休闲建筑在材料、装修和施工等方面都前所未有的丰富，设计者的灵感与设计方式被不断激发，各种形式的游憩性建筑在给人们带来功能需求的同时，也满足了视觉与心灵的极大享受。

在现代园林中，亭、廊、榭等传统建筑空间形式的原有构件被简化或抽象化，形式也更加新颖独特，配合新型建筑材料形成不同的质感与空间效果，与园林中的其他景观形成了一个完整的统一体，在满足功能的同时，充分地激发了设计者的想象空间。

现代园林多以简洁明朗的风格、纯净的几何形体展现建筑，玻璃、钢材等材料的运用凸显建筑的时代感，现代园林建筑风格也像时装一样展示出了一种时尚气息。

一、古典元素抽象与概括

作为现代的园林，要与时俱进，不能一味地照抄照搬传统建筑的设计手法与形式。一个好的作品应体现它的地域性和时代感，只有这样，这个作品才能是独一无二的。因此，许多现代园林建筑作品在考虑当地历史与文化的同时，将原有的古典元素符号简化、概括，甚至是抽象成一种符号，然后将这些元素重组，与周边环境结合设计，形成一种具有中国特色的现代园林风格。苏州博物馆、香山饭店就是这一风格的典型代表。

图5-85　苏州博物馆新馆

苏州博物馆于1960年建立，位于江苏省苏州市东北街，是地方历史艺术性博物馆。馆址为太平天国忠王李秀成王府遗址，面积8000多平方米，分东、西、中三路，中路立体建筑为殿堂形式，梁坊满饰苏式彩绘，入口处侧门有文征明手植紫藤，内部东侧有太平天国古典舞台等，是全国重点文物保护单位。2006年10月新馆建成，设计者为著名的建筑设计大师贝聿铭。这位华裔建筑大师幼年曾经居住在苏州有名的狮子林，对中国的传统建筑有着深厚的感情。他深知苏州博物馆地理位置的特殊性，位于苏州的老城区，周围都是有着悠久历史的中国古典园林，老馆又是历史文化遗址，所以，新馆离不开中国历史，离不开苏州园林传统的建筑风格与特征。他将苏州园林的古典元素进行抽象与概括，使得新馆在讲述历史的同时还具有时代特征，取得了历史与时尚的共生。

图5-86　苏州博物馆新馆大门

苏州博物馆新馆的整个建筑群采用了苏州传统民居的白墙灰瓦的坡屋顶形式。高度不凸出于周边原有建筑，形式不夸张、不张扬，融于环境，尊重了传统文化，如图5-85所示。苏州博物馆新馆大门为玻璃重檐两面坡式金属梁架结构，既有传统文化中大门的造型元素，又用现代材料赋予了崭新的风格，如图5-86所示。两侧围墙在界定环境范围的同时，色彩与形式仍然是传统元素的提取，与新大门形成完整的统一体，如图5-87所示。

图5-87　苏州博物馆新馆大门两侧围墙

馆区内建筑多采用苏州民居的1∶2坡屋顶形式（图5-88）。屋面多处运用顶部采光，顶部采光的材料采用中国黑的花岗岩片，石片屋顶的设计有效地解决了传统建筑的采光问题，将自然光线引入室内。

图5-88　苏州博物馆新馆屋顶

与顶部采光相比，前面开窗不多，受展示空间的限制，大部分墙面都用于悬挂展品。但是，设计师并没有忘记室内景窗的运用，景窗外的竹子好似一幅镶在画框里的画，为单调的墙面添姿增色，如图5-89所示。在游人休息区，落地玻璃窗使庭院中的景致一览无余，形成内外空间的交流与对话，如图5-90所示。室内空间的装饰同样采用了简洁的概括手法，采用顶部大面积玻璃采光，室内配有花架与藤蔓，好似中国传统的庭院，如图5-91、图5-92所示。

图5-89　室内的景窗

图5-90　小院落空间

图5-91　室内空间

图5-92　茶室空间

新馆的室外是一个由建筑与墙围成的庭院空间，传统建筑中的亭、廊、假山都设置其中，但形式与传统样式完全不同。在景区中与建筑最近的是一个八角亭，钢结构，双层玻璃顶，木式贴面格栅。亭的八角形式与其身后的八角大厅遥相呼应，如图5-93所示。凉亭伸入水面，水面上的折形桥好似浮萍飘浮于水面，如图5-94所示。桥的另一边也是庭院空间的北墙，墙体大面积粉刷成白色，好似一张白纸。墙下是高低错落的石片假山，棱角分明，与身后的白墙形成一幅巨大的山水画，成为凉亭的对景（图5-95）。

二、时尚的现代风格

在现代园区景观中，园林建筑可以完全脱离中国古典园林的样式，利用玻璃、钢结构、膜结构等结合地形与景区风格进行建筑设计。白色的膜结构凉亭被广泛地应用在视野开阔的海边休闲区或是面积较大的广场空间，如图5-96所示。

有些园林建筑更像景区的一件艺术品、一个雕塑，它的造型结合环境可以夸张，也可以内敛。在满足使用功能的前提下，它更像是设计者充分发挥想象空间的舞台。在没有过多自然景观的人工环境中，它可以成为视觉的焦点，甚至是景区中的标志性建筑，如图5-97所示。现代园林设计更加注重保持生态环境，就地取材，在降低成本的同时，赋予建筑绿色的生命气息，创造新的自然活力空间。

图5-93　八角亭

图5-94　浮在水面的折桥

图5-95　北墙与假山

图5-96　膜结构凉亭

图5-97 园林建筑的艺术造型

工作任务

园亭设计

一、工作任务目标

通过园亭设计，掌握园亭设计的基本方法，具备园亭设计手绘表达构思与方案汇报；能够对园亭设计案例进行客观评价，具备正确的审美观与价值观，为后续园林建筑方案设计打下良好基础。

1. 知识目标

1）熟悉园亭的类型与形式。

2）掌握园亭的设计要点与方法。

2. 能力目标

1）具有园亭案例资料的搜集与分析能力。

2）具有园亭设计方案绘制表现能力。

3. 素养目标

1）培养学生的设计表达能力和创新能力。

2）树立文化自信，传承与弘扬传统园林文化。

二、工作任务要求

某公园内需要建造一座园亭，为游人提供在园中观景与遮阳、休息等功能的空间。基地南侧有一条人工河流，其余三面有绿化环抱，东、北两侧各有一条园林道路供游人通行，如图5-98所示。

1）根据基地现状进行基地内景观平面设计，确定园亭的位置和平面、立面表现形式。

2）亭子的平面尺度范围：圆亭、多角亭直径为3~4米；方亭边长为3~4米。

3）结构形式、艺术风格不限。

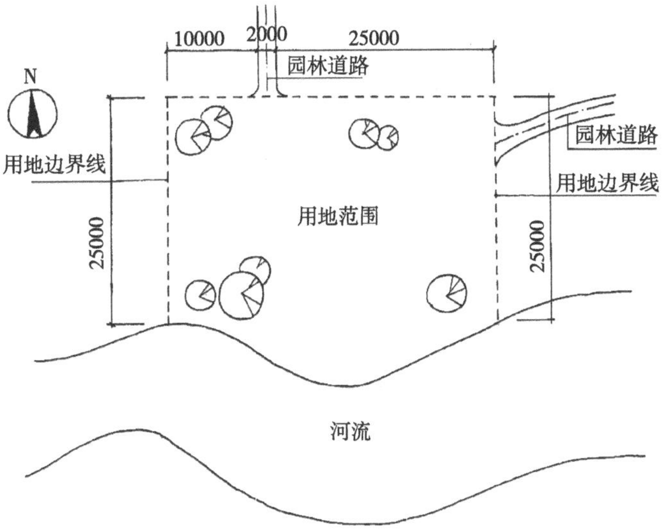

图5-98　基地平面图

三、图纸内容

1）图名：园亭设计。

2）绘制基地总平面图，比例为1:300。

绘制一个亭平面图，比例为1:100。

绘制一个亭立面图，比例为1:100。

绘制一个亭剖面图，比例为1:100。

绘制一个亭效果图（表现形式自定）。

3）设计说明（150字左右）。

4）图纸大小：A3。

5）图纸内容上墨线、着色或黑白表现均可，表现形式自定。

四、工作顺序及时间安排

周次	工作内容	备注
第1周	教师下达园亭设计工作任务、学生搜集案例资料	30分钟（课内）
	园亭设计方案草图绘制	45分钟（课外）
第2周	园亭设计方案优化、修改	45分钟（课内）
	版面构图，方案绘制	60分钟（课内）
	成果汇报，学生、教师共同评价	30分钟（课内）

任务2　园林小品设计

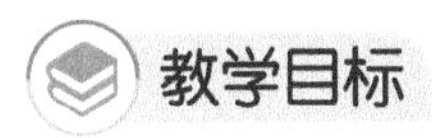

教学目标

知识目标

- 熟悉园林小品的类型。
- 掌握园林小品的设计要点。

能力目标

- 具有根据场地环境条件进行园林小品规划布局能力。

- 能巧妙处理园林小品与其他造景元素的关系。

素养目标

- 培养园林设计师的职业使命与责任担当。
- 培养创新设计能力与动手实践能力。

知识链接

5.2.1 园桌、园椅、园凳

园桌、园椅、圆凳是各种园林绿地及城市广场中必备的设施，其主要功能是供游人就座休息、欣赏周围的景物，位置多选择在人们需要休息、环境优美、有景可赏之处，如游憩建筑、水体沿岸、服务建筑近旁、山巅空地、林荫之下、山腰台地、广场周边、道路两侧等可单独设置，也可成组布置；可自由分散布置，也可连续布置。园桌、园椅、圆凳也可与花坛等其他小品组合，形成一个整体。园桌、园椅、圆凳的造型要轻巧美观，形式要活泼多样，构造要简单，制作要方便，要结合园林环境做出具有特色的设计，如图5-99所示。

图5-99 特色园椅、园凳

5.2.2 园墙

园墙是园林建筑小品中用来分隔空间，丰富景观层次以及控制、引导游览路线的一类构筑物

（图5-100）。在分隔空间时，园墙一般设在景物变化的交界处，或地形、地貌变化的交界处，或空间形状、空间大小变化的交界处，使园墙两侧有截然不同的景观。在丰富空间层次时，园墙往往结合漏窗、花格等设置景物，起到空间渗透的作用，从而控制和引导游览路线。园林中的园墙也可作为背景。

图5-100　园墙

园墙在设计时，首先要选择好位置，考虑到园林造景的需要，应合理安排园墙的起止。其次要做好园墙的造型，其形象与环境协调一致，墙面上需设漏窗、门洞或花格时，其形状、大小、数量、纹样均要注意比例适度、布局有致，以形成统一的格调。园墙的色彩、质感也是园墙造型的重要方面，既要对比、又要协调；既要醒目、又要调和。在考虑园墙安全性的同时要选好墙面及墙头的装饰材料。

5.2.3 园门

园门是指园林景墙上开设的门洞，也称为园门。园门有指示导游和点景装饰的作用，一个好的园门往往给人以“引人入胜”“别有洞天”的感受。

园门的类型大体可以分成三类：

1）直线式：如方门、长方门、六角门、八角门、执圭门以及其他多边形门洞等。

2）曲线式：即门洞的边框线是曲线形的。常见的有圈门、月门、瓶门、葫芦门、椭圆门、剑环门、莲瓣门、如意门等，如图5-101所示。

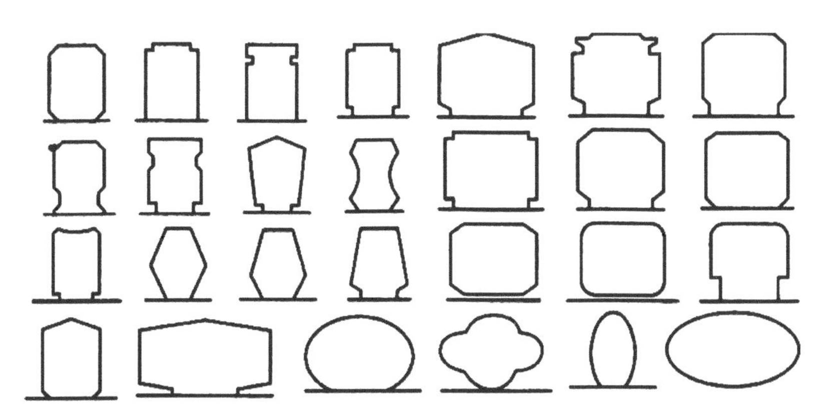

图5-101　直线式和曲线式园门

3）混合式：即门洞的边框线有直线也有曲线，通常以直线为主，在转折部位加入曲线段进行连续。

现代园林建筑中还出现了一些新的不对称的园门式样，称为自由型。广州东方宾馆新楼原支柱层庭院的过门（图5-102），是利用钢筋混凝土抗震墙开设园门来划分支柱层空间，既打破了空间的呆板，形成了自由的格局，又起到将客人引导入庭院的作用。上海南丹公园分隔园林空间的“风梅”门，形式清新，以庭院叠石为对景，衬以绿丛也构成了较好的景观效果。

图5-102　广州东方宾馆新楼过门

5.2.4　园林雕塑

园林雕塑主要是指具有观赏性的雕塑作品，其不同于一般的大型纪念性雕塑，主要以观赏性和装饰性为主。园林雕塑具有三维空间的艺术，具有强烈的感染力，被广泛应用于园林绿地的各个领域。雕塑小品的题材不拘一格，形体可大可小，刻画的形象可具体、可自然、可抽象，表达的主题可严肃、可浪漫，主要是根据园林造景的性质、环境和条件而定。

1. 雕塑的类型

按照雕塑的性质划分，雕塑可分为纪念性雕塑、主题性雕塑、装饰性雕塑。按照形象划分，雕塑可分为人物雕塑、动物雕塑、抽象雕塑、场景雕塑等。

2. 雕塑的设置

雕塑一般设在园林主轴线上或风景透视线范围内，也可将雕塑设在广场、草坪、桥畔、山麓、堤坝旁等处；雕塑既可孤立设置，又可与水池、喷泉等搭配，如图5-103、图5-104所示。雕塑后面密植常绿树丛作衬托，可突出雕塑形象。雕塑的主题还要与园林意境相统一。雕塑的位置、体量、色彩、质感都要与环境相协调。雕塑的布置要有合理的视线距离和适当的空间尺度，如图5-105所示。

图5-103　设置于草坪上的雕塑

图5-104　设置于喷泉中的雕塑

图5-105　上海世博园震动雕塑

5.2.5　园灯

园灯既有夜间照明又有点缀装饰园林环境的功能，是一种引人注目的园林小品，同时也具有指示和引导游人的作用，还可丰富园林的夜色。因此，园灯既要保证晚间游览活动的照明需要，又要以其美观的造型装饰环境，为园林景色增添生气。

园灯一般设置在草坪、喷泉水体、桥梁、园椅、园路、展览、花坛、台阶、雕塑广场等。常见的园灯类型有草坪灯、高杆庭院灯、泛光灯、水底灯、壁灯、地埋灯、光带等，如图5-106~图5-108所示。

图5-106 草坪灯　　图5-107 高杆庭院灯　　图5-108 广场灯

5.2.6 展览栏及标牌

展览栏可展出科技、文化艺术、国家时事政策等，可达到宣传教育的目的，又可以增加游人的知识。在园林内各路口设立标牌可协助游人顺利到达各游览景点，尤其在道路系统复杂、景点较丰富的大型园林中，标牌的设立显得尤为重要，如植物园、动物园、综合性公园、风景区等。标牌还具有点缀园林景观的作用，如图5-109所示。

图5-109 园林中的指示牌

5.2.7 栏杆

园林栏杆是构成园林空间的要素之一，具有安全维护、分隔园林空间、组织疏导人流、划分活动

图5-110　水边栏杆

范围、代替座椅等功能。栏杆设计时要注意以下几点：

1）以维护为主要功能的栏杆常设在地形地貌变化之处、交通危险的地段、人流集散的分界，如悬崖旁、岸边、桥梁、码头、台地、道路等地周边，一般高度为90~120厘米。

2）作为分隔空间的栏杆常设在活动分区的周边、绿地的周围，高度一般为60~80厘米。

3）可以在花坛、草地、树池的周围设置装饰性很强的花边栏杆以点缀环境，其高度为20~40厘米。

4）园林栏杆要求自身要有完美的造型，同时还要在造型的轻重、曲直、实透、色彩、纹样等方面与园林环境相协调统一，如图5-110所示。

案例分析

杭州西溪国家湿地公园小品分析

图5-111　杭州西溪国家湿地公园科普知识展板

杭州西溪国家湿地公园既不同于湿地自然保护区，也不同于一般意义上的水景公园，它在保护自然生态的同时，承载着生态旅游观光、历史文化保护、民俗文化延续、湿地文化教育、科研和普及湿地知识等社会功能。因此，园区内园林小品的设计遵循西溪湿地公园的基本设计理念，满足园区的综合功能需求，同时在形式和表达方式上注重将西溪文化融入小品设计当中。特别是材质的选取和形式的塑造，让人充分感受到西溪湿地历史悠久的渔耕文化和自然古朴的湿地景观风貌。

一、功能的满足

公园在园林小品的设计上种类齐全，基本囊括了前文所提到的所有园林小品种类，包括装饰性园林小品，如雕塑小品、水景小品、围合与阻拦小品；功能性园林小品，如展示设施、卫生设施、灯光照明小品、休憩设施、通信设施、音频设施等。同时，特殊的湿地文化教育功能，在小品设计中也有着良好的功能实现。如在湿地生态展示区当中，临水而设的科普知识展板，用简洁的造型、不锈钢与木质的鲜明材质对比，表达在自然古朴的湿地环境当中现代科技所发挥的保护作用，如图5-111所示。

二、形式的塑造

在西溪国家湿地公园中，各种灯具、垃圾箱等小品在形式的设计上模仿西溪湿地民间生活用具的外形，在此基础上进行艺术的改造和加工，并且融入实用功能所必需的构造，显得活泼生动，富有情趣，同时也暗示了西溪湿地特有的渔耕文化。

在垃圾桶设计中，形式上提取了西溪人生活中重要的水上交通工具渔船上的船桨作为造型来源，作为垃圾桶的桶盖，材质上运用的是现代钢材并涂上了防锈漆；提取当地居民用来挑水的木桶作为垃圾桶的主体造型，中间采用简洁的钢构连接。整个造型为对称式结构，两个木桶的构造还巧妙地完成了垃圾分类，分别设计为可回收和不可回收垃圾投放处，如图5-112所示。

图5-112　杭州西溪国家湿地公园垃圾桶设计

在灯具设计上，提取西溪居民的生活用品之一藤编鱼篓的形式，并在灯具安设的位置以及周围的环境设计上进行了改进。除了园区沿路设路灯之外，还在人流密集的栈道旁设水中灯具，周边种植蒲苇、再力花等水生植物，使得灯具宛若不经意间由渔民挂在灯架上，形成水面上的视线焦点，如图5-113所示。

图5-113　杭州西溪国家湿地公园灯具设计

三、材质的选取

园林小品设计在材质的选取上独具特色，选用西溪特有的植物资源，如竹子、蒲苇、藤条、原木等，经过现代工艺进行加工改造，将他们直接用于园林小品的设计当中。如垃圾箱设计（图5-114），主体造型是简洁的直线条形成的近似长方体结构，主构架采用的是钢构喷防锈漆，而垃圾箱的面层采用的是草编席面。这种设计让人在现代风格的形式感中体会到西溪湿地特有的乡土气息，是一种“取之于西溪，用之于西溪”的生态环保型模式，与湿地公园的生态主题不谋而合。

而草编面垃圾箱旁边的垃圾箱是由人造材料仿竹竿的造型并喷防锈漆制作的特殊建材，这也是材料与形式相结合的典型案例，如图5-115所示。

图5-114　杭州西溪国家湿地公园垃圾箱

图5-115　杭州西溪国家湿地公园垃圾箱细部

四、文化的体现

西溪国家湿地公园在保护自然生态的同时，也保护着上千年来西溪湿地形成的历史文化、人文景观以及独特的民俗文化。西溪湿地内有 50 年以上历史的老建筑一般不拆，“应保尽保”“修旧如旧”，再现历史文化风貌。因此湿地景区内的园林建筑小品在形式和材料上也是参照老建筑的模式，采用砖木结构，部分屋顶用茅草斜铺，墙面用碎石堆砌，门窗都采用木质，如图5-116、图5-117所示，以此来体现西溪独特的建筑文化特点。园区小品设计中另一种展现文化内涵的案例——坐凳设计，相比较纯粹的“原生态”设计模式更富有趣味性，起到了文化传播的作用。坐凳采用剁斧面处理的石块与木质坐凳之间高低错落的组合形成，并在石块的一面上铺有黑色浮雕面层，浮雕的内容基本上都是西溪民俗文化活动的情景再现。让人们在休憩的时候，眼中是真实的西溪自然生态景观，脑中是这里往昔的生活画面，产生一种时空的跨越，形成奇妙的四维空间，如图5-118所示。

图5-116 杭州西溪国家湿地公园某码头

图5-117 杭州西溪国家湿地公园休憩廊

图5-118 杭州西溪国家湿地公园坐凳

知识拓展

园林小品及其设计原则

园林小品是园林景观环境不可缺少的要素之一，它与建筑、山水、植物要素等共同构筑完整的园林景观，体现园林环境的性格和品质。因此，在园林景观中，创造优质的园林小品对丰富与提高环境空间的品质与强化空间的特色具有重要的意义。

一、园林小品的概念

园林小品是指园林中供休息、装饰、照明、展示和为园林管理及方便游人之用的小型设施及小型园林建筑，一般体量小巧，造型别致，在园林中具有艺术及功能的双重特性，是园林环境中的一个视觉亮点，吸引游人停留、驻足。

二、园林小品的设计原则

1. 景观协调性原则

园林景观作为整体的审美对象，其包含的各要素在视觉外观、审美内涵上必须具有统一的、协调的联系。园林小品作为园林环境中的人工构造物，更要遵循和服从这一原则。在设计与配置景观小品时，要整体考量其所处的环境和空间模式，保证园林小品与周围绿化风格和建筑风格取得统一。无论是园林小品的材质选取、色彩搭配、形式塑造，都要避免与周围的环境氛围相冲突。如博物馆等较为严肃的公共空间的园林小品设计，在颜色选取上就会注意避免过于艳丽和饱和的色彩，而常用比较厚重或素雅的色彩渲染一种幽静肃穆的氛围。在内容的选取上常常直接运用历史文物进行空间的重组，形成特殊的园林小品组群。如南京博物院内的拴马桩（图5-119），南京情侣园内的丘比特广场（图5-120），在场地中央竖有爱神丘比特的雕塑，四周围绕着半弧形的欧式拱圈门廊，与情侣园营造的甜蜜、热烈的氛围和公园的婚庆主题完全吻合。

图5-119　南京博物院内的拴马桩

图5-120　南京情侣园内的丘比特广场

2. 功能合理性原则

园林小品的作用之一就是满足使用功能，其次才是美化园林环境，传播文化。因此，在园林小品的设计过程中，首先要结合交通分析把握空间的方位与功能，从而决定所建园林小品的主导功能。

其次，园林小品的设计要考虑人类心理需求的空间形态，如对私密性、舒适性、归属性等的需求；需要分析园林小品的服务对象——人的行为、性格、喜好等，从而保证园林小品的使用效率。比如青岛某城市广场中的廊架（图5-121），造型上采用直线条的工字钢和木构架与场地周边狭长的线形空间形成呼应，但是在廊架内部只设有一个双人座椅。从人的行为心理学来考虑，人们并不喜欢与陌生人在一个半开敞的空间中过于靠近；另一方面，此处设置坐凳的方式并不能有效地利用空间中构架四周的休憩区域，形成空间的浪费。因此这里造型完全相同的几个廊架利用率都不高。

图5-121　青岛某城市广场中的廊架

最后，园林小品的设计要了解人的尺度并由此决定园林小品空间尺度的基本数据，如坐凳的高度、花坛的高度、廊架的尺寸等。然后再结合形式的塑造、材料的选取进一步完善园林小品的设计。如青岛中山公园中某凉亭的设计，主要服务对象为游园市民，因此造型风格上兼顾大众审美标准，既有中国古典园林的漏窗元素，又有现代园林小品简洁的构造风格。在内部空间的处理上，采用了方向相对的条凳，适宜的尺度保证了坐在亭子两侧的人们活动互不受干扰。同时，结合富有生命力的藤蔓类植物茑萝的攀爬，巧妙地形成庇荫空间，较好地满足了游人的休憩需求，如图5-122所示。

图5-122　青岛中山公园中的某凉亭

3. 文化地域性原则

作为人工化产物，园林小品必然具有其社会文化属性，反映一个地区的历史、文化、生活环境品质，展示城市景观特色及个性；如建筑的风格、特有的自然资源、民俗活动的内容等，通过设计手法巧妙地运用在园林小品造型之中，使之具有独特的格调。丽江黑龙潭公园内的垃圾桶设计就是在外形上提取了公园内建筑外观的标志性元素——屋顶飞檐（图5-123），再进行加工设计。

园林小品的文化地域性是指，它是对园林小品所体现的本土文化的内涵不断地升华与提炼。提炼的艺术方法多种多样，采用内容上的情景再现并结合镂空、雕刻等艺术手法是最常见的。如西安大雁塔北广场西侧的红色剪纸雕塑的园林小品，其再现陕西剪纸民俗文化的主题，如图5-124所示。

图5-123 丽江黑龙潭公园内的垃圾桶

图5-124 西安大雁塔广场的剪纸雕塑

以上是园林小品设计的一些普遍性原则，但是在具体的园林小品设计过程中，需要结合园林小品所处的具体环境以及景观所要表达的特殊主题，建立新的设计原则并灵活应用。

工作任务

园林小品设计分析

一、工作任务目标

通过对香港海洋公园园林小品的设计分析，培养学生熟练掌握并灵活运用园林小品的基础理论知识，培养学生建立园林小品造型和实践应用的能力，养成创新设计思维，为后续植物配置设计的学习打下坚实基础。

1. 知识目标

1）熟悉园林小品的作用与类型。

2）掌握园林小品的设计原则。

2. 能力目标

1）具有园林小品案例资料的搜集与分析能力。

2）具有自主探究、主动学习能力。

3. 素养目标

1）培养的设计表达能力和创新能力。

2）树立文化自信，传承与弘扬传统园林文化。

二、工作任务要求

香港海洋公园园林小品如图5-125所示。

1）明确园林小品的类型和特点。

2）掌握香港海洋公园的历史文脉及概况。

3）对香港海洋公园小品进行艺术分析。

图5-125　香港海洋公园园林小品

三、工作顺序及时间安排

周次	工作内容	备注
第1周	教师下达香港海洋公园小品艺术分析工作任务，学生搜集案例资料并整理	45分钟（课内）
	香港海洋公园小品艺术分析PPT制作、编写汇报讲稿	60分钟（课外）
第2周	香港海洋公园小品艺术分析PPT汇报优化、修改	30分钟（课内）
	成果汇报，学生、教师共同评价	30分钟（课内）

过关测试

一、单选题

1. 北海公园的（　）伸入水中，由五个亭子组成，五亭均为方形，前后错落有致，主次分明。

A. 饮绿亭　B. 月到风来亭　C. 湖心亭　D. 五龙亭

2.（　）从体量上看，一般小而集中，但是有相对独立而完整的建筑形象。

A. 长廊　B. 花架　C. 园亭　D. 舫

3.（　）是一侧为镂空的柱廊，镂空面向优美的景观，视野开阔；另一侧为实墙。

A. 双面空廊　B. 复廊　C. 单面空廊　D. 双层廊

4.（　）往往将廊的空间分割成内外两部分，因此，也称为内外廊。

A. 双面空廊　B. 复廊　C. 单面空廊　D. 双层廊

5. 北海公园琼华岛上延楼游廊呈半圆形，环抱于琼华岛北麓的北海湖畔，属于（ ）。

A. 双面空廊 B. 复廊 C. 单面空廊 D. 双层廊

6.（ ）波形廊，连接建筑物的同时，还巧妙地与环境结合，中间一段三面凌空，突出水池之中，漂浮于水面之上，轻盈而有动感，水廊两侧林木葱郁，枝影婆娑，可观游鱼，更有半亭驻足观景，被誉为中国最美水廊。

A. 留园 B. 颐和园 C. 环秀山庄 D. 拙政园

7. 北京颐和园廓如亭是（ ）。

A. 扇面形亭 B. 圆亭 C. 正八边形的亭 D. 正方形的亭

8. 拙政园内的与谁同坐轩因位于池岸向外凸起处，设计成（ ）。

A. 扇面形亭 B. 圆亭 C. 正八边形的亭 D. 正方形的亭

9.（ ）是亭与廊、墙、石壁结合设计时，为了更好地处理亭与墙面、石壁的连接处，使亭空间很好地帖服在山墙或廊壁上。

A. 正方形亭 B. 半亭 C. 组合亭 D. 扇面形亭

10.（ ）和榭相似都建于岸与水的交界处，但建筑形式模拟船形，三面邻水，设平桥好似船上的跳板与陆地相连，更似一叶方舟停于岸边。

A. 园亭 B. 舫 C. 水榭 D. 花架

二、多选题

1. 长廊按横剖面划分可分为（ ）。

A. 双面空廊 B. 复廊 C. 单面空廊 D. 双层廊

2. 园亭的平面形式大致分为（ ）三种形式。

A. 单体亭 B. 组合亭 C. 与廊墙结合半亭 D. 扇面形亭

3. 园亭的立面一般分为（ ）。

A. 亭顶 B. 柱身 C. 台阶 D. 台基

4. 雕塑的类型按照雕塑的性质可分为（ ）。

A. 纪念性雕塑 B. 主题性雕塑 C. 装饰性雕塑 D. 动物雕塑

5. 园灯的功能有（ ）。

A. 休息功能 B. 照明功能 C. 点缀装饰园林环境 D. 指示和引导游人

6. 圆桌、园椅、圆凳是各种园林绿地及城市广场中必备的设施，主要功能是（ ）。

A. 休息功能 B. 照明功能 C. 欣赏景物 D. 指示和引导游人

7. 园亭的功能主要有（ ）。

A. 驻足休息 B. 指示和引导游人 C. 纳凉避雨 D. 观赏周边景物

8. 中国园林中的传统亭多以（ ）材料为主。

A. 玻璃 B. 木材 C. 膜结构 D. 石材

9. 北京颐和园西堤六桥中的（ ）建有桥亭。

A. 柳桥 B. 练桥 C. 玉带桥 D. 镜桥

10. 我国古典园林中著名的舫有（ ）。

A. 与谁同坐轩 B. 香洲 C. 清晏舫 D. 小飞虹

项目6

园林植物种植设计

铸魂育人

传承园林匠心，冬奥花坛的匠心智造

2022年春节期间，北京冬奥会克服新冠疫情影响如期开幕，向全世界展现了人类面对困境、战胜挑战的决心和信心。北京冬奥会为奥林匹克运动续写了新的传奇，也在中华民族伟大复兴的历史进程中留下了浓墨重彩的一笔。冬奥主题花坛是传递冬奥精神，融合冬奥文化、中国传统文化和园林文化的展示窗口，在北京寒冷的冬季进行园林特色花坛景观布置是第一次。

一、冬奥花坛景观基本情况

冬奥会主题花坛以绿色生态理念为核心，在充满园林特色的景观中，融入冬奥会和冬残奥会会徽、吉祥物、主题口号等相关元素，在喜庆的中国传统节日春节期间，营造隆重热烈的冬奥氛围。冬奥主题花坛包括3处标志性景观、10个主题花坛、60余处景观小品，种植了11.1万株常绿乔木、356.4万株彩枝彩叶植物，充分利旧利废，通过地景雕塑、增加常绿彩枝观果植物等多种形式，进行冬季绿化布置。

二、冬奥会主题花坛设计解析

1.“精彩冬奥”主题花坛（图6-1）

位于天安门广场的“精彩冬奥”主题花坛高度17米，以中国结为主景，结合冬奥会会徽以及冰雪元素，表达对北京冬奥会的美好祝福。花坛底部直径38.6米，为五环环绕在一起并嵌有雪花图案，寓意五洲同庆冬奥会。

图6-1　“精彩冬奥”主题花坛

2.“绿色冬奥”主题花坛（图6-2）

位于东单东北角的“绿色冬奥”主题花坛高度为8米，以冬奥会会徽、海陀戴雪、冰丝带、运动员等造型为主景，呈现出一幅生机盎然的绿色冰雪画卷。花坛主体造型中，采用3种花艺编织手法，灵动渐变的冰丝带用精致捆编式体现主体镂空感；四个形态各异的运动员则分别采用了圆木片精致排序粘贴。

图6-2　“绿色冬奥”主题花坛

3. “欢天喜地”主题花坛（图6-3）

位于东单东南角“欢天喜地”主题花坛以梅花、灯笼，各种小细节、小装饰，营造了红红火火过大年的浓郁气息。在气势磅礴的2022主体造型里镶嵌了花艺师们精心设计的松塔和青杆果，打造精致细节。

图6-3 “欢天喜地”主题花坛

4. “开放冬奥”主题花坛（图6-4）

西单西北角“开放冬奥”花坛以飘舞的冬奥会和冬残奥会会徽为主景，配以丝带、雪花、灯笼等元素，体现了在奥林匹克精神的感召下，与世界人民携手共进、守望相助、共创美好未来。花坛为了更好地呈现主景遒劲有力的中国书法“冬”字效果，花艺师们选取了8 种园林植物枝条，根据主体造型立体双曲面特征，按照笔画走向进行编织排序。

图6-4 “开放冬奥”主题花坛

5. “冰天雪地”主题花坛

“冰天雪地”花坛以北国风光的冬季景观为主景，寓意“绿水青山是金山银山，冰天雪地也是金山银山”。花坛以超大的雪山，通过真实山石翻模制作而成，仿真雪技术模拟鹅毛大雪飘落山间后白雪皑皑的自然景色，漂流木制作的麋鹿，花艺编制的小白兔、锦鸡、喜鹊等，栩栩如生。

三、冬奥会景观花坛特点

北京市花木有限公司以新品种、新创意、新工艺、新技术、新挑战，完成北京冬季前所未有的最高标准景观。

1. 新品种

冬奥花坛选用了包括拥有国内自主知识产权的新品种“霞光”丝棉木、“金枝玉叶”等5种观枝观干植物，选用“绚丽”海棠、北美冬青等观果植物；包括叶色丰富的蓝粉云杉、金蜀桧、“蓝色天堂”落基山圆柏等彩色针叶树、常绿阔叶树等。

2. 新创意

将园林废弃物、园林植物枝条、枝干、果实等分别进行修剪、分级、染色、防火处理后，突破了以往园林废弃材料造景色彩单调的限制，应用编织工艺进行造景与艺术创作，传递中华文化。

3. 新工艺

花坛中设置各种形态、各种尺寸的立体雪花20余组，雪花造型采用多种新工艺：如花艺雪花、冲孔板雪花、固废物打印工艺等，以工业风手法营造雪花的冰清玉洁；亚克力磨砂、拉丝贴膜工艺模拟雪花结晶，效果浑然天成；固废物打印工艺，突出简约冬奥会的理念。

4. 新技术

针对室外冷寒、干燥的气候条件，从500多个花卉品种中筛选出9个种类30个喜冷凉品种，采取温度调控、光周期处理、低温过渡等一系列技术措施，让梅花、麦李等花灌木在3月初绽放。

5. 新挑战

为应对冬季可能遇到的极端低温、大风、雨雪、冰冻等恶劣天气，确保安全和景观效果。专家通过使用固化剂、环保阻燃剂等措施，增强彩色覆盖物抗风及阻燃能力；对植物枝条、玻璃钢、亚克力等主要材料反复进行抗低温、淋水试验，确保冬奥花坛的效果完美。

以新品种、新创意、新工艺、新技术，匠心智造冬奥花坛景观，最终呈现出美轮美奂的效果。冬奥主题花坛让鲜活的植物在冬季释放靓丽的光彩，让园林废弃物焕发艺术的魅力。

任务1　花卉造景设计

教学目标

知识目标

- 了解花坛的景观特征和造景作用。
- 掌握不同类型花坛的设计方法。
- 辨别花境的类型和特点。

能力目标

- 具有花卉造景设计案例资料的收集与分析能力。
- 具有花卉造景设计中花卉材料合理选择与应用能力。
- 能结合具体场地进行花卉造景设计。

素养目标

- 培养遵循花卉生态习性的设计理念，践行生态文明。
- 树立新时代中国青年的爱国情怀，传承园林花卉文化。
- 培养独立思考、勇于创新意识，坚定职业信仰。

知识链接

6.1.1　花坛设计

花坛是在一定几何形体的种植床内，种植花卉植物，从而构成鲜艳的色彩或精致的图案纹样的一种花卉应用形式。

花坛设计1

1. 花坛的景观特征

1）花坛具有几何形种植床，属于规则式种植设计，主要用于规则式园林构图中。

2）花坛主要表现花卉组成鲜艳的色彩美或精致的图案纹样，不表现花卉个体的形态美。

3）花坛多以时令性花卉为主体材料，因而需随季节更换材料，保证最佳的景观效果。

图6-5 设置在道路交叉路口的花坛

2. 花坛的造景作用

1）美化和装饰环境，成为景观焦点。花卉盛开时五彩缤纷的色彩，具有良好的视觉效果，令人赏心悦目，具有较强的装饰性。在高密度建筑的城市空间，色彩绚丽的花坛可以打破建筑物造成的沉闷感，增加色彩变化，柔化硬质景观。

2）渲染气氛。红、橙、黄等暖色系的花坛可以渲染喜庆的节日气氛。蓝、白、紫等冷色系花坛可渲染安静、高雅的气氛。每年国庆节，天安门广场上都会设置花团锦簇、欣欣向荣的巨型花坛，烘托欢乐、热烈的节日气氛。

3）组织交通。设置在道路交叉路口、分车带、街道两旁的花坛可以分流车辆和人群，起到引导和组织交通的作用，如图6-5所示。

4）标志和宣传。在机关、学校、工厂门前设置标题式花坛，通过一定的文字和图案起到宣传及广告等作用。2008年北京奥运会期间，北京各主路街心花园的奥运主题花坛，表达了中国和世界人民欢迎奥运的喜悦心情，如图6-6所示。

图6-6 奥运主题花坛

3. 花坛的类型

花坛按表现主题分为以下几种。

（1）花丛式花坛

花丛式花坛也称为盛花花坛，以花卉盛开时艳丽的色彩为表现主题，可由一种花卉组成，也可由几种花卉组成。一般花丛式花坛有2~3种颜色，大型花坛可以有4~5种颜色。花坛内部图案简洁，轮廓明显，表现大色块的效果。

花丛式花坛选用的花卉要求开花繁茂、花期一致、花期较长、花色艳丽、植株高矮整齐。常用的一二年生花卉有：一串红、万寿菊、孔雀草、矮牵牛、彩叶草、三色堇、鼠尾草、金鱼草、金盏菊、美女樱、千日红、百日草、银叶菊、鸡冠花、石竹、菊花、羽衣甘蓝等；球根、宿根花卉有：风信子、郁金香、地被菊、四季海棠、鸢尾、玉簪等，如图6-7~图6-18所示。

图6-7　一串红　图6-8　万寿菊　图6-9　孔雀草

图6-10　矮牵牛　图6-11　三色堇　图6-12　金鱼草

图6-13　千日红　图6-14　鸡冠花　图6-15　石竹

图6-16　羽衣甘蓝　图6-17　四季海棠　图6-18　鸢尾

花丛式花坛根据种植床的外形不同可分为花丛花坛、带状花丛花坛和花缘。

1）花丛花坛。花丛花坛种植床的外形轮廓可以是任意几何形，但其长短轴之比要小于3：1。花丛花坛立面可以是平面的，也可以是中央高、四周低的锥状体或球面，如图6-19、图6-20所示。花坛中心材料可以选用高大而整齐的美人蕉、高金鱼草、苏铁、蒲葵、凤尾兰、云杉等，边缘可选用矮小的灌木绿篱、常绿草本作镶边栽植，如小叶黄杨、紫叶小檗、沿阶草、银叶菊等。

2）带状花丛花坛。当花丛花坛的短轴宽度在 1 米以上，长轴在短轴的3倍以上时，称为带状花丛花坛。带状花丛花坛可作为连续空间景观构图的主体，具有较好的视觉导向作用，较宽阔的道路中央或两侧、建筑广场边缘、建筑物墙基等处均可设置带状花丛花坛，如图6-21所示。

图6-19 平面花丛花坛

图6-20 锥面花丛花坛

图6-21 带状花丛花坛

3）花缘。花缘的宽度通常不超过1米，长轴至少在短轴的4倍以上。花缘一般不作为主景，多用于草坪、道路、广场镶边或作基础栽植。花缘一般由单一花卉品种组成，内部没有图案纹样。

（2）模纹花坛

模纹花坛应用各种观叶植物或花期较长、花朵小而密的观花植物组成精美复杂的装饰图案，花坛修剪得十分平整，好像是华丽的地毯，又称为毛毡花坛。精美复杂的图案纹样是模纹花坛的表现主题。

模纹花坛的纹样要求维持较长的观赏期，需经常修剪，要求选用生长缓慢、枝叶细小、株丛紧密、萌发性强、耐修剪的植物为主，一般常用五色草、紫叶小檗、香雪球、藿香蓟、四季海棠等。模纹花坛内也可配置一定的草皮或色砂等建筑材料，丰富花坛的色彩和质感。

模纹花坛的图案纹样可以选择花纹、卷云、文字等。模纹花坛的色彩设计以图案纹样为依据，用植物的色彩突出纹样，使之精美而清晰。模纹花坛内部的图案纹样精美复杂，外形轮廓应简洁。

（3）装饰物花坛

装饰物花坛也是模纹花坛的一种，除了具有观赏性之外还有一定的实用功能。装饰物花坛又分为日晷花坛、时钟花坛、日历花坛、立体花坛、草坪花坛、标题花坛。

1）日晷花坛。日晷花坛设置在阳光充足的草地或广场上，用模纹花坛组成日晷的底盘。晴天时，指针投影可以从上午9时到下午3时指出相对准确的时间，如图6-22所示。

图6-22 日晷花坛

2）时钟花坛。时钟花坛用模纹花坛作为时钟表盘的刻度和图案，中心放置电动时钟，指针高出花坛之上，可准确地指示时间。时钟花坛设置在斜坡上的观赏效果更好，如图6-23所示。

图6-23　时钟花坛

3）日历花坛。日历花坛用花卉材料组成年、月、日或星期等字样，中间留出空间，将植物材料或其他材料制成的数字填于空位，每日更换数字，日历花坛同样适宜设置在斜坡上。

4）立体花坛。立体花坛的造型可根据环境或主题来设计成花篮、花瓶、动物或建筑小品等。立体花坛以木材或钢筋作为骨架，绑扎或焊接成造型的轮廓，中央用苔藓或锯末与土壤填实，外面用黏湿的土壤塑成造型，再用植物材料在其表面种植进行图案放样，如图6-24所示。

图6-24　立体花坛

5）草坪花坛。大规模的花坛群或连续花坛群中，种植床内以铺草坪为基调，重点地段及主要花坛采用花丛花坛或模纹花坛，称为草坪花坛。

6）标题花坛。标题花坛由植物材料组成具有一定意义的文字、图徽、绘画、肖像等，通过一定的艺术形象，表达一定的主题思想。标题花坛又分为文字花坛、肖像花坛、图徽花坛，如图6-25、图6-26所示。

图6-25　香港迪士尼公园图徽花坛

图6-26　哈尔滨太阳岛植物园文字花坛

花坛依据规划方式不同可分为以下几种。

（1）独立花坛

花坛设计2

独立花坛常作为局部构图中心，一般布置在轴线的交点、园路交叉口、大型建筑前的广场或公园入口广场。独立花坛外形为对称的几何形，面积不宜过大，一般不超过10米，若面积过大，远处的花坛图案会因看不清而失去艺术感染力。独立花坛可以是花丛式、模纹式、标题式、装饰物花坛，而草坪花坛因其不够华丽一般不宜采用。

（2）花坛群

花坛群是由多个花坛排列组合而成的一个构图整体。花坛群内部铺设园路或广场，游人置身其中，可设置座椅、花架等供游人休息。花坛群的构图中心可以是独立花坛、水池、喷泉、雕塑、纪念碑等。花坛群可全部采用模纹花坛或花丛花坛，但一般从经济角度考虑，主体花坛可采用花丛式或模纹式，配景花坛可采用草坪花坛。

（3）花坛组群

由几个花坛群组成的构图整体称为花坛组群，其规模更大，通常布置在城市的大型广场上、大型公共建筑前或是大规模的规则式园林中。

（4）连续花坛群

由许多个独立花坛或带状花坛排列成一行，组成一个具有节奏韵律变化的构图整体称为连续花坛群。连续花坛群一般布置在道路的两侧、林荫道或纵长的铺装广场，也可以布置在草地上。除平地外，连续花坛群可以在台阶的中央或两侧，呈阶梯形布置。

（5）沉床花园

当园林空间为四周高、中央下沉的地形时，可设置下沉的花坛群，也称为“沉床花园”。沉床花园可使游人更直观地欣赏花坛群的整体构图。

4. 花坛的设计要点

（1）花坛与周围环境的协调

作为主景的花坛或花坛群，其外形应是对称的，本身的轴线与周围环境的轴线相协调；花坛的风格和图案纹样应与周围的环境协调统一。

在交通量大的街道广场及游人集散量大的广场，不宜布置过分华丽的花坛，而在公共建筑的前方广场、园林中的游息广场，可设置精美绚烂的花坛。当花坛作为雕塑、喷泉、园林小品的基础装饰时，花坛是配景，处于从属地位，应选择图案简单、色彩鲜艳的花丛花坛衬托，不宜选用纹样复杂的模纹花坛作配景，避免喧宾夺主。

（2）花坛色彩设计

花坛配色不宜太多，一般花坛为2~3种颜色，大型花坛为4~5种颜色。运用对比色花卉可产生活泼、明快的效果，使人兴奋。

（3）花坛的大小

通常花坛面积与所在广场面积的比例为1：（3~15）。如果广场游人集散量很大、交通量很大时，花坛面积可以小一些；华丽的花坛面积可以小一些，而简洁的花坛面积可以大一些。

（4）花坛边缘的处理

通常花坛种植床应高出地面7~10厘米，为了避免游人踩踏花坛，在花坛的边缘应设有边缘石或矮栏杆。边缘石的宽度为10~15厘米，高度一般不超过30厘米，若兼作座凳则可增至50厘米。

5. 花坛设计图的制作

（1）总平面图

总平面图表明花坛在环境中的位置，绘制出花坛周围环境的建筑物边界、道路、广场、草坪及花坛的平面轮廓，比例为（1：500）~（1：1000）。

（2）平面图

花坛平面图比例一般为（1：50）~（1：200），应绘制出花坛的图案纹样及所用植物材料，设计的花色可用写意手法渲染，用阿拉伯数字从花坛内部向外依次编号，并与植物材料表相对应。植物材料表包括花卉的中文名、拉丁学名、株高、花色、花期、用花量等。精细的模纹花坛比例为（1：2）~（1：30）。

（3）立面图、剖面图

在花坛立面图上要标出各层次的高度，用来展示及说明花坛的竖向景观，比例与平面图相同，复杂的花坛或花坛群要做剖面图。

（4）效果图

效果图用来展示及说明花坛的效果及景观。

（5）设计说明书

简述花坛主题、构思，并说明设计图中难以表现的内容，文字宜简练，可附在花坛设计图纸内。

6.1.2 花境设计

花境是指利用宿根花卉、球根花卉及一二年生花卉等植物材料，模拟自然界中林地边缘地带多种野生花卉交错生长的状态，以树丛、树群、绿篱、矮墙或建筑物作背景，运用艺术手法提炼设计成的带状自然式花卉造景形式。

花境设计

花境起源于欧洲，19世纪后期花境在英国开始盛行，逐渐风靡全世界。近年，在我国一些大城市的公共绿地、庭园中，花境的应用日渐增多，如建筑基础、坡地、路旁、水畔、草坪边界等，可以起到丰富植物多样性、增加自然景观、分隔空间和组织游览路线的作用。

1. 花境的景观特点

（1）花境是半自然式种植形式

花境是园林中从规则式构图到自然式构图过渡的一种半自然式种植形式。它的平面布置和平面轮廓是规则式的，而内部种植则是自然式的。花境表现的主题既不是色彩，也不是纹样，而是观赏植物本身特有的自然美及植物群落的自然景观。

（2）花境植物种类多样，季相景观分明

花境材料以宿根花卉为主，另有一二年生花卉、球根花卉、花灌木、观赏草或竹类，植物种类丰富多样，形态优美、色彩丰富、花期错落，一年三季有花、四季有景，呈现出丰富的季相景观变化，具有极强的观赏效果。

图6-27　单面观赏花境

（3）花境立面景观层次丰富

花境中各种花卉高低错落排列，立面景观层次丰富，既表现了植物个体生长的自然美，又形成了丰富多彩的多样性植物群落景观。

（4）花境观赏期较长，管理方便

作为花境的植物大多采用多年生植物，具有较好的群落稳定性，观赏期较长，能较长时间保持其群体自然景观，多年可赏，不需经常更换，管理方便又经济。

2. 花境类型

花境依设计方式的不同可分为单面观赏花境、双面观赏花境和对应式花境。

（1）单面观赏花境

单面观赏花境是指供一侧观赏的花境，多临近道路设置，并常以建筑物、矮墙、树丛、绿篱等为背景，前面为低矮的边缘植物，整体上前低后高，是一种应用广泛的花境形式，如图6-27所示。

（2）双面观赏花境

双面观赏花境一般设置在道路、广场、草地的中央，没有背景，植物种植是中间高、两侧低，两侧都可供游人观赏，如图6-28所示。

图6-28　上海辰山植物园的双面观赏花境

（3）对应式花境

对应式花境以道路中心线为轴心，以左右拟对称的形式栽植，常用于园路两侧、广场或建筑周围。对应式花境作为一组连续的景观，在植物栽植上应统一考虑，追求既有对应、又有变化的效果，形成节奏韵律的美感，如图6-29所示。

图6-29 上海辰山植物园的对应式花境

花境按植物选材的不同可分为宿根花卉花境、球根花卉花境、混合式花境、专类花卉花境、观赏草花境及一二年生花卉花境。

（1）宿根花卉花境

花境所用的植物材料全部由可露地过冬的宿根花卉组成，管理相对简单方便。宿根植物种类繁多、姿态各异、自然感强，是构成花境的良好植物材料，如鸢尾、芍药、萱草、玉簪、耧斗菜、荷包牡丹等。

（2）球根花卉花境

花境全部由各种球根花卉栽植组成。球根花卉色彩绚烂、姿态优雅，花期多集中在春季和初夏，可通过选择多种花卉搭配来延长观赏期，如百合、大丽花、水仙、风信子、郁金香、唐菖蒲等，如图6-30所示。

图6-30 黑龙江森林植物园郁金香花境

（3）混合式花境

混合式花境是指由宿根花卉、花灌木、球根花卉或一二年生花卉组成的花境，是花境应用中的常见类型。混合式花境具有观赏期长、季相分明、色彩丰富、管理方便的特点。一般以常绿乔木和花灌木为基本骨架，以宿根花卉及观赏草为主体，以少量一二年生草花或球根花卉作为季相点缀及前缘。作为全球最值得去的十大花园之一的英国威斯利花园，以美轮美奂的混合式花境展示了英式园艺之美，如图6-31所示。

图6-31 英国威斯利花园混合式花境

（4）专类花卉花境

由一类或一种植物组成的花境，称为专类花卉花境，如芍药花境、牡丹花境、百合花境、杜鹃花境、丁香花境、菊花花境、鸢尾花境、芳香植物花境等，如图6-32、图6-33所示。专类花境选用的植物，要求花期、株形、花色等有较丰富的变化，从而体现花境绚丽多彩的特点。

图6-32 菊花花境

图6-33 鸢尾花境

（5）观赏草花境

由不同种类的观赏草组成的花境，观赏草姿态飘逸、株形各异、叶色富于变化，适应性强，具有风姿绰约、质朴刚劲、自然野趣的观赏效果，如图6-34所示。

图6-34 观赏草花境

（6）一二年生花卉花境

由一二年生花卉组成的花境，从春到秋均有丰富的材料选择，色彩艳丽、种类丰富、应用广泛，但花期相对集中，一般为保持最佳观赏效果，需经常更换植物材料。花境常用的一二年生草花有金鱼草、雏菊、金盏菊、蛇目菊、波斯菊、香雪球、月见草、矮牵牛、福禄考、一串红、孔雀草、三色堇等。

3. 花境的布置和设计

花境是一种半自然式的种植方式，是一个连续的、有变化的风景序列构图，适宜布置的场地很多，如园林建筑、园路、绿篱等人工构筑物与自然环境之间，起到由人工景观与自然景观的过渡作用。

（1）在建筑物墙基前设置花境

在建筑物的基础前设置花境也称为基础栽植，以墙面为背景的单面观赏花境，可以缓和建筑与地面所形成的夹角的强烈对比，软化建筑的生硬线条，衔接周围的自然风景。

图6-35　设置在园路两旁的单面观赏花境

（2）在园路上设置花境

在园路上设置花境，既有隔离作用又有良好的观赏效果。园路上布置花境有三种形式：一是在道路中央布置两面观赏花境，道路的两侧为行道树；二是在道路两侧分别布置一列单面观赏花境，如图6-35所示；三是在道路中央布置一列双面观赏花境，道路两侧布置单面观赏花境。

图6-36　沿游廊设置花境

（3）在绿篱、树墙前设置花境

在绿篱、树墙前布置花境最为动人，花境可以装饰绿篱单调的基部，而绿篱又是花境单纯的背景，两者交相辉映。

（4）沿游廊和花架设置花境

游人喜欢沿着游廊、花架散步。沿着游廊和花架布置花境，游人可欣赏花境的清幽雅致，提高园林景致的观赏效果，丰富立面景观层次，如图6-36所示。

（5）在挡土墙、围墙、栅栏前设置花境

在挡土墙、围墙、栅栏前设置花境，可遮挡不雅景观，使空间充满自然的情趣，如图6-37所示。

图6-37　在围墙前设置花境

（6）在水边布置花境

在水边、河畔布置花境，水面是花境摇曳多姿的绝美衬托，形成充满浪漫诗意的景观，如图6-38所示。

（7）在小庭院、花园设置花境

在面积较小的花园、庭院内，沿周边设置花境，是花境最常用的布置方式，如图6-39所示。

图6-38 水边布置花境

图6-39 设置在小庭院的花境

6.1.3 其他花卉造景形式

1. 花丛

花丛是用几株或几十株花卉组合成丛的自然式栽植形式，从平面轮廓到立面构图都是自然式的，可体现植株高矮、疏密、断续变化。花丛多用宿根花卉及自播力强的一二年生草花，置于草地、路边、林缘等。花丛内的花卉种类要少而精，以显示华丽色彩为主，花丛可大可小，聚散相宜，灵活多变，富有自然之趣，如图6-40所示。

图6-40 北京元大都遗址公园内花丛

2. 花钵

花钵是在城市公共空间应用广泛的一种花卉装饰手法，花钵有固定式和移动式，有单层花钵，也有复层形式。花钵造型多变，选用的植物材料丰富多样，具有灵活、装饰性强的特点，如图6-41所示。

图6-41 丰富多变的花钵

3. 花箱

由木质、陶质、塑料、玻璃纤维、金属等多种材料制造，专供花灌木或草本花卉栽植使用的箱称为花箱。花箱可安装在阳台、窗台、建筑物的墙面，也可装饰于护栏、隔离栏等处，是一种比较流行的花卉装饰形式，如图6-42所示。

图6-42 装饰护栏的花箱

4. 大型花球、花柱、花塔

大型花球、花柱、花塔组合装饰多以卡盆为基本单位，结合先进的喷灌系统，外观造型效果的设计与栽植组合。花球、花柱、花塔装饰手法灵活方便，具有新颖别致的观赏效果，如图6-43、图6-44所示。

5. 花台

在高出地面40~100厘米栽植观赏植物的种植池称为花台。花台一般面积较小，适合近距离观赏，以表现花卉的色彩、芳香、形态及花台造型等综合美。花台的形状各种各样，有几何形体，也有自然形体，多应用于居住区、公园或建筑物的入口处、步行街、商场等装饰环境，如图6-45所示。

图6-43 天安门广场祥云花柱

图6-44 昆明世博园花柱

图6-45 花台

案例分析

天安门广场国庆花坛造景

天安门广场是世界上最大的城市中心广场，从1986年国庆节首次摆放立体花坛，至今经历了30余年，其中广场主花坛造型和风格也历经变迁，成为展示国家建设成就的新载体。国庆广场花坛的变化不仅反映了花卉造景的高水平，更是国家发展和国力强盛的体现。国庆赏花已成为我国人民不可缺少的花卉活动，每年都有来自全国各地的游客到天安门广场观花赏景。每年国庆花坛的主题都会围绕中国经济、社会发展中的新特点和大事件，结合中国的地理、历史和文化进行设计布置，并力求表现出中国各领域日新月异的新面貌，象征着国家的繁荣昌盛。

2022年，天安门广场的花坛造景为“祝福祖国”巨型花果篮，顶高18米，以喜庆的花果篮为主景。篮内主花材选取了十种花卉和十种水果，象征十全十美，体现花团锦簇、硕果累累喜迎二十大的美好寓意。花坛底部直径48米，为向日葵图案，寓意朵朵葵花向太阳。在天安门广场和北京长安街设置的14处立体花坛，分别表达了“祝福祖国”“伟大征程”“绿色发展”“伟大复兴”等不同主题，如图6-46所示，展现了党的十八大以来，伟大祖国取得的辉煌成就，描绘了新时代人民群众的幸福生活。

图6-46　2022 年“绿色发展”国庆花坛

2019年，天安门广场主体花坛延续了群众喜闻乐见的花果篮的造型，以红色和黄色为主色调，花篮上使用的仿真花有牡丹、月季、荷花等花卉，仿真水果有桃子、石榴、葡萄等。底部花坛采用飘带图案，与广场两侧气势恢宏的“红飘带”相呼应，寓意全国各族人民载歌载舞、普天同庆，祝福祖国繁荣富强、人民幸福安康。北京长安街的12处立体花坛，分别表达了“壮丽七十年”“不忘初心”“奋进新时代”“中国创造”等不同主题，如图6-47所示，展现了新中国成立70年，特别是改革开放以来的伟大成就，中华民族实现了站起来、富起来、强起来的伟大历史性飞跃，激励我们不忘初心、牢记使命，奋进新时代，实现中华民族伟大复兴的壮丽篇章。

图 6-47　2019年“壮丽七十年”国庆花坛

2014年天安门广场国庆花坛是红色的花篮表面镶嵌着4个中国结，每个中国结里都有3个金黄色的汉字——中国梦，表达中华儿女团结一心，共同编织实现中华民族伟大复兴的中国梦的美好祝愿。花坛整体造型简洁、主题鲜明、热烈喜庆，表现了对祖国繁荣富强、欣欣向荣的美好祝福，如图6-48所示。

图6-48　2014年天安门广场国庆花坛

2011年天安门广场国庆花坛主景是喜庆的大红灯笼，灯笼上嵌着“中国结”，底部衬托着由花草组成的祥云图案，南北两侧分别立有“1949—2011”“祝福祖国”等字符。灯笼、中国结、祥云等传统元素，以及中国红和金色等代表中国喜庆颜色的运用，使花坛的中国传统文化韵味十足，如图6-49所示。

图6-49　2011年天安门广场国庆花坛

2010年天安门广场国庆花坛整体设计以“花开盛世”为主题，广场中心呈现巨型“牡丹”，中心花坛直径50米，共使用40万盆鲜花，营造出喜庆热烈、欢乐祥和的节日气氛，如图6-50所示。

2008年天安门广场国庆花坛主题为“普天同庆”，以中国传统宫灯造型为主景，以祥云图案为衬托，在主景周围形成圆形花坛，并在花坛外围布置环形喷泉，烘托出喜庆、欢乐、祥和的节日气氛，如图6-51所示。

图6-50 2010年天安门广场国庆花坛

图6-51 2008年天安门广场国庆花坛

2007年天安门广场国庆花坛以“万众一心”为主题，花坛的直径为60米，以“渊源共生、和谐共融”的祥云图案紧紧围绕在中心喷泉四周，将寓意为北京奥运会吉祥、祥和的信息传到全世界，如图6-52所示。

2006年天安门广场国庆花坛设计主题为“万众一心”，花坛的直径为60米，中心水池直径为30米，主喷泉喷高38米，周边花坛呈螺旋式分布，极具动感，突出了新颖、富丽、美好的天安门广场，体现出欢乐、祥和的主题，如图6-53所示。

图6-52 2007年天安门广场国庆花坛

图6-53 2006年天安门广场国庆花坛

1998年天安门广场中央为“万众一心”中心水池花坛，通过变化的喷泉和花卉布置成凤尾向心图案，寓意着全国人民万众一心、团结奋进、迎接新世纪挑战的豪情壮志。水池中心壮观的喷泉增添了花坛的雄伟气势，渲染了欢腾的节日气氛，如图6-54所示。

1993年天安门广场国庆花坛中心直径62米，正中是巨大的人造喷泉，水池周围绚丽的花卉象征着改革开放的春天，祖国繁花似锦，如图6-55所示。

1991年天安门广场中心是高6.3米、直径60米的立体红色五角星光芒四射的花坛，象征56个民族的花环圈在五角星的周围，体现各族人民大团结，共同建设繁荣富强的社会主义中国，如图6-56所示。

1989年是新中国成立40周年，天安门广场共设7个花坛，面积3500平方米，用花8.5万盆，占广场面积的3%。广场中心是高7米、长40米的坡面花坛，北坡是“葵花向阳”图案，南坡为飘扬的国旗图案，如图6-57所示。

图6-54 1998年天安门广场国庆花坛

图6-55 1993年天安门广场国庆花坛

图6-56 1991年天安门广场国庆花坛

图6-57 1989年天安门广场国庆花坛

天安门广场历年不同主题的国庆花坛呈现不同领域的新气象，突出时代特色，不仅展示历史成就，还体现了民生获得感。国庆花坛以盛世繁花迎国庆，寄托着中华儿女对祖国母亲的深深祝福。从1986年开始，每年国庆节，天安门广场都会布置盛大华丽的节日花坛，国庆花坛就像一串串脚印，记录着共和国成长的坚定步伐。每年变换的是花坛色彩和造型，不变的是我们永恒的家国情怀。

知识拓展

美得让人流泪的花园——加拿大布查德花园

位于加拿大维多利亚市北端的布查德花园是在废墟上建起的，被誉为世界上最美的花园之一。100多年前，那里原是一个水泥厂的石灰石矿坑，在资源枯竭以后被废弃，布查德夫妇因地制宜，保持了矿坑的独特地形，用他们周游世界各地时收集的花卉植物装饰花园，花园于1904年初步建成，之后经过几代人的努力不断扩大。现在的布查德花园内包括秀丽的低洼花园、清幽雅致的日本花园、优雅浪漫的意大利花园、迷人的俄罗斯喷泉、玫瑰园及音乐会草坪等。这座吸引全球逾百万游客参观的私人花园，其构思设计巧妙，花卉争奇夺艳，四季如春，令人赞叹，如图6-58~图6-61所示。

图6-58　花园入口

图6-59　花园凉亭

图6-60　蜗牛水池

图6-61　星池

1. **低洼花园**

低洼花园原为石灰矿场，园内积土成山，有小径及石级可登。旁围曲栏，周围斜坡均有花卉覆盖，园中的陡坡上长满常春藤，山下曲径环绕，临入人工湖，有山泉奔流而下，如图6-62所示。在1964年，为庆祝布查德花园建园60周年，布查德夫妇的孙子在园中建造了俄罗斯喷泉，喷泉的水柱高达20米，在夜晚五彩缤纷的璀璨灯饰映照下，更加壮观迷人，如图6-63所示。

2. **意大利花园**

意大利花园按照古罗马宫苑设计，整个花园为对称的图案式结构，笔直的林荫道构成主轴线，两旁布局左右对称，植物被修剪成几何形，喷泉、水池、雕塑穿插其间，透出强烈的古典艺术趣味，如图6-64所示。

3. **玫瑰园**

充满活力与激情的夏日是玫瑰园满园馨香的醉人时节，各式各样的玫瑰花群芳争艳，清香四溢，美不胜收。园中大部分玫瑰花都注明了原产地，以及获美国玫瑰协会评选的年份。玫瑰园每年要增添世界各地新培育的品种，让玫瑰园一直保持丰富而多样的美丽风貌，以吸引更多的专业人士前来欣赏，如图6-65~图6-68所示。

图6-62　低洼花园

图6-63　俄罗斯喷泉

图6-64　意大利花园

图6-65　玫瑰园一角

图6-66　玫瑰藤架

图6-67　玫瑰园内三文鱼喷泉

图6-68　玫瑰花群芳争艳

4. 日本庭园

日本庭园建于1906年，由布查德太太在日本园艺专家的协助下建成。红色的日式鸟居、小桥流水、松竹梅菊，处处体现了日式园林的精致简洁、恬静淡雅的意境，如图6-69、图6-70所示。

图6-69　充分展现日本的小巧精致

图6-70　小桥

工作任务

花坛群设计

一、工作任务目标

通过花坛群设计实训，让学生了解花坛的类型及在园林中的应用，掌握花坛群设计的基本原理和方法，能够结合空间环境特征，独立完成主题突出、特色鲜明的花坛群设计。

1. 知识目标

1）熟悉掌握花坛的类型与造景特征。

2）掌握花坛群的设计要点。

2. 能力目标

1）具有花坛设计案例资料的收集与分析能力。

2）具有花坛设计方案的绘制与表现能力。

3. 素养目标

1）树立保护和改善人居环境的责任担当；

2）传承与弘扬园林花卉文化，坚定文化自信。

二、工作任务要求

1）本项目位于某大学校园入口广场，在现有地块内设计一组花坛群（图6-71）。

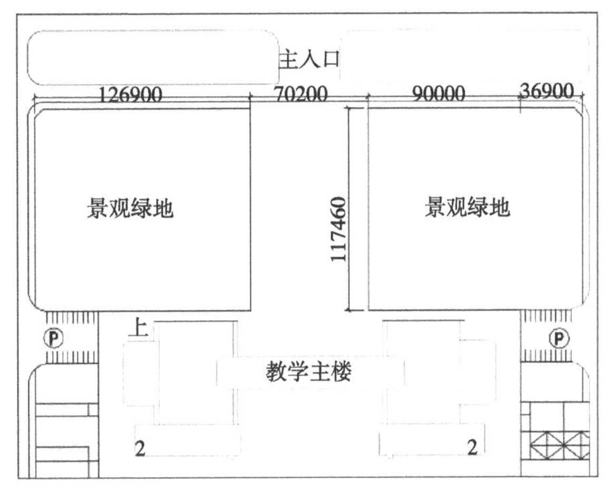

图 6-71

2）花坛群至少有5个花坛组成。

3）要求进行主题景观设计，体现校园精神与文化内涵。

4）构思新颖，创意独特。

三、图纸内容

1）图名：花坛群设计。

2）总平面图、正立面图、效果图各一张（平面图与立面图相对应）。

3）完成200字左右的设计说明一份，主要内容包括：设计理念阐述、花卉配植说明、色彩分析等。设计说明语言流畅，言简意赅，能准确地对图纸进行补充说明，体现设计意图。

4）比例自定，2号图幅，淡彩表现，图例、文字标注等符合制图规范。

5）花卉材料表。

四、工作顺序及时间安排

周次	工作内容	备注
第1周	教师下达花坛群设计工作任务，学生搜集与分析案例资料	45分钟（课内）
	花坛群设计构思与草图绘制	60分钟（课内）
第2周	花坛群设计方案优化、修改	45分钟（课内）
	花坛群版面构图设计、方案绘制	90分钟（课内）
	成果汇报，学生、教师共同评价	30分钟（课内）

任务2　乔灌木种植设计

教学目标

知识目标

- 熟悉乔灌木的使用特性。
- 掌握乔灌木的种植类型。

• 掌握绿篱的类型及设计要点。

能力目标

• 具有植物造景案例资料的收集与分析能力。
• 具有结合具体场地进行乔灌木种植设计的能力。
• 具有完成绿篱的应用设计方案的能力。

素养目标

• 培养遵循园林树木生态习性的设计理念，践行生态文明。
• 培养自主探究，勇于创新的设计思维能力。
• 树立保护自然环境和创造美好人居环境的责任意识。

知识链接

6.2.1 乔灌木的作用

1. 乔灌木的景观作用

不论是乔木还是灌木都具有色彩美、姿态美、风韵美，而且随着季节变化能够形成丰富多彩的季相景观。正如欧阳修的《醉翁亭记》中所述："朝而往，暮而归，四时之景不同，而乐亦无穷也。"园林中的乔灌木不仅可以营造优美的景观，而且可为人们提供良好的自然休闲空间。

2. 乔灌木的生态作用

随着我国城市化进程的发展，城市人口增加、空气污染、水体污染、噪声污染、温室效应等一系列环境问题给人们的生存环境带来了严重的危机，城市生态与环境形势日益严峻。园林中的乔灌木可以调节大气碳氧平衡、净化空气、改善小气候、保持生态平衡，在改善人居环境方面发挥着巨大的生态效益。

（1）调节气候

城市绿地中的乔灌木枝叶形成浓郁绿荫，在炎热的夏季直接遮挡来自太阳的辐射热和来自地面、建筑物墙面的反射热，能明显降低气温。乔灌木通过叶片的蒸腾作用和光合作用吸收太阳辐射热，降低空气温度、增加空气湿度，对缓解城市热岛效应和改善城市小气候具有重要作用。

（2）净化空气，舒缓压力

乔灌木由于具有强大的树冠，对粉尘有明显的阻挡、过滤和吸附作用。许多植物如银杏、白桦、松树、桧柏等能分泌强烈芳香的植物杀菌素，人们通过森林浴吸收植物杀菌素，可使心情舒畅、减缓压力、强化心肺功能。在城市环境中，由于煤炭和石油的燃烧释放出大量的二氧化碳，乔灌木可通过光合作用吸收二氧化碳，放出氧气，维持碳氧平衡。

（3）减弱噪声

乔灌木枝叶对声波具有反射作用，声能投射到枝叶上，树叶微振使声能消耗而减弱。高大茂密的乔灌木（特别是林带）对防治噪声有明显的作用，如雪松、桧柏、云杉等。

（4）防风固沙，水土保持

乔灌木的树冠能够截留雨水，缓冲雨水对地面的冲刷；庞大的根系在吸收雨水的同时具有固土作用，减少地表径流量和流速，对防风固沙、水土保持起到重要的作用。

6.2.2 乔灌木的使用特性

乔灌木多是直立性的木本植物，是园林绿地中最基本和最重要的组成部分，所占比重较大，综合功能显著。

乔木树干明显、粗壮，树冠高大。多数乔木树冠下形成伞形空间，可供游人乘凉纳荫。在园林绿地中，乔木既可以作为主景，也可以分隔空间，起到屏障视线和丰富空间层次的作用。乔木有高大的树冠和庞大的根系，一般要求种植地点有较大的空间和较深厚的土壤。

灌木枝条多呈丛生状，主干不明显，树冠矮小、枝繁叶茂、多花多果，是良好的分隔空间和观赏植物材料，如图6-72~图6-75所示。灌木在防尘、防风和防止水土流失方面有显著作用。灌木由于树冠小、根系有限，因此对种植地点的空间要求不大。

图6-72 连翘

图6-73 榆叶梅

图6-74 珍珠梅

图6-75 黄刺玫

6.2.3 乔灌木的种植类型及设计手法

1. 孤植

孤植也称为孤赏树、孤立树，是指乔灌木以独立形态展现出来的种植形式，在特定的条件下，也可以是两株到三株紧密栽植组成一个单元，但必须是相同树种，株距不超过1.5米，远看与单株栽植的效果相同。孤植树下不能配置灌木，可设置座椅或与景石组合造景。

孤植

（1）孤植树种的选择

孤植树是以形态、姿韵等个体美来供人们欣赏、庇荫之用，在园林中常做局部空间的主景，外观上要挺拔繁茂、雄伟壮观。孤植树应选择具备以下几个基本条件的树木。

① 植株的形体高大优美，枝叶茂密，树冠开阔，轮廓富于变化，给人以雄伟、浑厚的艺术效果。如银杏、悬铃木、国槐、油松、雪松、红皮云杉、垂柳、白桦、白皮松等。

② 具有特殊观赏价值，开花繁茂，色彩艳丽的树木，如凤凰木、碧桃、白玉兰等开花时给人以华丽、浓艳、绚丽缤纷的感觉；芬芳馥郁的植物，如桂花、红刺玫、丁香等给人以暗香浮动、沁人心脾的美感；果实丰硕的树木，如山楂、枸杞、金银忍冬等可让人体会春华秋实、岁物丰成的喜悦；叶形或叶色有特殊观赏价值的树木，如元宝槭、银杏、白桦、紫叶李、枫香、黄栌、鸡爪槭等有秋光明静的艺术感染力。

③ 生长健壮，寿命很长，能经受较大自然灾害，宜多选用当地乡土树种。

④ 树木不含毒素，没有污染性且易脱落的花果，以免伤害游人，妨害游人的活动。

（2）孤植树栽植地点的选择

孤植树种植的地点应比较开阔，不仅要有足够的生长空间，而且要有合适的观赏视距和观赏点，在树高的3~10倍距离内，不能有阻挡视线的景物。孤植树常布置在以下地点：

① 在开阔的大草坪构图重心上设置孤植树，以草地为背景，突出孤植树木的姿态、色彩，并与周围的树群、景物取得均衡、呼应。

② 在开阔水边设置孤植树，以单纯明朗的水色为背景，还可以让游人在树荫下欣赏水景，如图6-76所示。

③ 在辽阔的坡地、山顶上配植孤植树，一方面可供游人乘凉、眺望；另一方面可以丰富坡地、山地的天际线，如黄山的迎客松，如图6-77所示。

图6-76　孤植树在水面的衬托下更富有诗意

图6-77　黄山迎客松苍劲挺拔

④ 在桥头、自然园路、河溪转弯处配植姿态、线条、色彩突出的孤植树，作为自然式园林的诱导树。

⑤ 在公园入口广场、建筑前广场、庭院内配植孤植树，创造宁静、简单的空间环境，如图6-78~

图6-80所示。

⑥ 在亭、廊、花架、景桥等园林建筑小品旁配植孤植树，形成形体、色彩、质感、动静、方向等方面的对比，创造出自然、随意的气氛。

图6-78　公园入口广场配植孤植树

2. 对植

对植、行列式栽植、丛植

对植是指两株树按照一定的轴线关系作相互对称均衡或不对称均衡的种植方式，在园林构图中作为配景，主要用于强调公园、建筑、道路、广场的入口。对植分为规则式对植和自然式对植。

（1）规则式对植

规则式对植指相同树种、相同规格的树木，依主体景物的中轴线作对称布置，两树的连线与轴线垂直并被轴线等分，多用于规则式园林构图中，如图6-81所示。规则式对植一般采用树冠整齐的树种。树木种植的位置不能影响游人的出入和其他活动，同时要保证树木的生长空间，一般乔木距离建筑5米以上，灌木距离建筑2米以上。

图6-79　庭院内配植孤植树

（2）自然式对植

自然式对植采用同一树种的两株树木，在大小、形态、体型上均有差异，分布在构图中轴线的两侧，与中轴线的垂直距离，大树要近，小树要远，两树栽植点连线不能与中轴线呈直角相交，多用于自然式园林中，一般设置在桥头、路口、建筑物的入口、蹬道石阶的两旁。自然式对植景观生动活泼，变化丰富。

图6-80　大理海云栖度假酒店内的孤植树

图6-81　规则式对植

3. 行列式栽植

行列式栽植是指乔灌木按一定的株行距成行成排地种植，形成整齐、简洁、统一的景观，如图6-82~图6-84所示。行列栽植是规则式园林中应用最多的栽植形式，具有施工、管理方便的优点，常用于行道树、树阵、防护林带等。在自然式园林中也可布置在比较整齐的局部空间，如建筑物前基础栽植或林带等。行列式栽植与园路配合，可起夹景效果。

图6-82 浙江黄岩永宁公园水杉树阵

图6-83 行列式栽植树阵

图6-84 天坛规则式栽植的松柏营造出广袤苍茫的氛围

行列式栽植宜选用树冠体形比较整齐的树种，如圆柏、云杉、杜松、银中杨等。行列式栽植行距取决于树种的特点、苗木规格和园林主要用途等，一般乔木为3~8米，灌木为1~5米。行列式栽植的基本形式有：

1）等行等距栽植，如正方形栽植、品字形栽植。

2）株距相等、行距不等，常用于规则式向自然式栽植的过渡。

4. 丛植

丛植通常是由两株到十几株乔灌木组合种植而形成自然植物景观的种植类型，树丛可以分为单纯树丛及混交树丛两类。丛植可欣赏树木组合的群体美，但这种群体美的形象又是通过个体树木之间的互相对比、互相衬托体现的，如图6-85所示。

丛植与孤植树一样，在树丛周围，尤其是主要方向，要有足够的观赏距离，最小的视距为树丛高度的4倍，视距内要空旷。

图6-85 丛植错落有致、富有自然情趣

树丛可配置在大草坪中央、水边、广场、小岛上或微地形上，作为主景。树丛可与景石组合造景，也可作为园林建筑、园林雕塑小品的背景。在道路交叉口和转弯处布置的树丛能起到诱导作用。

较为常见的丛植应用形式有二株丛植、三株丛植、四株丛植、五株丛植。

（1）二株丛植

二株丛植最好采用同一树种或外观形态相似的树种，同时两株树种在大小、姿态、动势上要有显著差异，互相对比衬托，形成自然和谐的丛植效果，如图6-86所示。两株树木栽植的距离应小于两树冠半径之和，使其成为一个整体。

（2）三株丛植

三株丛植的配植最好采用大小、姿态、动势差异明显的同一树种。三株丛植中的最大株和最小株要靠近些，成为一组，中等的一株远离，成为另外一组，三株树的平面构图呈不等边三角形，三株树的距离都不相等，如图6-87所示。三株丛植忌栽植在一条直线上，也忌呈等边三角形或等腰三角形栽植。如果是两个不同树种，最好同为常绿树或同为落叶树，同为乔木或同为灌木，其中最大株和中等株为相同树种，最小株为另一树种。

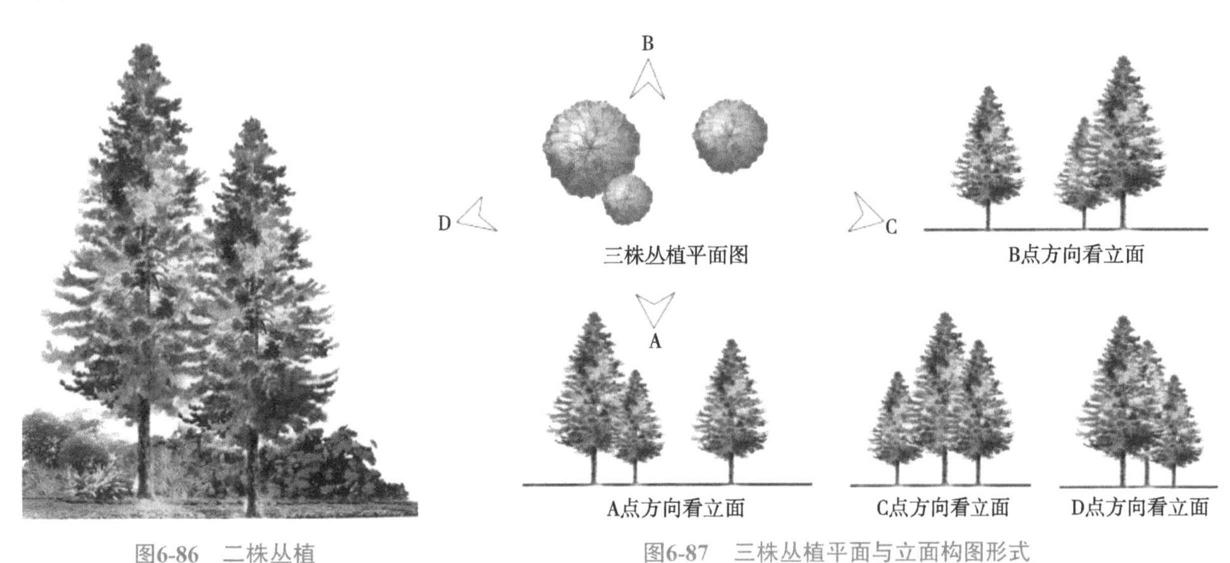

图6-86 二株丛植

图6-87 三株丛植平面与立面构图形式

（3）四株丛植

四株丛植配植最好采用姿态、大小、高矮上有对比和差异的同一树种，不同树种栽植时，最好同为乔木或同为灌木。

四株丛植配植时分为两组栽植，组成3：1的组合，最大株和最小株都不能单独一组，即三株较近、一株远离，三株组合中应形成二株紧密、另一株稍远，平面构图形式应为不等边四边形或不等边三角形，不能呈正方形或矩形栽植。四株丛植不能种在一条直线上，也不要等距离栽植。组与组之间要有呼应之势，且距离不可过远。

四株丛植采用不同树种时，最好是相近树种，但外形相差不能很大，否则难以协调。其中最大株和中间株为同种，最小株为另一种。当树种完全相同时，栽植点标高也可以变化，形成错落有致的丛植，使整个空间充满自然的情趣。

（4）五株丛植

五株丛植可分为3：2或4：1的组合。树丛同为一个树种时，每株树的体形、姿态、动势、大小、栽植距离都应不同。树种不同时，在3：2的组合中一种树为三株，另一种树为二株，将其分在两组中。在4：1的组合中异种树不能单栽。主体树必须在三株小组或四株小组中。四株一小组的组合原则与前述四株丛植的相同，三株一小组的组合原则与前述三株丛植的相同，二株一小组的组合原则与前述二株丛植的相同。其中单株树木，不要最大的，也不要最小的，最好是中间树种，如图6-88、图6-89所示。

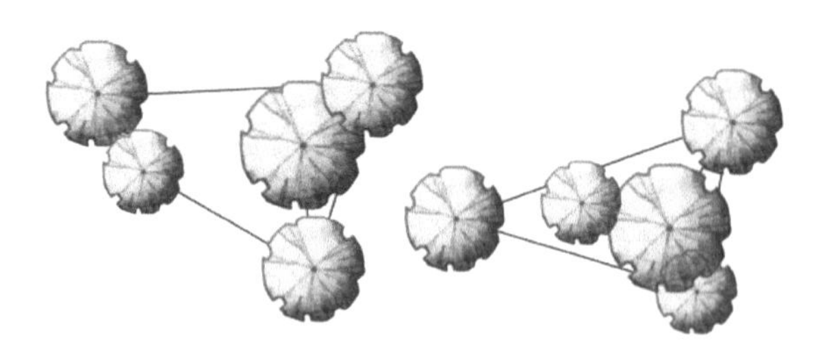

图6-88　相同树种五株丛植平面构图

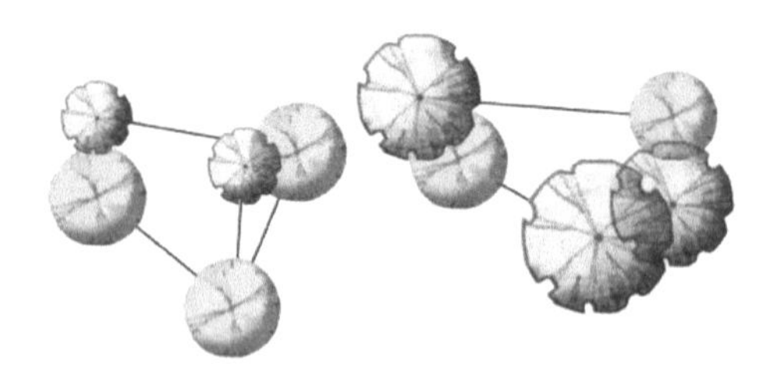

图6-89　不同树种五株丛植平面构图

5. 群植

群植也称为树群，组成群植的树木数量一般为20~30株，群植所表现的是树木的群体美。树群和孤植树、树丛一样作为构图上的主景，一般布置在开阔场地上，如大草坪、林中空地、水中的小岛、水岸、山坡上等。树群主要立面的前方，至少在树群高度的4倍、树群宽度的1.5倍距离内留出空地，以便游人欣赏。

群植、带植、林植

树群可以分为单纯树群和混交树群两类。单纯树群由一种树木组成，可以用宿根花卉作为地被植物，观赏效果相对稳定。混交树种群分为5个部分，即乔木层、亚乔木层、大灌木层、小灌木层及多年生草本植被。乔木层选用的树种，树冠的姿态要丰富，使整个树群的天际线富于变化；亚乔木层选用的树种，最好开花繁茂，或是有美丽的叶色；灌木应以花木为主，地被植物选耐阴的一二年生花卉、宿根花卉或多年生野生性花卉为主，要注意四季的季相变化和美观。树群组合的基本原则，高度采光的乔木层应该分布在中央，亚乔木在四周，大灌木、小灌木在外缘。树群内植物的栽植距离要有疏密变化，要构成不等边三角形，切忌成行、成排、成带栽植。树群林冠线要起伏错落，林缘线要曲折变化，形成错落有致的群植效果，使其充满自然的意趣。

6. 林带

林带就是带状的树群，一般长轴为短轴的4倍以上。林带属于连续风景的构图，在园林中用途广泛，可屏障视线、分隔园林空间，河流两岸的林带可形成夹景，环状林带可形成密闭空间，混交林带能较好地起到防尘和隔声效果。

7. 林植

林植也称为风景林，是指较大规模成带、成片栽植乔灌木而构成林地景观的种植类型。林植多用于安静休息区、风景名胜区、森林公园、度假区等。林植分为疏林和密林两种。

（1）疏林

疏林是指采取疏朗的配置方式，株距超过成年冠幅的直径，郁闭度为0.4~0.6的树林。疏林一般为纯乔木林，具有舒适、明朗的景观效果，是园林中应用广泛的一种林植形式。游人密度不大时可形成疏林草地，游人量较多时林下应与铺装地面结合，可设自然弯曲的园路、园椅，让游人散步、休息。疏林树木的种植要三五成群、疏密相间、有断有续、错落有致，忌成排、成列，应使构图生动活泼、光影富于变化。

郁闭度是指森林中乔木树冠遮蔽地面的程度，它是反映林分密度的指标。它以林地树冠垂直投影面积与林地面积之比，以十分数表示，完全覆盖地面时为1。简单来说，郁闭度就是指林冠覆盖面积与地表面积的比例。

（2）密林

密林树冠之间呈重叠或交接状，郁闭度为0.7~1.0，常用在自然风景区或森林公园中。密林中阳光很少透入，地被植物含水量高，经不起踩踏，因此一般不允许游人步入林地之中，只能在林地内设置的园路及场地上活动。密林又有单纯密林和混交密林之分。

图6-90　樟子松单纯密林

单纯密林由单一树种组成，具有简洁壮阔之美，但缺乏丰富的色彩、季相和层次的变化，如图6-90所示。密林设计可利用起伏变化的地形来丰富林冠线，采用异龄树增加林内垂直郁闭景观。林下可点缀耐阴或半耐阴草本花卉，如玉簪、石蒜等，丰富林下景观。在林缘还应配置观赏特性较突出的花灌木或花卉，增强林地外缘的景色变化。

混交密林由两种或两种以上的乔木及灌木、地被植物相互依存，形成多层次结构的密林。混交密林层次及季相景色丰富，垂直郁闭效果明显，可使游人感受到林下特有的幽静深远之美。混交密林中应分出主调、基调和配调树种，主调能随季节有所变化。密林内植物要疏密有致，以增加林地内光影的变化，明暗对比，给游人呈现出“柳暗花明、豁然开朗”的意境，可结合地形变化创造出灵活多变的林冠线和林缘线。

6.2.4　乔灌木的整形

乔灌木整形设计

乔灌木的整形不单是技术，还是艺术，是有生命力、不断变化成长的环境艺术品。优美的树木造型是一座有生命的雕塑，具有极强的美感和装饰性，可增加城市景观的魅力和文化艺术品位。乔灌木的整形包括自然式整形和规则式整形。

1. 自然式整形

自然式整形是在树木本身特有的自然树形基础上，按照树木的生长发育习性，人工修整形成优美的树形和树姿。自然式整形不仅体现了园林树木的自然美，同时也有利于树木的养护管理，行道树、庭荫树等基本上都采用自然式整形。

2. 规则式整形

在规则式园林中，为了使自然生长的植物与人工的建筑协调统一，将乔灌木人工修剪成几何形体、动物形体和建筑形体等造型，如绿墙、绿柱、绿塔、绿门、绿亭和鸟兽等。规则式树木整形大致有以下几种类型。

（1）几何形体整形

将树木修剪成球形、柱形、伞形、方形、螺旋体、圆锥体等规整的几何形体，如图6-91所示。

图6-91　几何形体树木整形

日本园林常以表现“海洋文化”为主题，以沙代表海，而以整形的植物代表海中的岛、船和山，创造出一种简朴、清宁的致美境界，如图6-92所示。

图6-92　日本园林植物整形

（2）动物形体整形

运用绑扎、牵拉、修剪、管护等工艺，将乔灌木塑造成各种栩栩如生的动物形象，可用于动物园入口处或儿童乐园内，用整形的动物、建筑、绿篱等构成一个童话世界，增添更多的趣味与活力，如图6-93所示。

（3）建筑形体整形

将乔灌木整形成绿门、绿墙、绿廊、绿亭等建筑艺术形象，使游人虽置身于绿色植物中，但可体会到建筑空间的感受，如图6-94所示。

图6-93　动物形体树木整形

图6-94　建筑形体树木整形

6.2.5　绿篱与绿墙的整形

绿篱起源于公元5世纪的古罗马，模纹绿篱作为欧洲古典园林艺术的主要表现形式，应用广泛。中国在数千年前也已开始应用绿篱，《诗经》中有关“折柳樊圃”的描述，意思是折取柳枝做园圃的篱笆。绿篱是现代园林中常用的一种植物造景形式，具有良好的隔离作用和装饰美化作用。

1. 绿篱的概念

用小乔木或灌木以相等的株行距，单行或几行排列密植形成的不透光、不透风结构的小型林带，称为绿篱。

2. 绿篱的类型

（1）根据高度分类

1）绿墙。高度在1.6米以上的绿篱称为绿墙，绿墙能够完全遮挡住人们的视线，可开设多种门洞、景窗以丰富景观，加强空间的渗透与联系，如图6-95所示。

图6-95　绿墙的应用

2）高绿篱。高绿篱高度为1.2~1.6米，人的视线可以通过，但人不能跨越而过，多用于分隔园林空间、屏障视线，作为花境、雕塑、喷泉和园林小品景物的背景。

3）中绿篱。中绿篱高度为0.6~1.2米，有很好的防护作用，在园林中应用最广。中绿篱多用于建筑基础种植及绿地的围护，可起到分隔景区、组织游人活动、美化环境的目的，如图6-96所示。

4）矮绿篱。矮绿篱高度在0.5米以下，主要用于花境镶边、模纹花坛花纹，如图6-97所示。

图6-96 中绿篱

图6-97 矮绿篱

（2）根据功能要求与观赏要求分类

1）常绿绿篱。由常绿针叶或常绿阔叶植物组成，一般修剪成规则式，在北方主要利用常绿绿篱丰富冬季植物景观。常用植物有杜松、侧柏、桧柏、大叶黄杨、小叶黄杨、小叶女贞等。

2）落叶篱。落叶篱主要由落叶树种组成，常选用树种有榆树、水蜡、紫叶小檗等。

3）花篱。花篱主要选用花期一致、花色美丽的花灌木，既有绿篱的功能又有较高的观花价值。花篱一般任其生长，不修剪成整形式，如图6-98所示。如锦带花、连翘、绣线菊、小叶丁香、榆叶梅、黄刺玫、珍珠梅等都是理想的花篱材料。

图6-98 花篱

4）观果篱。观果篱选用果色鲜艳、硕果累累的植物，一般不作大修剪，常用植物如南天竹、胡颓子、小檗、锦带花等。

5）刺篱。把具有叶刺、枝刺的植物修剪成的绿篱称为刺篱，其不仅具有观赏价值而且具有良好的防护效果。常用的植物有黄刺玫、月季、紫叶小檗、鼠李等。

6）编篱。园林中常把一些枝条柔软的植物编织在一起，形成紧密一致的外观，这种形式的绿篱称为编篱。常用的植物有木槿、杞柳、紫穗槐等。

7）蔓篱。在竹篱、木栅、围墙等处，同时栽植叶子花、凌霄、常春藤、茑萝、牵牛花等藤本植物，攀缘于篱栅之上，形成具有生机的蔓篱景观。

（3）依修剪整形分类

1）自然式绿篱。自然式绿篱一般不进行专门的整形修剪，只是适当控制高度，并剪去病虫枝、干枯枝，使枝条自然生长。

2）整形式绿篱。整形式绿篱通过人工修剪，使其具有整齐简洁的轮廓，多采用圆球形、矩形、梯形、拱形或波浪形等造型，具有简洁明快的景观特点，可体现现代都市的气息。

3. 绿篱的造景作用

（1）绿篱构成装饰性图案，成为视觉焦点

各种修剪整齐的模纹绿篱一直是西方古典园林中重要的景观，最能体现西方园林的美学特征。园林中常用规则式绿篱构成精美的模纹图案，或是用几种色彩不同的绿篱构成色彩鲜明的色块或色带景观，成为视觉焦点，如图6-99所示。绿篱还可以采取集中种植方式以构成专门的景区。

图6-99　富有浪漫风情的模纹绿篱

（2）绿篱作为背景

园林中常用绿篱、绿墙作为花坛、花境、雕塑、喷泉及园林小品的背景，形成自然美好的景观气氛。园林小品旁配植与其高度相称的绿篱，可以集中游人视线，突出小品的艺术形象；绿篱作为喷泉或雕像的背景，如图6-100所示，可使白色的水柱或雕像衬托得更加鲜明、生动。修剪整齐的常绿绿篱作为纪念性雕塑的背景，给人以肃穆之感。

图6-100　绿篱作为雕像的背景

（3）绿篱构成夹景

高大、整齐的绿墙两侧形成夹景，以引导游人向远端眺望，去欣赏远处的景点，起到强调主景、摒俗收佳的作用。

（4）绿篱作为障景与分景

在园林中，常用绿篱来遮掩园林中的不雅景观，如园墙、挡土墙、垃圾桶等，也可用高篱或树墙屏障视线，分隔不同功能的园林空间，使园林内各空间相互不干扰，各具特色。

4.绿篱的设计要点

（1）不同植物的组合

在一条绿篱上应用多种植物组合，形成质感的对比，增加绿篱色彩变化，丰富绿篱造景艺术，如图6-101所示。

图6-101　不同植物材料的绿篱形成色彩、质感的对比

（2）不同造型相结合

绿篱可用方形、圆形、椭圆形以及三角形等不同的造型组合，如并列设置一条直线形绿篱与一条波浪形绿篱，丰富立面层次，相互衬托，相互对比，相映成趣，如图6-102所示。

图6-102　不同造型的绿篱

（3）不同宽度的组合

在一条绿篱上，设计不同宽度，形成宽窄相间的韵律，增加艺术美感，如图6-103所示。

图6-103　不同宽度、色彩的绿篱设计

（4）不同高度组合

在一条绿篱中修剪成不同的高度可丰富立面景观变化，如一段修剪成高度1米，一段修剪成高度50厘米，高低错落交替出现，很像城墙的垛口，显得别致有趣。

（5）与地形相结合

自然式绿篱在增强或减缓地形变化时，椭圆或圆形的自然式绿篱更易与地形统一。多种植物组成的混合自然式绿篱，优美的弧线柔化了僵硬的边缘硬角，容易营造优雅宁静的景观氛围，如图6-104所示。

图6-104　与地形相结合的绿篱形成细腻柔美的景观

案例分析

英国皇家植物园——邱园

邱园位于伦敦西南部的泰晤士河南岸，始建于1759年，原本是英皇乔治三世的母亲奥古斯塔的私人皇家植物园，经过200多年的发展，扩建成为面积120公顷的皇家植物园，加上1965年在邱园附近开辟的一个240公顷的卫星植物园，邱园已成为规模宏大的世界级植物园，被联合国指定为世界文化遗产。目前邱园收集了全世界超过5万种植物，约占已知植物的1/8，收藏种类之丰富，堪称世界之最。

图6-105 玫瑰园

邱园内建有26个专业花园：水生花园、树木园、杜鹃园、杜鹃谷、竹园、玫瑰园、草园、日本风景园、柏园等。园内还有与植物学科密切相关的建筑，如标本馆、经济植物博物馆和进行生理、生化、形态研究的实验室。此外邱园还有40座有历史价值的古建筑。经过了几百年的发展和进步，邱园已经从单一娱乐性的植物收集和展示转向植物科学和经济的应用研究。

1. 专业花园

（1）玫瑰园

玫瑰园是植物园中的一个主要景区，建于1923年。每年的6月至8月，园中的玫瑰正处于盛花期，花团锦簇，色彩缤纷，花朵香气扑鼻，令人沉醉，如图6-105所示。

（2）草园

草园建于1982年，种植草的种类有550种之多，并且数量还在不断增加。草园被分为两个区域：一个是装饰陈列区，一个是资料区。在草园，初夏时可观赏的多为一年生的谷类和草，秋冬季可观赏多年生的草，如图6-106所示。

图6-106 别具风韵的草园

（3）竹园

竹园创造了竹类植物的多样化展示形式，展示了120多种来自世界各地的竹，一年四季都适合参观，如图6-107所示。

图6-107 竹园

2. 温室

（1）棕榈温室

棕榈温室建于1844—1848年，是世界上幸存的最重要的维多利亚时代玻璃钢结构的建筑，是邱园里最具标志性的建筑。棕榈室是外形像倒扣着的船底一般的玻璃建筑，其线条流畅，别具特色。温室最高点达20米，即使是热带植物椰子、棕榈等都可以在内部自由生长。温室里创造了与热带雨林相似的气候条件，可以找到世界70%以上的棕榈植物，是棕榈科植物多样性的展示中心。温室在人工湖中形成倒影，相映成趣，魅力无限，如图6-108所示。

在棕榈温室的地下室还有海洋植物陈列室，分别呈现了四种重要的海洋自然环境以及其中的鱼类、珊瑚其他海洋生物，展现了海洋植物的重要性。

图6-108　棕榈温室

（2）温带植物温室

温带植物温室是邱园中最大的温室，面积4880平方米，是棕榈温室的两倍。温室展示了1666种亚热带植物，展示的植物内容按地理分布布置。北翼展示亚洲温带植物；北边八角亭展示澳大利亚和太平洋岛屿植物；南边八角亭展示南非石楠属植物和山龙眼科植物；南翼展示南地中海和非洲植物；中部展示高大的亚热带树木和棕榈植物。温室中也有许多是有重要经济价值的植物，如茶和各种柑橘类植物等，如图6-109所示。

（3）高山植物温室

高山植物温室是邱园中最小的温室，1981年建成，建筑外形呈金字塔状，形同山峰。温室内装配的先进的温度、湿度、光照和气流控制系统模仿高山气候，植物都是从岩石缝隙中生长出来的，如图6-110所示。

图6-109　温带植物温室

图6-110　高山植物温室

（4）威尔士王妃温室

威尔士王妃温室是为纪念邱园的创立者奥古斯塔王妃而修建的，温室采用了先进的电脑控制系统，创造了从干旱到湿热带的十个气候区，以便适应不同气候类型植物的生长，这里的植物都尽量按其自然生长状态布置，如图6-111所示。

（5）睡莲温室

睡莲温室位于棕榈温室的附近，面积226平方米，专门为栽培王莲设计，主要展示热带水生植物，是邱园中气候最湿热的一个温室。建于1852年的睡莲温室是邱园中的历史建筑之一，如图6-112所示。

图6-111 威尔士王妃温室

图6-112 睡莲温室

（6）植物进化馆

植物进化馆的植物进化过程从4万亿年前无生命的不毛之地时代开始，到6亿年前的第一个真正的植物——海藻，再到4.5亿年前的陆地植物。植物进化馆主要展示了陆地植物出现后的三个阶段，即志留纪、石炭纪和白垩纪。

3. 建筑小品

（1）邱宫

邱宫是邱园内最古老的建筑，建于1631年，为四层红砖瓦房。后花园有亭台、雕塑和水景，用于栽培各种食用、药用和香花植物。邱宫一直作为英国皇室消暑度假的别墅，如图6-113所示。

（2）钟楼

钟楼是一座意大利风格的罗马式建筑，建筑师当时的设计是作为百米外的棕榈温室的锅炉烟囱，如图6-114所示。

图6-113 邱宫

图6-114 钟楼

（3）宝塔

在18世纪中期，英国的园林设计中非常流行中国风，1762年钱伯斯爵士设计的中国风格的宝塔，高50多米，共十层，八角形的结构，塔顶的边缘有龙的图案，整座塔色彩丰富，是邱园宁静的南部最重要的景点之一，如图6-115所示。

（4）标本馆

标本馆于1853年建成，馆藏了700万份植物标本，代表了地球上近98%的属，35万份是模式标本。真菌标本馆建于1879年，收集了80万份真菌标本，3.5万份是模式标本，作为信息网络中心，这里已成为全世界的植物学家和真菌学家进行学术交流的平台。

邱园内设高于地面15米的高架路，游人可以在高大的乔木树梢间穿行，俯视邱园，如图6-116所示。邱园是一个广阔的植物博物馆，被称为改变世界的植物园。漫步邱园，人们可全身心沉浸在大自然的怀抱中，领略融合了人类智慧的优雅空间。

图6-115 宝塔

图6-116 高架路

知识拓展

北京花博会京华园景观设计

北京花博会京华园设计主题为“京华双娇，古韵新妆”，突出展现北京市市花——月季和菊花。该园分为入口雕塑区、月季花架区、岩石园、月季台地区和建筑区等，如图6-117所示。园内各个区域的设计构思都着重于对北京市市花“菊花”和“月季”的充分表达，并始终渗透到各个景观之中，形成鲜明的北京特色，是月季和菊花在京城广泛种植的集中体现。抽象的菊花形的钢桥，以曲线的柔美，营造出似穿行于花瓣中的意境，如图6-118所示；菊花形流水将菊花弧形的自然美与水流的灵动巧妙地结合在一起，如图6-119所示。

1—入口广场
2—菊溪
3—菊谷
4—菊桥
5—景观亭
6—玫瑰梯田
7—玫瑰屏风
8—人工湖

图6-117　京华园平面图

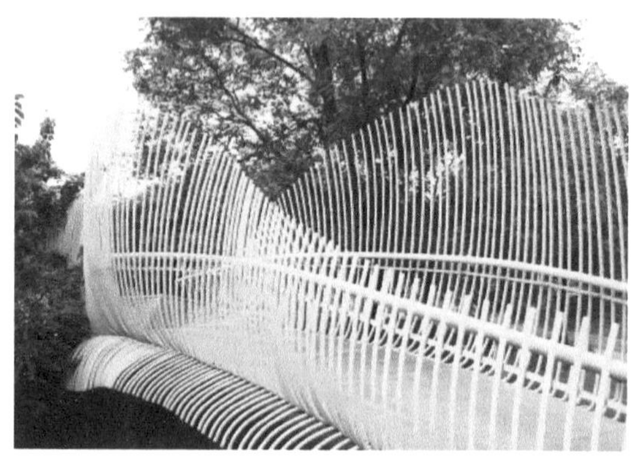

图6-118　白色菊花形的钢桥

图6-119　菊花形流水

设计通过对地形的塑造，局部抬高场地，用“8”字形立体交叉组织人流，延长了游览时间，同时因为花卉展示在坡地或台地上，为观者提供了不同寻常的观赏角度，如图6-120所示。

图6-120　京华园的地形处理

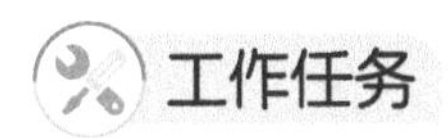

工作任务

乔灌木种植设计

一、工作任务目标

通过乔灌木种植设计实训，培养学生掌握乔灌木种植设计方法，遵循适地适树原则，运用乔灌木种植设计方法结合场地现状完成植物配置方案，培养学生综合分析问题和解决问题的能力。

1. 知识目标

1）熟悉乔灌木的景观作用与生态作用。

2）掌握孤植、对植、行列式、树丛、树群、绿篱等乔灌木种植形式及设计要点。

2. 能力目标

1）具有乔灌木种植设计案例资料的搜集与分析能力。

2）具有乔灌木种植设计方案的设计与绘制表现能力。

3. 素养目标

1）树立保护和改善人居环境的责任担当。

2）传承与弘扬园林植物文化，坚定文化自信。

二、工作任务要求

完成东北地区某居住区绿地的乔灌木种植设计，如图6-121所示。

1）居住区种植设计要求有孤植、对植、丛植、行列式栽植、群植等栽植方式，可以结合绿篱和花卉造景。

2）重点掌握树丛的设计要点，并结合丛植平面构图表达形式。

3）注意考虑孤植、丛植及群植的观赏视距。

4）注意考虑栽植地点和树种的选择。

5）要求体现丰富季相景观变化与层次变化。

6）尊重场地自然环境，考虑场地景观元素与植物造景之间的关系。

三、图纸内容

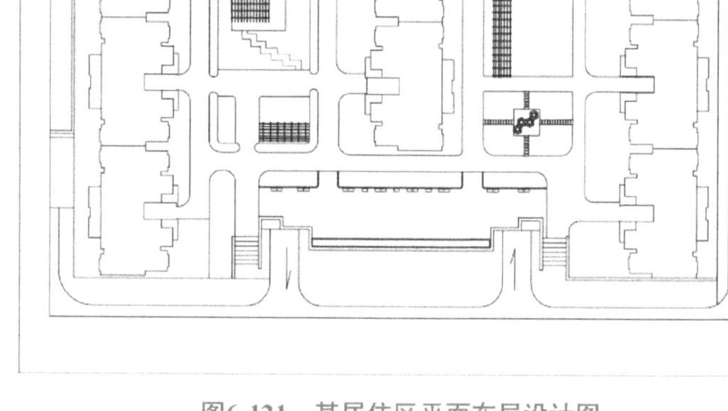

图6-121　某居住区平面布局设计图

1）图名：居住区乔灌木种植设计。

2）绘制乔灌木种植设计方案平面图、立面图，平面图与立面图相对应。

3）编制植物材料表。

4）设计说明语言流畅，言简意赅，能准确地对图纸进行补充说明，体现设计意图，字数要求200字左右。

5）比例1：500，钢笔墨线图，淡彩表现。

6）图纸大小：A2图纸。

四、工作顺序及时间安排

周次	工作内容	备注
第1周	教师下达乔灌木种植设计工作任务，学生搜集案例资料	45分钟（课内）
	乔灌木种植设计草图构思、绘制	90分钟（课外）
第2周	乔灌木种植设计草图优化、修改	45分钟（课内）
	乔灌木种植设计版面构图、方案绘制	60分钟（课内）
	乔灌木种植设计成果汇报，学生、教师共同评价	30分钟（课内）

过关测试

一、单选题

1. 天坛公园运用（　）松柏烘托出祭坛庄严肃穆的氛围。

A. 对植　B. 孤植　C. 行列式栽植　D. 丛植

2. 树群主要观赏面的前方，至少在树群高度的（　）观赏视距。

A. 2倍　B. 3倍　C. 4倍　D. 5倍

3. 带植就是带状的树群，也称为林带，一般长轴为短轴（　）以上，林带属于连续风景的构图。

A. 1倍　B. 2倍　C. 3倍　D. 4倍

4. 疏林是指采取疏朗的配置方式，株距超过成年冠幅的直径，郁闭度在（　）之间的树林。

A. 0. 4~0. 6　B. 0. 2~0. 4　C. 0. 6~0. 8　D. 0. 2~0. 3

5. 密林树冠之间成重叠或交接状，郁闭度在（　）之间，常用于在自然风景区或森林公园中。

A. 0. 4~0. 5　B. 0. 5~0. 8　C. 0. 7~1. 0　D. 0. 3~0. 5

6. 花境起源于欧洲，19世纪后期花境在（　）开始盛行，逐渐风靡全世界。

A. 美国　　B. 法国　　C. 英国　　D. 意大利

7. 常绿绿篱常用植物有（　）。

A. 杜松、侧柏、桧柏　　B. 垂柳、水蜡、紫叶小檗

C. 连翘、绣线菊、小叶丁香　　D. 黄刺玫、月季、紫叶小檗

8. 中绿篱高度（　），有很好的防护作用，在园林中应用最广。

A. 1. 2-1. 6米　　B. 1. 6米以上　　C. 0. 6~1. 2米　　D. 0. 5米以下

9. 丛植通常是乔灌木（　）组合种植而成形成自然植物景观的种植类型。

A. 三株到五铢　　B. 二株到十几株　　C. 三十株到五十株　　D. 一株到三株

10.（　）是指乔灌木以独立形态展现出来的种植形式。

A. 对植　　B. 丛植　　C. 群植　　D. 孤植

二、多选题

1. 园林景观中乔灌木的主要作用有（　）。

A. 景观作用　　B. 经济作用　　C. 社会作用　　D. 生态作用

2. 乔灌木的生态作用有（　）。

A. 调节气候　　B. 净化空气　　C. 减弱噪声　　D. 防风固沙

3. 孤植树的选择条件有（　）。

A. 树冠体形整齐，生长缓慢的树种　　B. 植株的形体高大优美，枝叶茂密，树冠开阔

C. 具有特殊观赏价值的树木，开花繁茂，色彩艳丽

D. 果实丰硕的树木

4. 对植分为（　）。

A. 丛植　　B. 群植　　C. 自然式对植　　D. 规则式对植

5. 树丛可以分为（　）。

A. 行列树丛　　B. 单纯树丛　　C. 混交树丛　　D. 对称树丛

6. 花境依设计方式的不同可分为（　）。

A. 单面观赏花境　　B. 球根花卉花境　　C. 双面观赏花境　　D. 对应式花境

7. 宿根花卉花境常用的花卉材料有（　）。

A. 一串红　　B. 萱草　　C. 万寿菊　　D. 鸢尾

8. 花坛的造景作用有（　）。

A. 美化和装饰环境，成为景观焦点　　B. 渲染气氛

C. 组织交通　　D. 标志和宣传

9. 按表现主题可分为（　）。

A. 时钟花坛　　B. 花丛式花坛　　C. 模纹花坛　　D. 装饰物花坛

10. 模纹花坛的纹样要求维持较长的观赏期，需经常修剪，因此要选用生长缓慢、枝叶细小、株丛紧密、萌发性强、耐修剪的植物为主，一般常用（　）。

A. 五色草　　B. 万寿菊　　C. 美人蕉　　D. 四季海棠

11. 绿篱的造景作用有（　）。

A. 构成装饰性图案　B. 作为背景　　C. 构成夹景　　D. 作为障景与分景

项目7

园林方案设计

铸魂育人

坚守职业信念，黄山迎客松守护人

迎客松（图7-1）位于黄山海拔1670米的绝壁边，它以惊人的坚韧和刚强将根深深扎进岩石缝里，历经千年风霜，仍然屹立不倒。迎客松树高10.2米，胸围2.16米，树龄1300年左右，为国家一级保护名木，被列入世界自然遗产名录。它誉满中外，是中华民族热情友好的象征。

为更好地保护迎客松，从20世纪80年代起，黄山为迎客松配备了专职“守松人”（图7-2）。2011年，胡晓春成为迎客松第19任“守松人”。胡晓春每年有超过300天驻扎在海拔约1670米的迎客松旁，为了守护好迎客松，他每2小时检查一次，将每日的天气、温度、相对湿度、风力等与迎客松息息相关的数据细节一一记录，日积月累胡晓春写下了140余万字的《迎客松日记》，为科学保护迎客松积累了重要资料。胡晓春说：“迎客松不单单是黄山的标志，更是中国的标志。作为绿水青山的守护者，我会坚守本职工作，把迎客松守护好，把迎客松这一松中活化石更好地传承下去。”

胡晓春坚持做好每一件事，坚守黄山之巅的劳动岗位，坚定守松信念，才令本来平凡的人生拥有了不平凡的底色。他日夜坚守，默默付出，用青春和汗水换来了迎客松的四季常青，也因此获得了“全国旅游系统劳动模范”和“全国五一劳动奖章”荣誉。迎客松屹立千年、挺拔依旧，守松人日夜坚守，默默付出，用青春和汗水换来了迎客松的四季常青，守护着黄山的青山绿水。

图7-1　黄山迎客松

图7-2　胡晓春守护检查迎客松

任务1　园林方案设计步骤

教学目标

知识目标

- 掌握园林方案设计的步骤。
- 掌握场地现状调研分析的内容。

能力目标

- 具有园林设计底图识读能力。
- 具有场地现状调研分析能力。

素养目标

- 强化以人为本的设计理念，不断突破创新设计。
- 培养学生勇挑时代重任、坚定职业信仰。

知识链接

1. 场地现状分析

场地现状分析应掌握设计项目的自然条件、环境状况及历史沿革。

基地调查与分析

1）分析甲方对设计任务的要求及历史沿革。

2）分析城市绿地总体规划与设计项目的关系，以及对项目设计的要求。城市绿地规划图的比例为1:5000或1:10000。

3）分析项目周围的环境关系、特点、未来发展情况，如周围有无名胜古迹、人文资源等。

4）分析项目周围城市景观，建筑形式、体量、色彩等与周围市政的交通关系；人流集散方向，周围居民的类型。

5）分析该地段的能源情况。电源、水源以及排污、排水，周围是否有污染源，如有毒害的工矿企业、传染病医院等情况。

6）分析规划用地的水文、地质、地形、气象等方面的资料。了解地下水位、年与月降水量，年最高、最低气温的分布时间，年最高、最低湿度及其分布时间，季风风向、最大风力、风速以及冰冻线深度等。重要或大型园林规划尤其需要地质勘查资料。

7）分析植物状况，了解和掌握区域内原有的植物种类、生态、群落组成，还有树木的年龄、观赏特点等。

8）了解项目建设所需主要材料的来源与施工情况，如苗木、山石、建材等情况。

9）了解甲方要求的项目设计标准及投资额度。

2. 图纸资料

1）地形图。项目范围内的地形总平面图，根据项目面积的大小需提供1:2000、1:1000、1:500的地形图。图纸应明确以下内容：设计范围（红线范围、坐标数字）；园址范围内的地形、标高及现状物（现有建筑物、构筑物、山体、水溪、植物、道路、水井，还有水系的进出口位置、电源等的位置）。现状物种要求保留利用、改造和拆迁等情况要分别说明。四周环境与市政交通联系，主要道路名称、宽度、标高、走向和排水方向；周围机关、单位、居住区的名称、范围以及今后的发展状况。

2）局部放大图。局部放大图为提供局部详细设计时使用，比例为1:200。该图纸要满足建筑单位设计及其周围山体、水溪、植被、园林小品及园路的详细布局。

3）要保留使用的主要建筑的平面图、立面图。保留的主要建筑平面图要注明室内、外标高；立面图要标明建筑物的尺寸、颜色等内容。

4）现状树木分布位置图。现状树木分布位置图主要标明要保留树木的位置，并注明品种、胸径、生长状况和观赏价值等，比例为1:200或1:500，有较好观赏价值的树木最好附以彩色照片。

5）地下管线图。地下管线图一般要求与施工图比例相同，比例为1:500或1:200。图内应标明上水、下水、污水、化粪池、电信、电力、暖气沟、煤气、热力等管线的位置及井位等。除了平面图外，还要有剖面图，并需要注明管径的大小、管底或管顶标高、压力、坡度等。

3. 现场勘查

现场勘查一方面核对、补充所收集的图纸资料；另一方面设计者到现场，可以根据周围环境条件，感受空间和场地情况，对现场情况有更清晰的认识，分析现场有利条件及不利条件，从中找寻能够碰撞出设计灵感的元素融入艺术构思。现场勘查的同时，拍摄一定的环境现状照片，以供进行总体设计时参考。

任务2　园林方案设计内容

教学目标

知识目标

- 掌握园林方案设计的内容。
- 掌握园林方案文本制作流程与内容。

能力目标

- 具有完成小型公园方案设计与表现能力。
- 具有园林方案设计文本设计与制作能力。

素养目标

- 培养自主探究，勇于创新的设计思维能力。
- 培养学生严谨细致，精益求精的园林设计师职业素养。

知识链接

（1）区位图

区位图属于示意性图纸，如图7-3所示，表示该项目在城市区域内的位置和周边环境的关系，要求简洁明了。

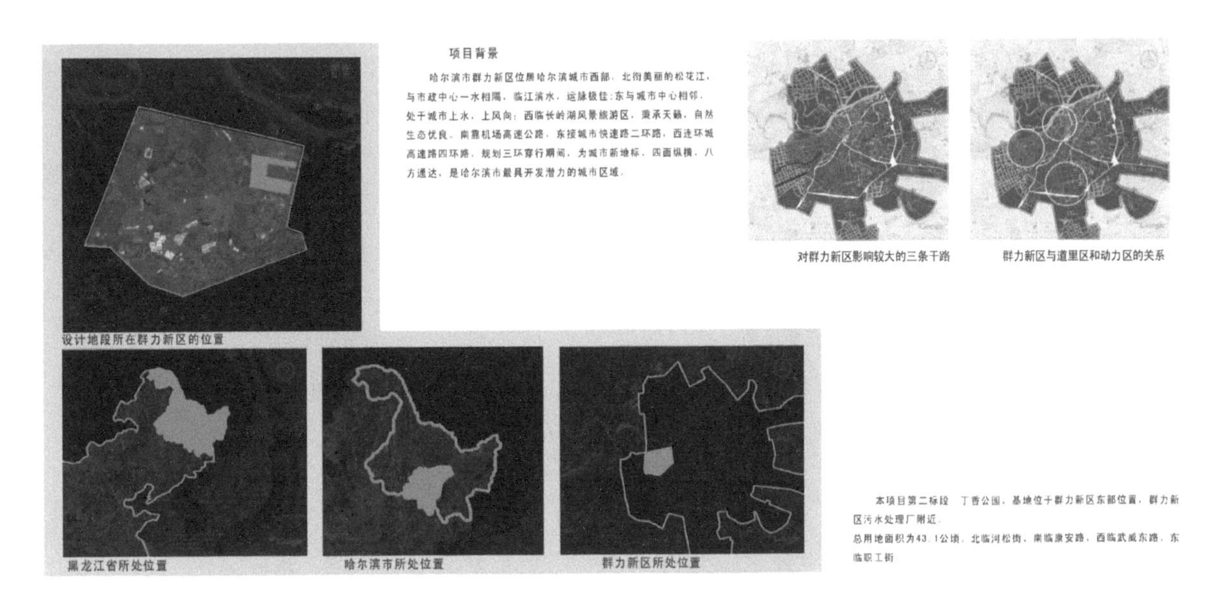

图7-3 哈尔滨丁香公园设计方案区位图

（2）现状图

根据已经掌握的全部资料，经分析、整理、归纳后，对现状作综合评述。现状图标明用地边界、周边道路、现状地形等高线、园内可利用的交通道路、有保留价值的植物、建筑物和构筑物、水体等。可以用圆形圈或抽象图形将其概括地表示出来，如图7-4所示。例如，经过对项目周围道路的分析，根据城市道路的情况，确定出入口的大体位置和范围。同时，在现状图上，可分析公园设计中有利和不利因素，以便为功能分区提供参考依据。

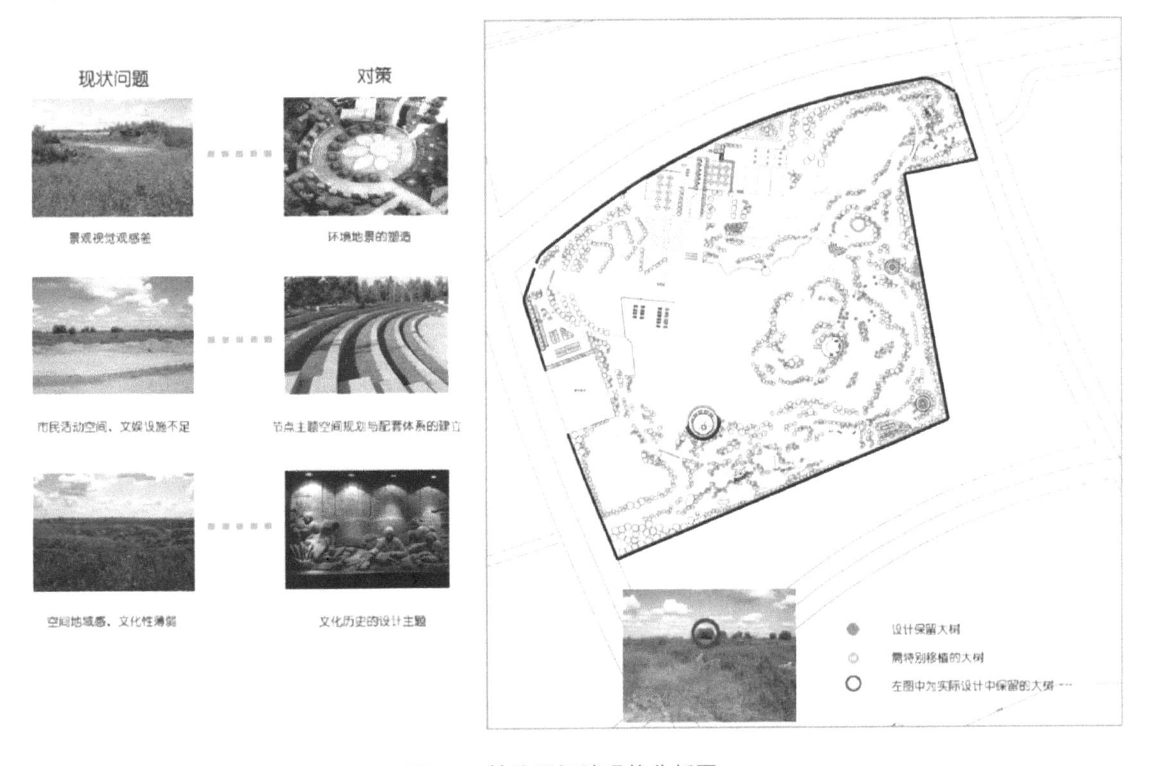

图7-4 某公园场地现状分析图

（3）案例分析

方案概念设计

在做设计前，收集国内外具有代表性的案例进行分析总结。分析其所处的环境特征、文化背景、园区风格、设计手法等，总结出其特点和其成功的因素，从中找到解决设计中问题的突破口，总结经验，在借鉴参考的基础上，找到自己的创新点，更好地展开设计。

（4）问题与策略

提出设计用地在展开设计中可能遇到的问题，针对问题进行分析总结，逐一提出相应的解决措施。

（5）设计理念与表达

在前期场地现状分析的基础上提出设计主题概念，设计概念图表达通过概念的形态、色彩、肌理、意向等抽象演化融入景观方案设计，如图7-5、图7-6所示。

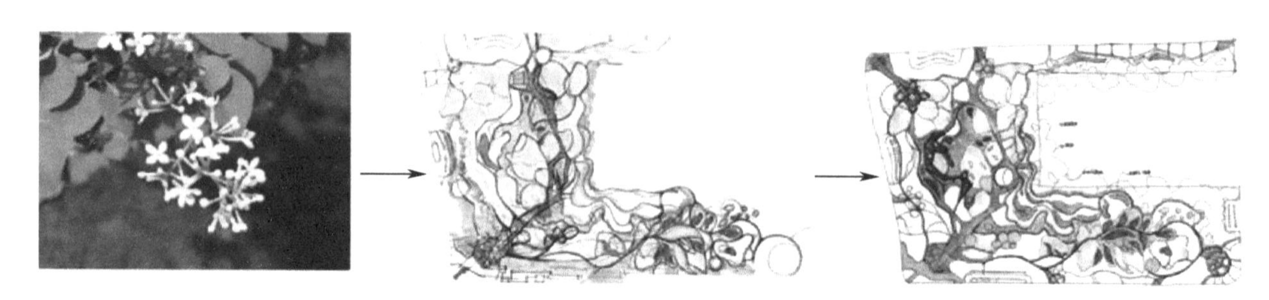

图7-5　哈尔滨市丁香公园以丁香花图形肌理推导

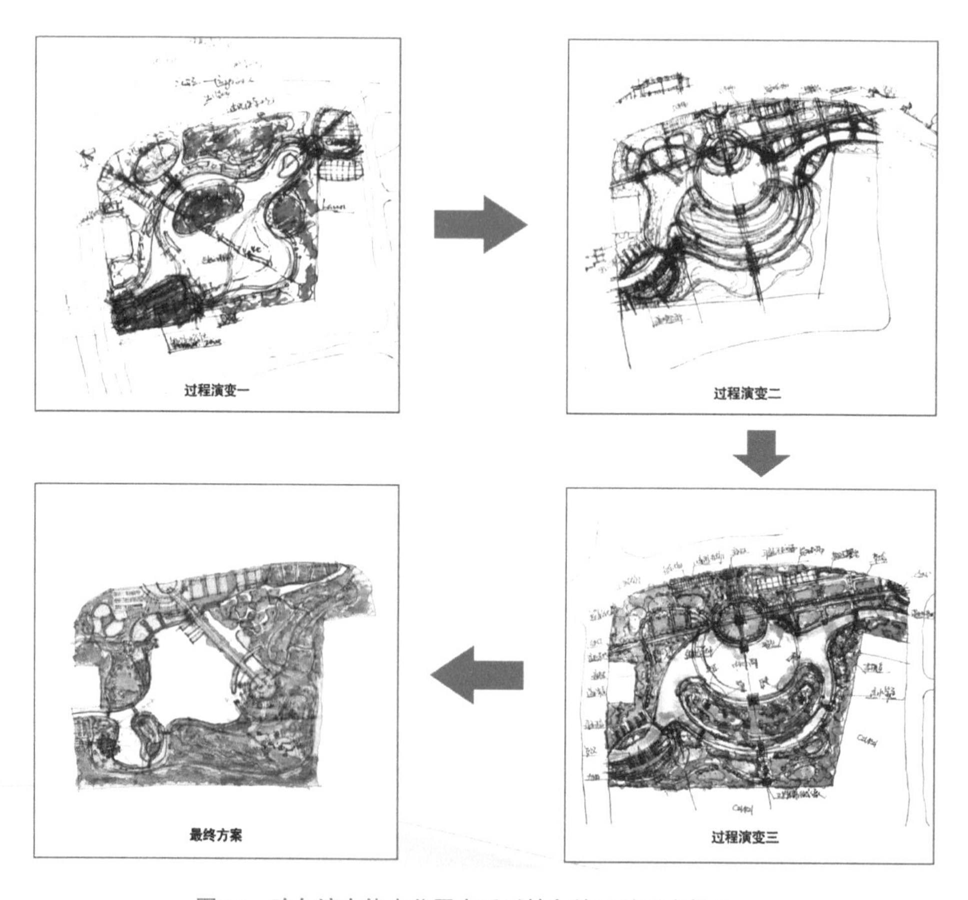

图7-6　哈尔滨市体育公园水系以抽象的天鹅形态推导

（6）分析图

根据总体设计的原则、现状图分析，根据不同年龄阶段游人活动规划，不同兴趣爱好游人的需要，确定不同的分区，划出不同的空间，使不同空间和区域满足不同的功能要求，并使功能与形式尽可能统一。另外，分析图可以反映不同空间、分区之间的关系。分析图是说明性质的，可以用抽象图形或圆圈等图案予以表示。通常包含功能分析图、交通分析图、景观结构分析图等。

1）功能分析图。通常图纸采用不同色块区分不同的功能分区。一般可分为文化娱乐区、儿童活动区、安静休息区、老年活动区、园务管理区及服务区等，有时也以不同的主题划分。图纸以简洁的表达形式为主，图纸比例同总平面图。功能分析图绘制时注意色块调和、边缘清晰、有一定透明度、标注美观，可结合简短文字说明，如图7-7所示。

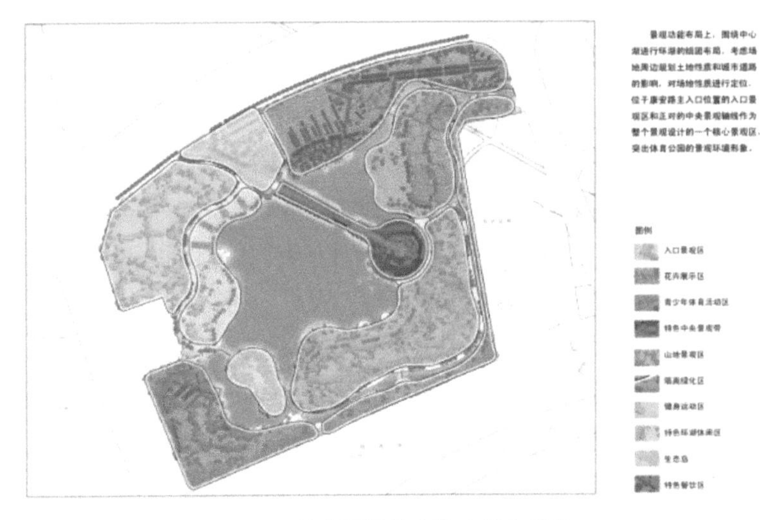
图7-7　某公园设计方案功能分析图

2）交通分析图。标明各级道路、人流集散广场和停车场布局；分析道路功能与交通组织，表明不同等级的道路宽度及其材料，图纸比例同总平面图。交通分析图要清晰表达出主要道路、次要道路、游息小路、主要出入口，如图7-8所示。

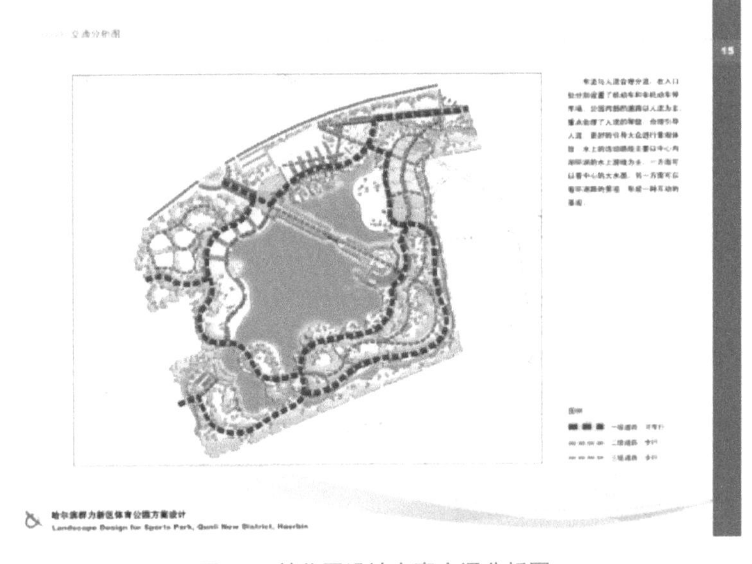
图7-8　某公园设计方案交通分析图

3）景观结构分析图。体现园区轴线关系，各区之间的位置关系，通常有一条主要轴线、两三条次要轴线，以轴线贯穿各个空间组成。重要的空间布置在主要轴线上，设计方案最终形成景观轴、景观带、景观中心、景观环、景观节点等，如图7-9所示。

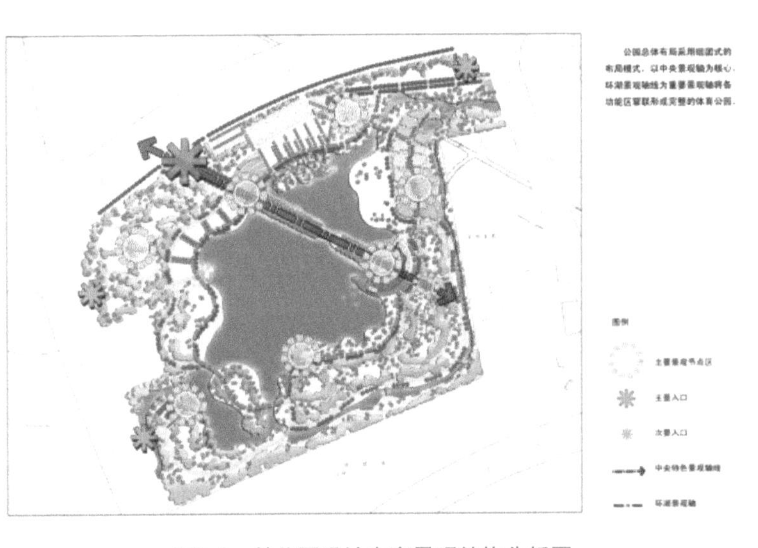
图7-9　某公园设计方案景观结构分析图

（7）总体设计方案图

方案初步与深化设计

根据总体设计原则、目标，总体设计方案图应包括以下几方面内容：

1）项目与周围环境的关系。

2）项目主要、次要、专用出入口与市政关系。面临街道的名称、宽度；周围主要单位名称或居民区等；项目与周围园界是围墙还是透空栏杆。

3）项目主要、次要、专用出入口的位置、面积及规划形式，主要出入口的内外广场、停车场、大门等布局。

4）公园的地形总体规划、道路系统规划。

5）全园建筑物、构筑物等布局情况，建筑物平面要反映总体设计意图。

6）全园植物设计图。图中反映密林、疏林、树丛、草坪、花坛、专类花园等植物景观。此外，总体设计应准确标明指北针、比例尺、图例、用地平衡表等内容。

7）总体设计图，面积100公顷以上，比例尺多采用1:2000~1:5000；面积在10~50公顷，比例尺用1:1000；面积8公顷以下，比例尺可用1:500。

（8）鸟瞰图

鸟瞰图可以直观、形象地反映景观的规划全貌，体现设计的整体效果，表达设计意图。鸟瞰图可通过钢笔淡彩、水彩画、电脑绘制或其他绘画形式表现，都有较好的艺术效果。鸟瞰图绘制要点包括以下几个方面：

1）无论采用一点透视、二点透视、多点透视或轴测画都要求鸟瞰图尺度、比例上尽可能准确反映景物的形象。

2）鸟瞰图除表现项目本身景观效果以外，还要绘制出周围环境，如项目周围的道路交通等市政关系、周围城市景观、周围的山体及水系等。

3）鸟瞰图应注意"近大远小、近清楚远模糊、近写实远写意"的透视法原则，以达到鸟瞰图的空间感、层次感、真实感。

4）一般情况，除了大型园林建筑，树木与园林建筑比较，树木不宜太小，而以约15~20年树龄的高度为画图的依据。

（9）景观详细设计

1）节点平面详图。首先，根据公园或项目不同分区，划分若干局部，每个局部根据总体设计的要求进行局部详细设计。等高线距离为0.5米，用不同等级粗细的线条画出等高线、园路、广场、建筑、水池、湖面、驳岸、树林、草地、灌木丛、花坛、花卉、山石、雕塑等。详细设计平面图要求标明建筑平面、标高及周围环境的关系。道路的宽度、形式、标高；主要广场、地坪的形式、标高；花坛、水池面积大小和标高；驳岸的形式、宽度、标高。同时平面上表明雕塑、园林小品的造型，景观标注和设计说明。一般节点平面详图比例尺为1:500。

2）节点效果图。节点效果图主要体现节点空间的详细设计内容，一般选择入口、主要景观元素、有景观构筑物区域。节点效果图对细节要求很高，材质表达到位，景观构筑物的形态细节刻画逼真，各个景观元素的比例关系协调，突出核心表达内容。

3）横纵剖面图。为更好地表达设计意图，在局部艺术布局最重要部分或局部地形变化部分，要做出剖面图，通常选择竖向关系变化大、有核心景观的区域。剖面线用黑粗实线表示，立面线用黑细实线表示，标高以米为单位。剖面的表达内容、剖切位置编号必须与竖向设计平面图内容及其标注编号一致。

4）地形设计图。地形是全园的骨架，要求能反映出公园的地形结构。以自然山水园而论，要求表达山体、水系的内在有机联系。根据分区需要进行空间组织；根据造景需要，确定山地的形体、制高点、山峰、山脉、山脊走向、丘陵起伏、缓坡、微地形以及坞、岗、岘、岬等陆地造型。同时，地形还要表示出湖、池、潭、港、湾、涧、溪、滩、沟、渚以及堤、岛等水体造型，并要标明湖面的最高水位、常水位、最低水位。此外，图上要标明入水口、出水口的位置（总排水方向、水源及雨水聚散地）等，也要确定主要园林建筑所在地的地坪标高、桥面标高、广场高程以及道路变坡点标高，还必须注明项目与市政设施、马路、人行道以及公园邻近单位的地坪标高，以便确定公园与四周环境之间的排水关系。

5）道路总体设计图。首先确定项目的主要出入口、次要出入口与专用出入口，还有主要广场的位置和主要环路的位置以及消防通道。同时确定主干道、次干道等的位置以及各种路面的宽度、排水纵坡，并初步确定主要道路的路面材料、铺装形式等。在图纸上用虚线画出等高线，再用不同的粗线、细线表示不同级别的道路及广场，并将主要道路的控制标高注明。

6）种植设计图。根据总体设计图的布局、设计的原则以及苗木的情况，确定种植设计的总体思路。总体种植设计内容主要包括不同种植类型的安排，如密林、草坪、疏林、树群、树丛、孤立树、花坛、花境、园界树、园路树、湖岸树、园林种植小品等内容，还有以植物造景为主的专类园，如月季园、牡丹园、香花园、观叶观花园中园、盆景园、观赏或生产温室、藤本植物观赏园、水景植物园、小型花圃、苗圃等。同时，确定全园的基调树种、骨干造景树种，包括常绿、落叶的乔木、灌木、花草等。

种植设计图上，乔木树冠以中、壮年树冠的冠幅，一般以5~6米树冠为制图标准，灌木、花草以相应尺度来表示，标注植物名录表表格组成包含名称、规格（高度、冠幅、胸径）、拉丁名、备注说明等。

7）园林建筑布局图。要求在平面图上反映总体设计中园林建筑布局及平面造型设计，大型主体建筑除标明平面位置及周围关系外，应绘制主要建筑的平面图、立面图。

8）意向图。意向图选择以能够体现设计意图的图片，如表达空间形式、景观小品、照明设施、铺装材料、植物种植形式等具有代表性的图片，如图7-10所示。

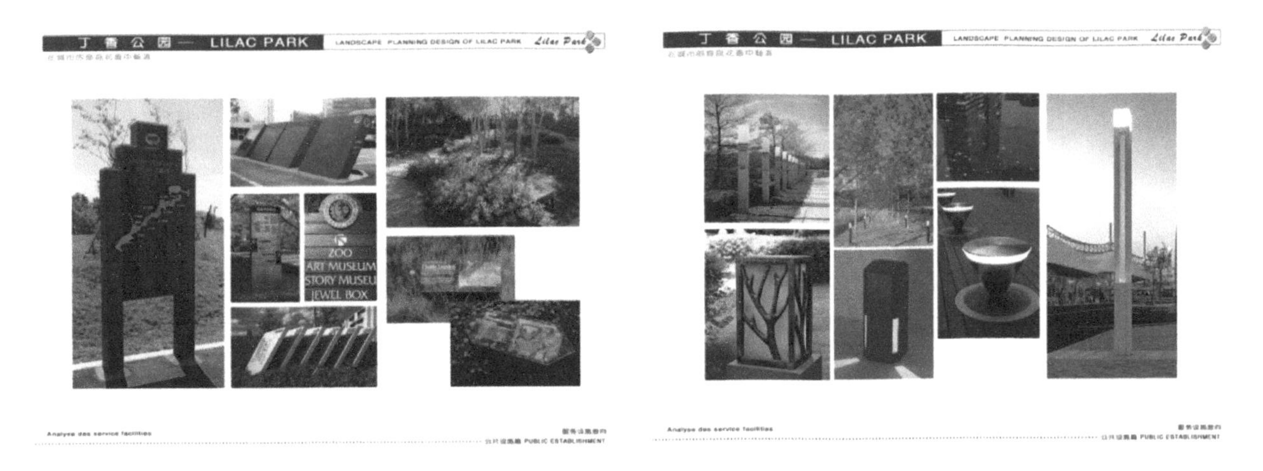

图7-10　哈尔滨市丁香公园景观方案设计意向图

（10）总体设计说明

总体方案除了图纸外，还要求用文字说明全面地介绍设计者的构思、设计要点等内容，具体包括以下几个方面：项目区位与背景、场地现状分析、总体规划设计依据、目标、原则、设计理念表达、功能分区设计、交通分析图设计、景观结构布局设计、详细方案设计、植物设计分析、项目概算等。

案例分析

谐翠园景观规划设计说明

1. 项目区位与背景

黑龙江省哈尔滨市香坊区位于哈尔滨市东南部，是四个中心城区之一。香坊区是哈尔滨市的发祥地之一，曾为金国内地的“皇室禁苑”。1946年哈尔滨解放后，按新的行政区划组建了香坊区。2006年8月，经国务院批复，撤销原香坊区和动力区，成立新的香坊区。香坊区有着良好的生态环境、丰富的土地资源、明显的区位优势和广阔的发展空间。

本项目完成于2017年，位于哈尔滨市香坊区，规划面积约55万平方米，如图7-11、图7-12所示。基地原为哈尔滨松江电机厂，该厂始建于1950年。

图7-11　规划区域卫星航拍图

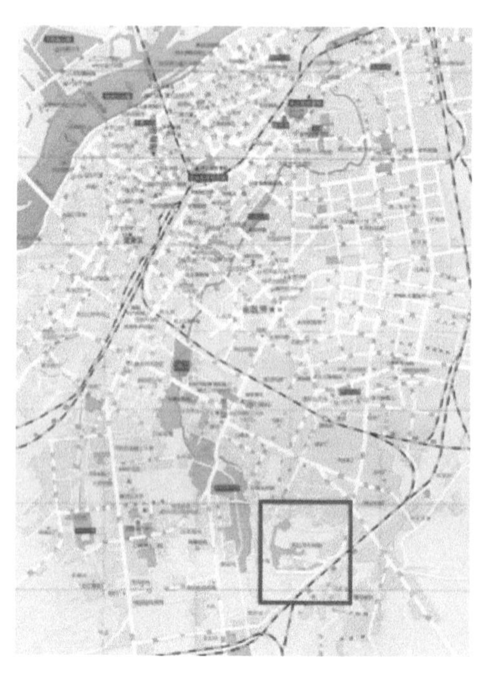

图7-12　规划区域地理位置

2. 场地特征与挑战

基地现状图如图7-13所示。场地的以下几大特征给设计提出了挑战，同时也提供了机会。

1）基地以大面积人工林地为主，北部区域有大面积黄波罗树种，树龄在40年左右，但是破坏严重，南部为水曲柳林，因黄波罗和水曲柳系珍稀树种，有待保护。

2）厂区内遗留了一些废旧的厂房，以残垣断壁为主，废旧厂房四周有土方围绕。

3）厂区内部交通是原厂区道路和行人踩踏形成的杂乱路网，年久失修，通达性很差。

4）厂区北部为洼地，污水沉积，西南有高差近3米的废弃土方约0.8公顷。

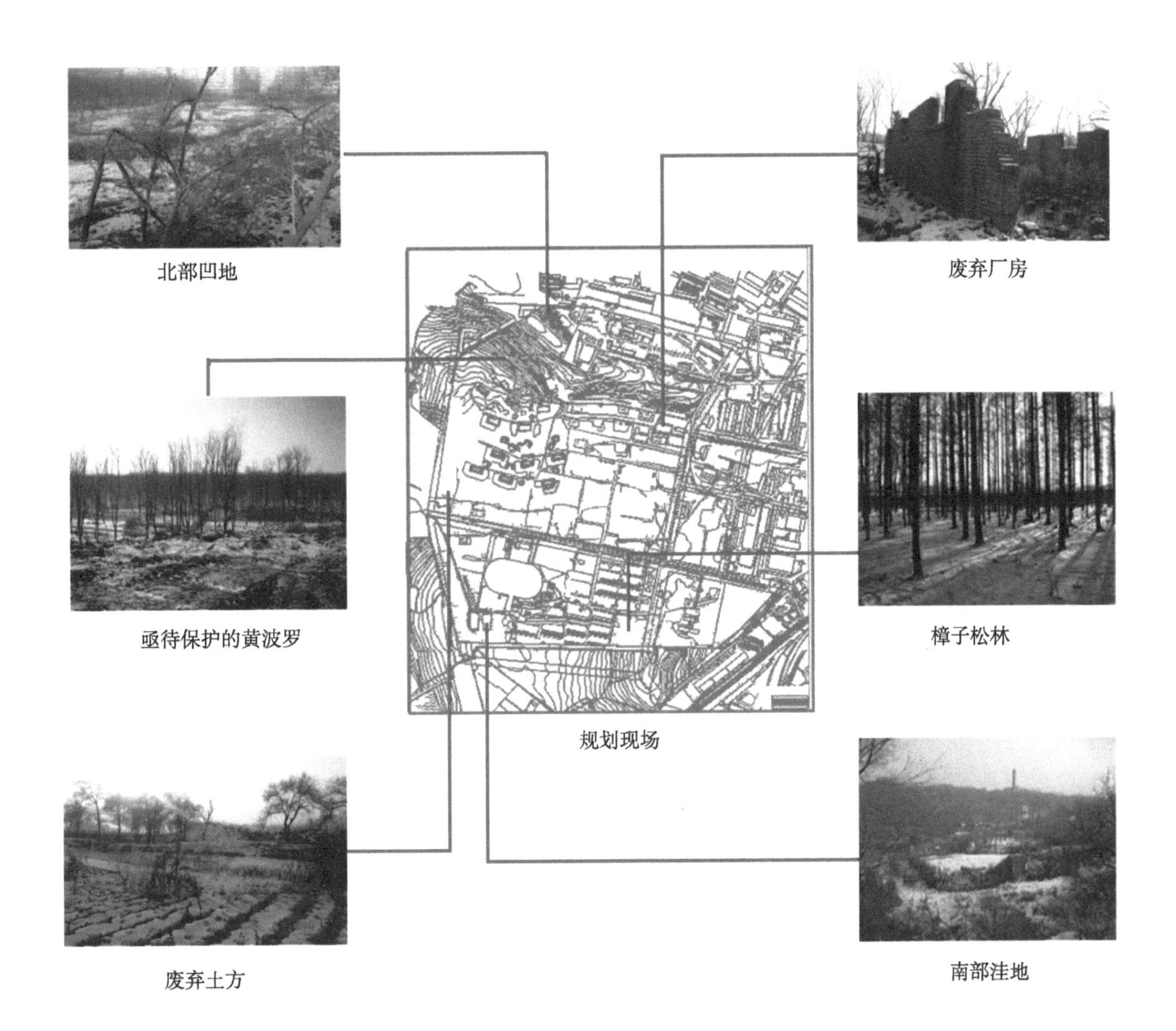

图7-13　基地现状图

3. 总体规划依据和原则

（1）规划指导思想

以良好的森林生态环境为主体，充分利用和发挥地貌、人文等资源优势，在已有的资源基础上进行科学保护、因地制宜、合理布局，适度开发建设，为人们提供健康、休闲、文化娱乐的场所。

（2）设计依据

1）《城市绿化条例》（2017年）。

2）《城市规划编制办法》（2006年）。

3）《城乡建设用地竖向规划规范》（CJJ 83—2016）。

4）《公园设计规范》（GB 51192—2016）。

5）《风景园林制图标准》（CJJ/T 67—2015）。

6）国家、省、市相关法律、规范、技术标准和相关政策。

（3）设计目标

依托基地良好的自然生态环境，以植物景观为主，融入地域文化与时代气息，将松江电机厂改建为以保护原有林地为主的综合性森林主题公园，打造哈尔滨市香坊区的新景观，提升城市的形象品味，营造一个可以放松身心、净化心灵的自然空间。

（4）设计原则

1）保护和利用相协调原则。对现有的植被景观资源进行利用和改造，力图对区域内的黄波罗和水曲柳等树种进行有效的保护，同时使现有的森林资源有效地发挥其生态效益、景观效益和社会效益。

2）因地制宜原则。在对基地详细勘察分析的基础上，进行景观规划设计。规划的主环路是在现有路网的基础上进行改造设计；尽量不破坏现有植被，改造利用废弃厂房，形成纪念性景观；利用北部洼地，形成人工湖；保留西南部废弃土方，加以改造形成人工土山。

3）人本性原则。以人为本，以满足游人的游憩、休闲和娱乐等活动为根本，符合游人的游憩和行为规律的要求，营造亲切、宜人的景观环境。

4）可持续性原则。科学利用和保护基地良好的自然资源，协调好远期与近期、开发与保护的关系，创造可持续发展的生态型城市景观。

5）文化性原则。延续城市文脉和历史，哈尔滨市香坊区有着悠久的历史文化和丰富的人文景观、自然景观，将欧陆风情、冰雪文化等多种地域文化融入景观之中，人文景观和自然景观的融合体现了人与自然的对话。

4. 景观规划设计的理念

（1）“谐翠园”的寓意

“谐”：在构建“和谐社会、和谐家园”的社会背景下，公园建设强调人与自然的和谐共荣，运用河流、湖泊、草地、林带等自然生态元素，追求亲近自然、触摸生态的本质。

“翠”：指公园中大面积的绿色植物，引申为自然环境。

“谐翠”：通过对基地植物资源的利用和改造，使植物之间、人与人以及人与自然之间达到和谐共生。

（2）设计方案的主题——融合

1）历史与现代的融合。旧厂区的历史文化和现代城市公园理念相融合，方案中规划现代景观轴线和历史景观轴线，两条轴线相交于时代广场，寓意历史与现代的碰撞、历史与现代的融合。

2）动力文脉与香坊文脉的融合。本项目原隶属于动力区，现并入香坊区，因此具有动力区和香坊区的两种文脉，动力区曾经是哈尔滨市“三大动力”老工业基地，具有深厚的工业文化底蕴；香坊区是哈尔滨市发祥地之一、金文化发祥地之一，方案中力图通过雕塑和文化景墙等景观元素表达两种文化的交融。

3）人与自然的融合。追求和享受自然是人的天性。生活在城市钢筋水泥丛林中的人们，蓝蓝的天、青青的水、绿绿的林木，已经成为儿时记忆中的景观。方案中运用大面积植物景观，建造一个聆听自然、感受自然、触摸自然的空间。植物赋予了自然生机和活力，在此眺望的人对自然景观会有更多的理解，人与自然融合到了一起，如图7-14、图7-15所示。

5. 景观功能分区

景观功能分区原则如下：

1）景区用地完整，各景观在用地空间上具有连续性。

2）以自然景观为主，使人们尽情享受和领略大自然的风韵和魅力，唤起人们“回归大自然”“走向大森林”的强烈向往。

3）每个景区体现不同的主题，设置不同的休闲活动内容，创造出既有观赏性，又有娱乐性、趣味性、知识性、参与性的景观环境，满足人们求新求异的心理需求。

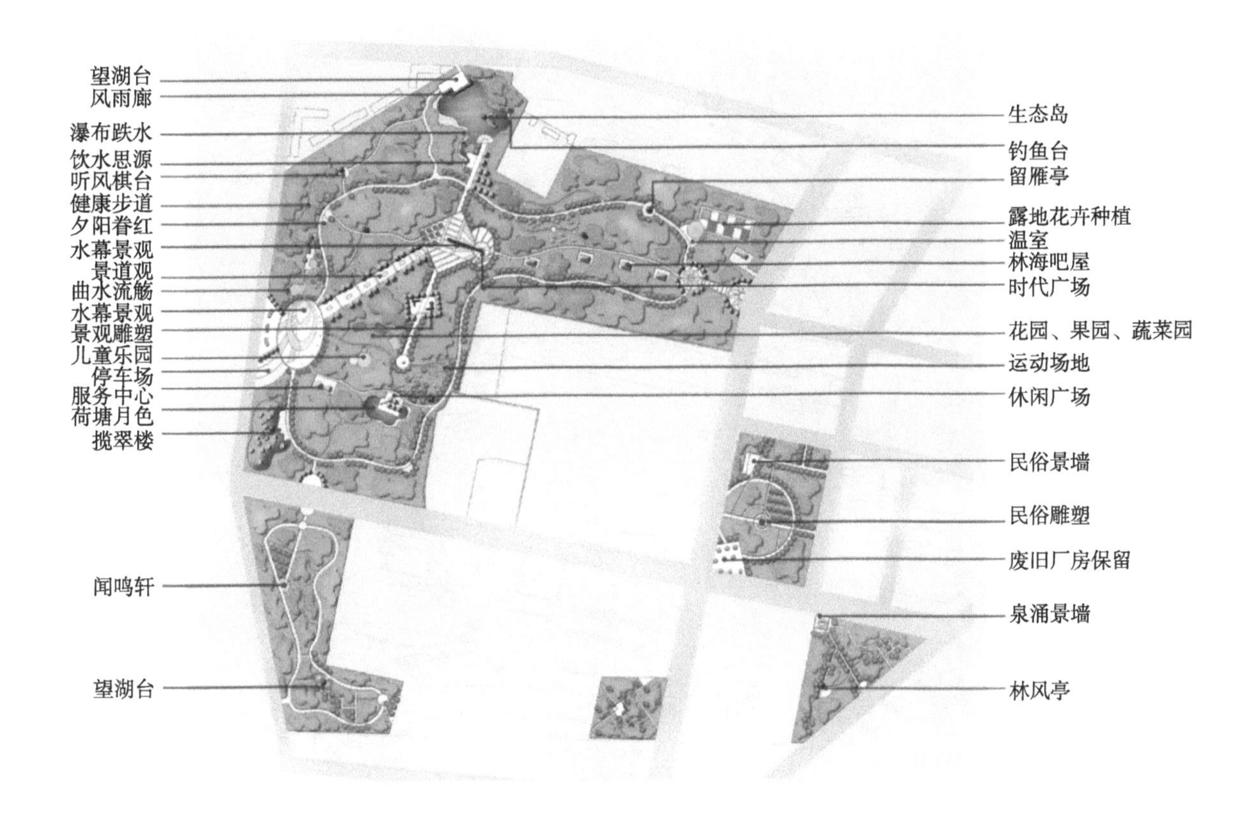

图7-14　谐翠园总平面图

图7-15　谐翠园鸟瞰图

4）创造舒适、方便、安全的景观环境，游人可方便到达园内各个景点，合理配置休息设施和服务设施。

5）突出历史景观和文化景观，提高景观的文化品位。

全园分为10个景观功能区，即主入口区、滨湖区、民族风情园、珍稀树木园、青松且直园、林径涌翠园、中心活动区、森林养生区、历史文化区、健身休闲区，如图7-16所示。

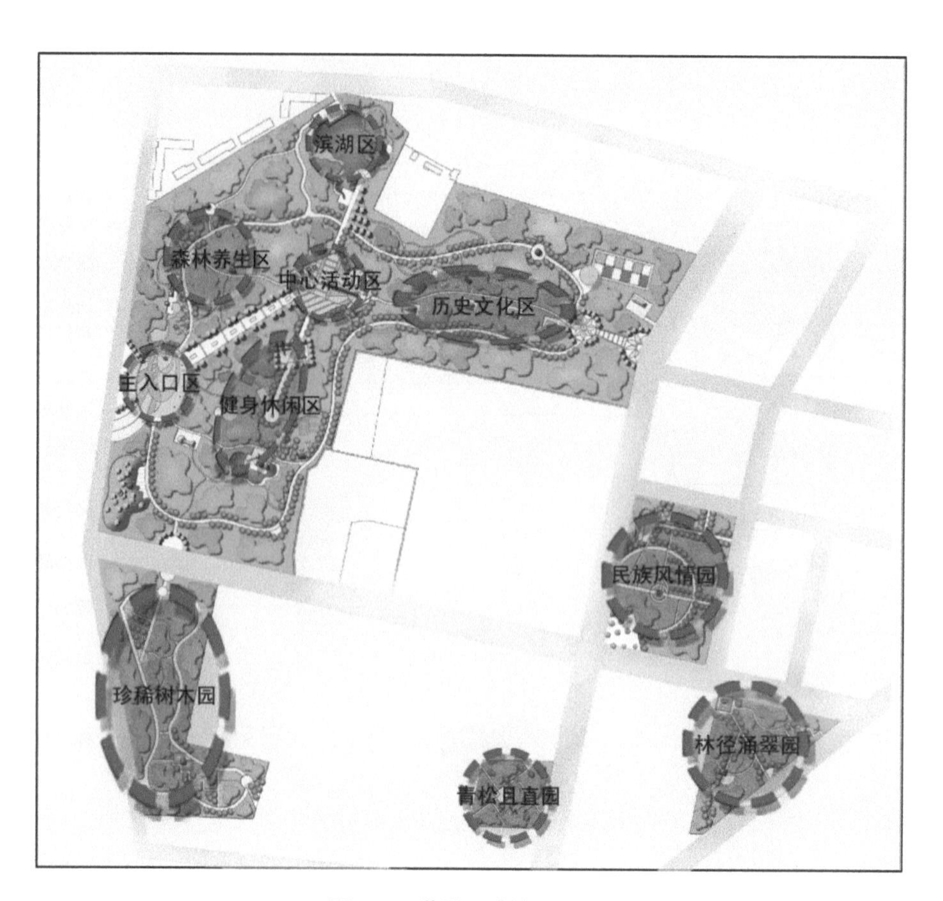

图7-16 谐翠园功能分区图

6. 景观详细设计

（1）主入口区

入口广场平面构图采用辐射线条汇聚于一点，体现香坊区海纳百川的胸怀，同时也寓意多元文化融入于此。入口大门采用两条流畅线条交错相融，寓意为“和谐”“融合”，体现主题。大门的抽象形式为“木”字变形，体现森林公园“林木”的特点，选择钢材质，彰显强烈的时代气息，如图7-17所示。

图7-17 谐翠园主入口效果图

（2）滨湖区

依据基地现状，在洼地的基础上改造成滨湖区，绿荫映衬的水体再现自然水体的优美景观。滨湖区通过山石组景、望湖台、生态岛、亲水平台、汀步桥、瀑布跌水、饮水思源等景点的布置，形成亲水景观区，如图7-18所示。

图7-18 滨湖区效果图

（3）民族风情园

动力区和香坊区都是少数民族聚集比较多的区域，而且香坊区又是金文化的发祥地之一，在民族风情区内，运用一些雕塑小品来表达民族文化，如图7-19所示。

图7-19 民族风情园效果图

（4）珍稀树木园

针对园区内大量的东北三大硬木，坚持以保护为主、适度开发的原则，在保护原有植物资源的基础上，形成一个良好的生态养生游览区域。同时，园内设置珍稀树木保护宣传板，加强人们对珍稀树种的保护意识，如图7-20所示。

图7-20　珍稀树木园局部效果图

（5）青松且直园

本区植物配置以松科植物为主，寓意为“大雪压青松，青松挺且直”，形成良好的生态屏障。该区域树种采用红皮云杉、冷杉、樟子松、红松等常绿针叶树，密植的针叶林带四季常青，在冬季尤其成为公园内远眺效果极佳的风景林带，如图7-21所示。

图7-21　青松且直园局部效果图

（6）林径涌翠园

林径涌翠园入口广场设有喷泉、文化景墙柱饰，中轴线两侧林下小路曲径通幽，并设一处林风亭，意趣并存，如图7-22所示。

（7）时代广场

时代广场是公园历史轴线与现代轴线的交点，也是公园的构图中心和游人主要文化娱乐活动的场所。时代广场与入口广场以景观道路相连，将破旧厂房改造成文化石壁景点，并结合音乐旱地喷泉，使现代工艺与历史文化区相融合呼应，以简洁的线条构图，体现现代特色，如图7-23所示。

图7-22　林径涌翠园入口效果图

图7-23　时代广场效果图

（8）观赏温室

在东入口附近设一座观赏温室，主要培育东北特色乡土植物，普及植物知识和栽培历史，形成东北乡土植物生态基地，既有利于丰富公园的种质资源，同时也有利于增加经济效益，如图7-24所示。

图7-24　观赏温室效果图

（9）木栈道

在黄波罗保护区内采用木栈道的形式，将废弃的木材打入地下，作为木栈道的基础，减少对植被的破坏，实现公园的可持续发展。

7. 道路系统规划

道路系统规划体现一个中心、两条轴线、三角环路，如图7-25所示。一个中心指时代广场——历史景观轴线与现代景观轴线交汇；两条轴线指历史景观轴线与现代景观轴线；三角环路指根据原有路网优化形成三角形主环路，发挥主路的最大作用。

道路系统的规划原则：

1）充分利用和改造现有路网，避免游客空间分布不均匀状态，避免破坏自然植被景观。

2）各功能区间及各景点内部的游览道路要尽量形成环路，可加速游客流动，增加景区游客量，避免游客走回头路，保持游览的新鲜感。

3）根据景观资源特点和环境承受能力，安排不同的游览路线，创造不同的游憩体验和游览主题。

4）顺应公园开放化的要求，在各个方向上均设有入口，在主出入口处设置大型停车场。

5）在园内道路所经之处，两侧尽可能做到有景可观，为游人提供一个步移景异的步行景观通道。

6）路脉交错自然分隔出不规则的小空间，尺度宜人，而富于变化的植物配置、水景小品、铺装处理则充分表达出空间的包容能力。

7）在黄波罗保护区内采用木栈道的形式，减少对植被的破坏。

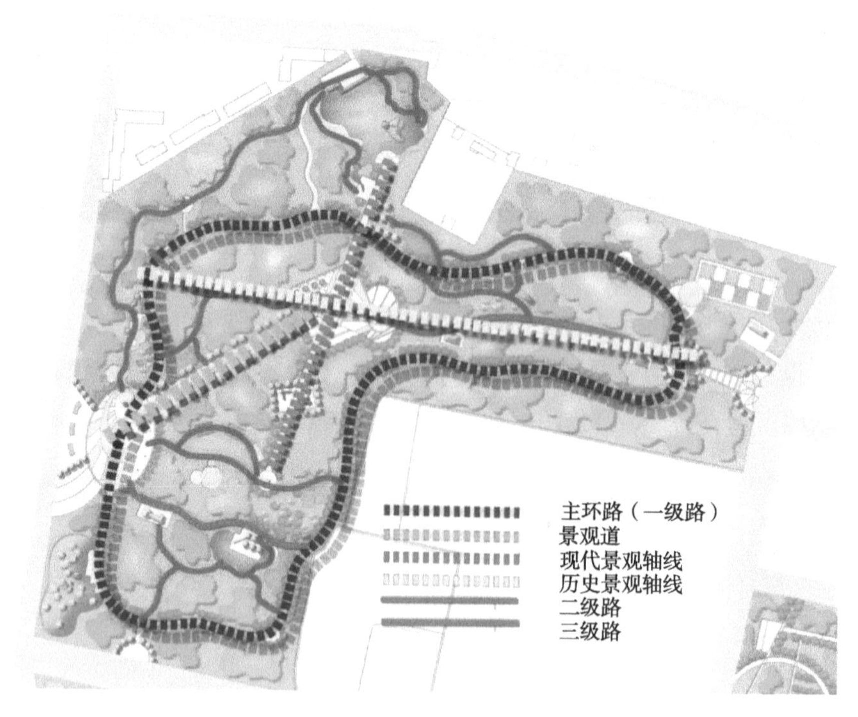

图7-25 谐翠园交通分析图

8. 建筑设计介绍

谐翠园的建筑主要有观赏温室、观赏亭、休闲吧、服务中心等，结合规划方案，园林建筑力求体现历史与时代特征，并充分融入周围的自然环境中，营造具有时代感、生态环保的建筑形式。

工作任务

小型公园景观方案设计

一、工作任务目标

通过小型公园景观方案设计实训，培养学生掌握园林方案设计的步骤与方法、掌握园林方案文本制作流程与内容，使学生感受园林设计师岗位职业氛围，培养学生创新设计能力与实践能力。

1. 知识目标

1）掌握小型公园主题立意及表达。

2）掌握小型公园功能分区设计、景观结构布局设计及表现形式。

3）掌握园林组成要素设计方法。

2. 能力目标

1）具有案例资料的收集与分析能力。

2）具有小型公园设计与绘制表现能力。

3）具有小型公园景观设计方案文本设计与制作能力。

3. 素养目标

1）培养设计思维与创新能力。

2）践行低碳生态设计理念。

3）树立保护和改善人居环境的责任担当。

二、工作任务要求

完成哈尔滨市某公园景观方案设计，如图7-26所示。

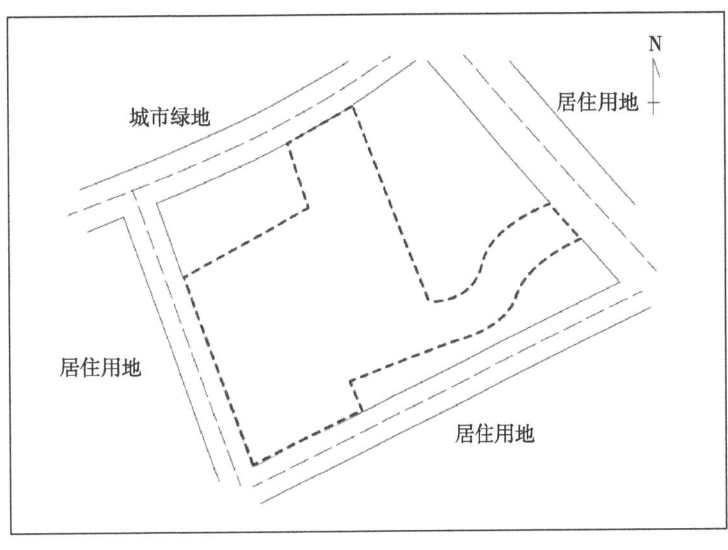

图7-26　哈尔滨市某公园景观方案设计底图

1）结合城市文化底蕴和地方自然文化特色，熟练运用中国传统造园手法和现代造园理念，规划设计具有显著景观特色的小型城市公园。

2）本规划用地面积为4公顷左右，位于城市新区，要求在规划用地内进行主题景观设计。

3）在规划用地范围内要求设计一自然活泼的水域，水面面积占总用地面积的1/5~1/3。

4）合理进行功能分区，在规划设计中能灵活运用造园各要素进行科学的、艺术的布局。

5）合理进行植物配置，要求运用乡土树种。

6）熟练运用园林构图形式美法则及园林造景手法。

三、图纸要求

1）图名：××××公园景观设计方案。
2）总平面图、比例、指北针、景点标注。
3）功能分区图、景观结构布局图、交通分析图、景观空间分析图、立面图、效果图。
4）设计说明：仿宋字书写，不少于400字，结构合理，条理清晰，语言通顺。
5）比例 1：500，钢笔墨线图，淡彩表现。
6）图纸大小：A1 图纸。

四、工作顺序及时间安排

周次	工作内容	备注
第1周	教师下达小型公园景观方案设计工作任务，学生搜集案例资料	45分钟（课内）
	小型公园景观方案设计草图构思、绘制	60分钟（课外）
第2周	小型公园景观方案设计草图优化、修改	60分钟（课内）
	小型公园空间深化设计	60分钟（课内）
第3周	小型公园景观设计版面构图、方案图绘制	120分钟（课外）
	设计成果汇报，学生、教师共同评价	45分钟（课内）

过关测试

一、单选题

1.（　）属于示意性图纸，表示该项目在城市区域内的位置和周边环境的关系，要求简洁明了。
A. 功能分区图　B. 平面图　C. 区位图　D. 立面图
2.（　）通常采用不同色块区分不同的功能分区。
A. 功能分区图　B. 平面图　C. 区位图　D. 立面图
3.（　）标明各级道路、人流集散广场和停车场布局，分析道路功能与交通组织、表明不同等级的道路宽度及其材料。
A. 功能分区图　B. 交通分析图　C. 景观结构布局图　D. 立面图
4.（　）可以直观、形象地反映景观的规划全貌，体现设计的整体效果，表达设计意图。可通过钢笔淡彩、水彩画、电脑绘制或其他绘画形式表现，都有较好的艺术效果。
A. 功能分区图　B. 平面图　C. 鸟瞰图　D. 立面图
5.（　）主要体现节点空间的详细设计内容，一般选择入口、主要景观元素、有景观构筑物区域。
A. 功能分区图　B. 节点效果图　C. 交通分析图　D. 景观结构布局图
6.（　）表现总体种植设计内容，主要包括不同种植类型的安排。
A. 种植设计图　B. 节点效果图　C. 交通分析图　D. 景观结构布局图
7.（　）选择以能够体现设计意图的图片，表达空间形式、小品家具、照明设施、铺装材料、植物种植形式等具有代表性图片。
A. 种植设计图　B. 节点效果图　C. 交通分析图　D. 意向图
8. 种植设计图上，乔木树冠以中、壮年树冠的冠幅，一般以（　）树冠为制图标准。
A. 1~2米　B. 2~3米　C. 5~6米　D. 9~10米

9.（　）要求在平面图上反映总体设计中园林建筑布局及平面造型设计，大型主体建筑除表明平面位置及周围关系外，应绘制主要建筑的平面图、立面图。

A. 园林建筑布局图　B. 节点效果图　C. 交通分析图　D. 意向图

10.（　）是用文字说明全面地介绍设计者的构思、设计要点等内容，具体包括以下几个方面：项目区位与背景，场地现状分析，总体规划设计依据、目标、原则，设计理念表达，功能分区设计，交通分析图设计，景观结构布局设计，详细方案设计，植物设计分析，项目概算等。

A. 种植设计图　B. 总体设计说明　C. 交通分析图　D. 功能分区图

二、多选题

1. 场地现状分析应掌握设计项目的（　）。

A. 资金来源　B. 自然条件　C. 环境状况　D. 历史沿革

2. 现状树木分布位置图主要标明要保留树木的位置，并注明（　）。

A. 品种　B. 胸径　C. 生长状况　D. 观赏价值

3. 现场踏查的主要作用有（　）。

A. 了解甲方投资额度

B. 明确甲方的设计要求

C. 补充所收集的图纸资料

D. 设计者到现场可以根据周围环境条件，感受空间和场地情况

4. 园林景观方案设计在前期场地现状分析的基础上提出设计主题概念，设计概念图表达通过概念的（　）。

A. 形态　B. 色彩　C. 肌理　D. 水景

5. 鸟瞰图应注意（　）透视法原则，以达到鸟瞰图的空间感、层次感、真实感。

A. 近大远小　B. 近小远大　C. 近清楚远模糊　D. 近写实远写意

6. 在做园林方案设计前收集国内外具有代表性的案例，进行分析总结，分析其所处的（　）等，总结出其自身特点和其成功的因素，从中找到解决设计中问题的突破口。

A. 环境特征　B. 文化背景　C. 园区风格　D. 设计手法

7. 意向图选择以能够体现设计意图的图片，如表达（　）等具有代表性的图片。

A. 小品家具　B. 照明设施　C. 铺装材料　D. 植物种植

8. 功能分区图，通常图纸采用不同色块区分不同的功能分区，一般可分为（　）。

A. 文化娱乐区　B. 动物养殖区　C. 安静休息区　D. 儿童活动区

9. 交通分析图要清晰表达出（　）。

A. 汀步　B. 主要道路　C. 次要道路　D. 游息小路

10. 分析图可以反映不同空间、分区之间的关系，通常包含（　）。

A. 功能分区图　B. 交通分析图　C. 种植意向图　D. 景观结构分析图

参 考 文 献

[1] 苏雪痕. 植物造景 [M]. 北京：中国林业出版社，1994.
[2] 余树勋. 中国古典园林艺术的奥秘 [M]. 北京：中国建筑工业出版社，2008.
[3] 王向荣. 西方现代景观设计的理论与实践 [M]. 北京：中国建筑工业出版社，2002.
[4] 陈奇相. 西方园林艺术 [M]. 北京：百花文艺出版社，2010.
[5] 陈志华. 外国造园艺术 [M]. 郑州：河南科学技术出版社，2013.
[6] 刘滨谊. 现代景观规划设计 [M]. 南京：东南大学出版社，2006.
[7] 刘滨谊. 人居环境研究方法论与应用 [M]. 北京：中国建筑工业出版社，2016.
[8] 彭一刚. 中国古典园林分析 [M]. 北京：中国建筑工业出版社，2008.
[9] 王晓俊. 风景园林设计 [M]. 南京：江苏科学技术出版社，2009.
[10] 孙筱祥. 园林艺术及园林设计 [M]. 北京：中国建筑工业出版社，2011.
[11] 唐学山，李雄，曹礼昆. 园林设计 [M]. 北京：中国林业出版社，1997.
[12] 陈从周 . 苏州园林 [M]. 上海：同济大学出版社，2018.
[13] 计成著，倪泰一译. 园冶 [M]. 重庆：重庆出版社，2017.
[14] 俞孔坚. 城市绿道规划设计 [M]. 南京：江苏科学技术出版社，2015.
[15] 夏北成. 城市生态景观格局及生态环境效应 [M]. 北京：科学出版社，2010.
[16] 俞孔坚. 景观设计：专业学科与教育 [M]. 2版. 北京：中国建筑工业出版社，2016.
[17] 张祖刚. 法国巴黎凡尔赛宫苑 [M]. 北京：中国建筑工业出版社，2014.
[18] 陈志华. 外国造园艺术 [M]. 郑州：河南科学技术出版社，2001.
[19] 李宇宏. 外国古典园林艺术 [M]. 北京：中国电力出版社，2014.
[20] 王蔚. 外国古代园林史 [M]. 北京：中国建筑工业出版社，2011.
[21] 李敏. 中国古典园林30讲 [M]. 北京：中国建筑工业出版社，2009.
[22] 俞孔坚. 理想景观探源：风水的文化意义 [M]. 上海：商务印书馆，2004.
[23] 周玉明，黄勤，姜彬. 中国古典园林设计 [M]. 北京：化学工业出版社，2013.
[24] 刘敦桢. 苏州古典园林 [M]. 武汉：华中科技大学出版社，2014.
[25] 刘荣凤. 园林植物景观设计与应用 [M]. 北京：中国电力出版社，2011.
[26] 尹吉光. 图解园林植物造景 [M]. 北京：机械工业出版社，1994.
[27] 夏为，毛靓，毕迎春. 风景园林建筑设计基础 [M]. 北京：化学工业出版社，2011.
[28] 张青萍. 园林建筑设计 [M]. 南京：东南大学出版社，2010.
[29] 杨鑫，张琦. 法国现代园林景观的传承与发展 [M]. 武汉：华中科技大学出版社，2012.
[30] 俞昌斌，陈远. 源于中国的现代景观设计 [M]. 北京：机械工业出版社，2010.
[31] 逯海勇. 现代景观建筑设计 [M]. 北京：中国水利水电出版社，2013.

[32] 刘庭风. 日本园林教程 [M]. 天津：天津大学出版社，2005.

[33] 许金生. 日本园林与中国文化 [M]. 上海：上海人民出版社，2007.

[34] 成玉宁. 现代景观设计理论与方法 [M]. 南京：东南大学出版社，2010.

[35] 刘福智，佟裕哲. 风景园林建筑设计指导 [M]. 北京：机械工业出版社，2007.

[36] 屈海燕. 园林植物景观种植设计 [M]. 北京：化学工业出版社，2013.

[37] 罗言云. 园林艺术概论 [M]. 北京：化学工业出版社，2010.

[38] 王其钧. 图说中国古典园林史 [M]. 北京：中国水利水电出版社，2007.

[39] 周维权. 中国古典园林史 [M]. 北京：清华大学出版社，2008.